云计算安全

邹德清 代炜琦 李志 刘文懋 袁斌 金海◎著

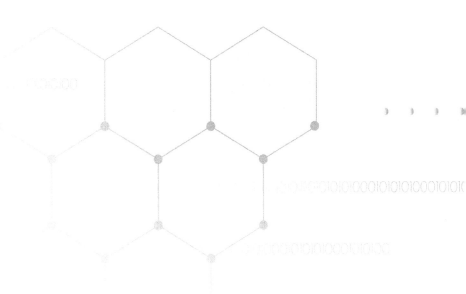

人民邮电出版社

北 京

图书在版编目（CIP）数据

云计算安全 / 邹德清等著. -- 北京：人民邮电出版社，2025. --（网络空间新技术安全丛书）. -- ISBN 978-7-115-65817-3

Ⅰ. TP393.027

中国国家版本馆 CIP 数据核字第 2024LC5220 号

内 容 提 要

本书围绕云计算安全主题分 8 个部分（对应 8 章）进行了详细的讲解。云计算与安全基础部分介绍了云计算各方面的基础知识、安全挑战以及国内外的安全标准和安全体系；系统虚拟化安全部分讲解了虚拟化平台及其架构以及对应的安全威胁和防护方法；云数据安全部分详细讲解了云服务的数据安全问题及其防护措施；云原生安全部分介绍了云原生中传统和先进云原生服务技术的基础知识和发展演进，着重分析了架构演进中的安全问题并介绍了安全实践方案；云应用可信保护部分讲解了云平台可信构建、云应用可信隔离、可信虚拟机服务和云可信增强；云环境中软件定义网络安全部分介绍了云环境软件定义网络数据层、控制层和应用层的安全问题以及研究现状；云环境故障检测和修复部分介绍了云环境故障检测、诊断、容忍等安全知识；云平台运维管理安全部分从安全管理、漏洞扫描、日志管理、权限划分与访问控制 4 个维度详细讲解了云平台安全运维管理概念。

本书适用于计算机科学与技术、网络空间安全等相关专业的研究生，也可供网络技术或工程人员参考。

◆ 著　　　　邹德清　代炜琦　李　志
　　　　　　刘文懋　袁　斌　金　海
　　责任编辑　邢建春
　　责任印制　马振武

◆ 人民邮电出版社出版发行　　北京市丰台区成寿寺路 11 号
　　邮编　100164　电子邮件　315@ptpress.com.cn
　　网址　https://www.ptpress.com.cn
　　固安县铭成印刷有限公司印刷

◆ 开本：690×970　1/16
　　印张：20.25　　　　　　　　2025 年 6 月第 1 版
　　字数：342 千字　　　　　　 2025 年 6 月河北第 1 次印刷

定价：199.80 元

读者服务热线：(010)53913866　印装质量热线：(010)81055316
反盗版热线：(010)81055315

近年来，云计算已成为信息技术领域的热门话题之一，在产业界、学术界均引起了广泛的关注和研究。以虚拟化技术为支撑的云计算平台通过网络将分散的资源（包括存储、网络、算力、软件和应用运行环境等）集中起来实现资源整合，允许用户以动态、按需、可度量的方式使用。云计算平台在为用户提供按需使用和随时扩展的便捷服务的同时，也带来了一些安全问题。

本书共 8 章，具体内容安排如下。

第 1 章介绍了云计算技术的发展和面临的挑战。首先介绍了云系统、云数据、云应用、软件定义网络以及云安全管理与运维等方面的基础知识以及这些方面面临的安全挑战。然后介绍了云计算及安全标准。最后介绍了国内外的云计算安全体系。

第 2 章介绍了系统虚拟化的安全。首先介绍了典型的虚拟化平台以及一般的虚拟化平台架构，并介绍了针对这些虚拟机架构的威胁模型。然后介绍了虚拟机管理器的基础概念，罗列了虚拟机管理器面临的安全威胁，并着重介绍了部分安全问题的解决方案。最后介绍了虚拟机自身面临的安全威胁，并从安全回滚、安全迁移和安全监控 3 个方面介绍了对应的解决方案。

第 3 章介绍了云服务重要的数据安全问题及其保护措施。首先概述了云数据所面临的安全威胁以及目前云数据的核心安全需求，并给出了云数据安全技术框架。然后分别从云数据的安全存储、安全搜索和安全计算等角度细致地介绍了云数据所面临的具体威胁，并分别介绍了目前较为先进的解决方案或缓解措施。

第 4 章介绍了云原生中的重要领域及其安全问题与解决措施。与虚拟机不同，容器是一种系统级的轻量级虚拟化技术，其通过操作系统为进程提供资源视图的隔离，并最终成为云原生实践的基础。本章描述了云原生实践下容器技术、微服务与 Serverless 架构以及 DevOps 的发展与演进，着重分析了此类技术架构演进带来的安全问题和已经发生的安全事件，介绍了 DevSecOps 安全实践，以加深读者的理解。

第 5 章介绍了云平台背景下云应用环境及其可信机制构建。可信是云平台最重要的安全方向之一，本章首先介绍了可信计算环境的构建模型以及目前已有的可信硬件，并对比介绍了传统架构与云架构下的可信执行环境。然后分别介绍了云平台可信的构建过程、云应用的可信隔离和可信虚拟机服务。最后介绍了目前可信云存在的安全问题以及可信增强措施。

第 6 章介绍了云环境中以软件定义网络为代表的网络级虚拟化相关安全问题。首先介绍了软件定义网络的发展历史、体系结构和研究方向。然后详细介绍了软件定义网络数据层、控制层和应用层的研究现状和面临的安全问题，并结合多方研究给出了适当的防护措施。最后给出了软件定义网络的网络安全实践。

第 7 章介绍了云环境下针对云软件运行环境的故障检测和云软件的动态修复。首先介绍了云服务故障检测技术和修复技术，同时也介绍了云环境的故障容忍机制和云环境下软件的升级机制。然后介绍了故障检测系统和故障诊断系统的概念，并系统地介绍了其体系以及相关技术。最后介绍了云环境故障容忍架构以及一种较为先进的故障快速修复技术。

第 8 章介绍了云平台在应用场景下的运维管理安全。首先介绍了目前运维管理常见的标准和体系。其次分别从资产安全、变更安全和信息安全 3 个方面介绍了云平台安全管理的概念。再次介绍了云平台漏洞分析及漏洞检测相关概念和技术。最后介绍了云平台的日志管理以及权限划分与访问控制等相关的安全技术知识。

本书是由邹德清、代炜琦、李志、刘文懋、袁斌和金海统筹策划并撰写完成的，作者在梳理、总结研究工作的基础上，还对全书结构进行了合理的设计。特别感谢徐鹏、谢雨来在撰写过程中就云数据安全部分给予的专业指导和无私支持。感谢张笑睿、杨婷婷、冷泽烜、唐存志、刘董奇、刘律奇、齐蒙、王静娴、刘恺麟、张驰、周阳、李文杰、张扬睿、李树霏、张焱柯、谭智升、白冰、汪启明、张杏林、吴佳星、孙一鸣、唐善和赵珂轩等为本书的撰写和修订做出的努力。感谢绿盟科技集团股份有限公司提供的安全靶场环境和安全实践内容。

本书只代表作者及其研究团队对云计算安全的观点，由于作者水平有限，书中难免存在错误和不妥之处，恳请读者批评指正。

作者

2024 年 9 月

第 1 章　云计算与安全基础 ･････････････････････････････ 001

1.1　云计算安全概述 ･････････････････････････････････ 001

1.1.1　云计算概述 ･･････････････････････････････ 001

1.1.2　云系统安全 ･･････････････････････････････ 006

1.1.3　云数据安全 ･･････････････････････････････ 006

1.1.4　云应用安全 ･･････････････････････････････ 011

1.1.5　软件定义网络（SDN）安全 ･･････････････････ 012

1.1.6　云安全管理与运维 ････････････････････････ 014

1.2　云计算及安全标准 ･･･････････････････････････････ 015

1.2.1　ISO/IEC JTC1/SC27 云计算标准 ･･･････････････ 015

1.2.2　CSA 安全标准 ･･･････････････････････････ 016

1.2.3　NIST 安全标准 ･･････････････････････････ 017

1.2.4　我国云计算安全标准 ･･････････････････････ 018

1.2.5　等保 2.0 云安全标准 ･･････････････････････ 018

1.3　云计算安全体系 ･････････････････････････････････ 019

1.3.1　国外云计算安全体系 ･････････････････････ 020

1.3.2　国内云计算安全体系 ･････････････････････ 025

参考文献 ･･･ 025

第 2 章　系统虚拟化安全 ･･････････････････････････････ 027

2.1　系统虚拟化安全概述 ･････････････････････････････ 029

2.1.1　典型虚拟化平台 ･････････････････････････ 029

2.1.2 虚拟化平台架构 ································· 031

2.2 虚拟机管理安全 ································· 034

2.2.1 虚拟机管理器 ································· 035

2.2.2 虚拟机管理器安全分析 ························· 036

2.2.3 虚拟机管理安全方案 ··························· 040

2.3 虚拟机安全 ······································· 044

2.3.1 虚拟机安全分析 ································· 044

2.3.2 虚拟机安全回滚 ································· 046

2.3.3 虚拟机安全迁移 ································· 051

2.3.4 虚拟机安全监控 ································· 054

参考文献 ··· 062

第3章 云数据安全 ··································· 067

3.1 云数据安全概述 ································· 067

3.1.1 云数据核心安全需求 ··························· 067

3.1.2 云数据安全技术框架 ··························· 070

3.2 云数据安全存储 ································· 072

3.2.1 云数据加密存储 ································· 072

3.2.2 云数据安全修改 ································· 076

3.2.3 云数据安全去重 ································· 078

3.3 云数据安全搜索 ································· 081

3.3.1 云数据安全搜索概述 ··························· 081

3.3.2 公钥体制/对称体制下的可搜索云数据加密 ········· 083

3.3.3 密态云数据库核心技术 ························· 086

3.4 云数据安全计算 ································· 090

3.4.1 云数据安全计算概述 ··························· 090

3.4.2 基于函数加密的云数据安全计算 ················· 093

3.4.3 基于同态加密的云数据安全计算 ················· 095

参考文献 ··· 099

第4章 云原生安全 ··································· 105

4.1 容器概述 ··· 105

4.1.1　容器技术概述 ……………………………………………… 105

4.1.2　容器技术安全现状 ………………………………………… 107

4.2　容器镜像安全 ……………………………………………………… 108

4.2.1　容器镜像概述 ……………………………………………… 108

4.2.2　容器镜像安全分析 ………………………………………… 111

4.2.3　容器镜像安全检测 ………………………………………… 113

4.3　容器运行时安全 …………………………………………………… 116

4.3.1　容器隔离安全分析 ………………………………………… 116

4.3.2　容器隔离安全增强 ………………………………………… 121

4.3.3　安全容器与可信容器 ……………………………………… 123

4.3.4　容器安全迁移 ……………………………………………… 126

4.4　微服务与 Serverless 安全 ………………………………………… 127

4.4.1　微服务架构 ………………………………………………… 127

4.4.2　微服务安全 ………………………………………………… 129

4.4.3　Serverless 架构 …………………………………………… 133

4.4.4　Serverless 安全 …………………………………………… 136

4.5　DevOps 安全 ……………………………………………………… 138

4.5.1　DevOps 架构 ……………………………………………… 138

4.5.2　DevOps 安全分析 ………………………………………… 143

4.5.3　DevSecOps 安全实践 ……………………………………… 145

参考文献 ……………………………………………………………… 150

第 5 章　云应用可信保护 …………………………………………… 153

5.1　可信云环境概述 …………………………………………………… 153

5.1.1　可信计算环境构建模型 …………………………………… 154

5.1.2　可信硬件 …………………………………………………… 155

5.1.3　传统架构下的可信计算环境 ……………………………… 156

5.1.4　云架构下的可信执行环境 ………………………………… 157

5.2　云平台可信构建 …………………………………………………… 158

5.2.1　云平台信任链模型 ………………………………………… 159

5.2.2　云平台动态可信度量 ……………………………………… 161

5.2.3　云服务可信构建 …………………………………………… 165

5.3 云应用可信隔离 ·······························169

   5.3.1 可信云应用内存隔离 ····················169

   5.3.2 可信云应用安全交互 ····················174

   5.3.3 可信云应用内存防护 ····················177

5.4 可信虚拟机服务 ······························179

   5.4.1 可信虚拟机服务概述 ····················179

   5.4.2 可信虚拟机服务架构 ····················180

   5.4.3 可信虚拟机内存保护机制 ·················183

5.5 云可信增强 ·································185

   5.5.1 可信云侧信道防御 ·····················185

   5.5.2 可信云侧信道漏洞检测 ··················188

   5.5.3 可信云侧信道漏洞修补 ··················192

参考文献 ····································195

第6章 云环境中的软件定义网络安全 ·················199

6.1 软件定义网络概述 ···························199

   6.1.1 SDN/NFV ·······················199

   6.1.2 新兴 SDN 实现的进展 ··················202

   6.1.3 传统厂商的 SDN 进展 ·················203

6.2 软件定义网络数据层安全 ······················204

   6.2.1 软件定义网络数据层 ···················204

   6.2.2 软件定义网络数据层安全分析 ···············205

   6.2.3 软件定义网络数据层安全防护 ···············208

6.3 软件定义网络控制层安全 ······················214

   6.3.1 软件定义网络控制层 ···················214

   6.3.2 软件定义网络控制层安全分析 ···············215

   6.3.3 软件定义网络控制层安全防护 ···············219

6.4 软件定义网络应用层安全 ······················224

   6.4.1 软件定义网络应用层 ···················224

   6.4.2 软件定义网络应用层安全分析 ···············225

   6.4.3 软件定义网络应用层安全应用 ···············232

6.5 软件定义网络的网络安全实践 ····················237

　　　　6.5.1　Mininet 网络实验平台 ┄┄┄┄┄┄┄┄┄┄┄┄┄┄┄┄┄┄┄┄┄┄ 237

　　　　6.5.2　BGP 路径挟持攻击 ┄┄┄┄┄┄┄┄┄┄┄┄┄┄┄┄┄┄┄┄┄┄┄┄ 238

　　　　6.5.3　ARP 攻击和防御 ┄┄┄┄┄┄┄┄┄┄┄┄┄┄┄┄┄┄┄┄┄┄┄┄┄ 240

　　参考文献 ┄┄┄┄┄┄┄┄┄┄┄┄┄┄┄┄┄┄┄┄┄┄┄┄┄┄┄┄┄┄┄┄┄┄┄ 241

第 7 章　云环境故障检测和修复 ┄┄┄┄┄┄┄┄┄┄┄┄┄┄┄┄┄┄┄┄┄┄┄┄ 246

　　7.1　故障检测和修复概述 ┄┄┄┄┄┄┄┄┄┄┄┄┄┄┄┄┄┄┄┄┄┄┄┄┄ 246

　　　　7.1.1　云环境故障检测技术 ┄┄┄┄┄┄┄┄┄┄┄┄┄┄┄┄┄┄┄┄┄┄ 247

　　　　7.1.2　云环境故障诊断技术 ┄┄┄┄┄┄┄┄┄┄┄┄┄┄┄┄┄┄┄┄┄┄ 248

　　　　7.1.3　云环境故障容忍技术 ┄┄┄┄┄┄┄┄┄┄┄┄┄┄┄┄┄┄┄┄┄┄ 248

　　7.2　云环境故障检测 ┄┄┄┄┄┄┄┄┄┄┄┄┄┄┄┄┄┄┄┄┄┄┄┄┄┄┄ 251

　　　　7.2.1　云环境故障检测系统概述 ┄┄┄┄┄┄┄┄┄┄┄┄┄┄┄┄┄┄┄ 251

　　　　7.2.2　云环境故障检测系统体系 ┄┄┄┄┄┄┄┄┄┄┄┄┄┄┄┄┄┄┄ 253

　　　　7.2.3　云环境故障检测系统技术 ┄┄┄┄┄┄┄┄┄┄┄┄┄┄┄┄┄┄┄ 255

　　7.3　云环境故障诊断 ┄┄┄┄┄┄┄┄┄┄┄┄┄┄┄┄┄┄┄┄┄┄┄┄┄┄┄ 259

　　　　7.3.1　云环境故障诊断系统概述 ┄┄┄┄┄┄┄┄┄┄┄┄┄┄┄┄┄┄┄ 260

　　　　7.3.2　云环境故障诊断系统体系 ┄┄┄┄┄┄┄┄┄┄┄┄┄┄┄┄┄┄┄ 261

　　　　7.3.3　云环境故障诊断系统技术 ┄┄┄┄┄┄┄┄┄┄┄┄┄┄┄┄┄┄┄ 262

　　7.4　云环境故障容忍 ┄┄┄┄┄┄┄┄┄┄┄┄┄┄┄┄┄┄┄┄┄┄┄┄┄┄┄ 266

　　　　7.4.1　云环境故障容忍架构 ┄┄┄┄┄┄┄┄┄┄┄┄┄┄┄┄┄┄┄┄┄┄ 266

　　　　7.4.2　基于故障营救点的故障快速修复 ┄┄┄┄┄┄┄┄┄┄┄┄┄┄┄ 268

　　参考文献 ┄┄┄┄┄┄┄┄┄┄┄┄┄┄┄┄┄┄┄┄┄┄┄┄┄┄┄┄┄┄┄┄┄┄┄ 271

第 8 章　云平台运维管理安全 ┄┄┄┄┄┄┄┄┄┄┄┄┄┄┄┄┄┄┄┄┄┄┄┄┄ 273

　　8.1　云平台安全运维管理概述 ┄┄┄┄┄┄┄┄┄┄┄┄┄┄┄┄┄┄┄┄┄┄ 273

　　　　8.1.1　运维管理标准 ┄┄┄┄┄┄┄┄┄┄┄┄┄┄┄┄┄┄┄┄┄┄┄┄┄ 275

　　　　8.1.2　运维管理体系 ┄┄┄┄┄┄┄┄┄┄┄┄┄┄┄┄┄┄┄┄┄┄┄┄┄ 279

　　8.2　云平台安全管理 ┄┄┄┄┄┄┄┄┄┄┄┄┄┄┄┄┄┄┄┄┄┄┄┄┄┄┄ 280

　　　　8.2.1　资产安全管理 ┄┄┄┄┄┄┄┄┄┄┄┄┄┄┄┄┄┄┄┄┄┄┄┄┄ 280

　　　　8.2.2　变更安全管理 ┄┄┄┄┄┄┄┄┄┄┄┄┄┄┄┄┄┄┄┄┄┄┄┄┄ 283

　　　　8.2.3　信息安全管理 ┄┄┄┄┄┄┄┄┄┄┄┄┄┄┄┄┄┄┄┄┄┄┄┄┄ 287

　　8.3　云平台漏洞扫描 ┄┄┄┄┄┄┄┄┄┄┄┄┄┄┄┄┄┄┄┄┄┄┄┄┄┄┄ 291

8.3.1 云平台漏洞分析 ………………………………………………… 291

8.3.2 云平台漏洞检测技术 …………………………………………… 292

8.4 云平台日志管理 …………………………………………………… 298

8.4.1 云平台日志分类 ………………………………………………… 298

8.4.2 日志审计系统 …………………………………………………… 301

8.5 云平台权限划分与访问控制 ……………………………………… 304

8.5.1 云平台权限划分 ………………………………………………… 304

8.5.2 云平台访问控制技术 …………………………………………… 305

参考文献 …………………………………………………………………… 308

名词索引 …………………………………………………………………… 309

第1章

云计算与安全基础

1.1　云计算安全概述

互联网时代，海量数据的存储与处理对算力提出极高的要求，云计算应运而生。作为一种新兴的信息技术，云计算凭借其弹性、可扩展性和高效性，逐渐成为数据处理和存储的主流方式，并渗透到各个行业与领域，给企业和组织带来了前所未有的计算能力、存储能力和服务能力。

然而，正如任何技术都具有双刃剑效应，云计算在带来便捷的同时，也带来了新的安全挑战。云计算安全不仅关乎技术的实施，更涉及企业的核心竞争力和市场地位。随着数字化转型的加速，越来越多的机构、企业选择将业务和数据迁移到云端，云计算已成为推动创新和发展的关键力量。然而，在这个高度互联和共享的环境中，数据的安全性和隐私保护变得尤其重要。一旦发生安全事件，不仅可能导致机密数据泄露、业务中断和财产损失，还可能损害企业的声誉和失去客户的信任。

云计算安全领域是一个复杂而重要的领域，需要综合考虑技术、运维管理、法律等多个方面。相关部门和人员需要通过不断地研究和实践，持续完善云计算安全体系，为云计算的广泛应用提供坚实的安全保障。

1.1.1　云计算概述

云计算根据不同的服务需求，通过虚拟化技术，将分散的计算资源集中管理，提供相应的算力模型，使用户能够如同使用水、电一般，通过网络便捷地获取云计算资源。

（1）云计算的定义

2006年8月9日，谷歌首席执行官埃里克·施密特在搜索引擎大会（SES San Jose 2006）上首次提出了"云计算"的概念。"云计算"这一概念在业界有诸多定义。高德纳（Gartner）将其阐述为"一种通过网络将可扩展和弹性的信息技术（IT）服务能力提供给外部用户的计算模式"。维基百科则认为"云计算是一种通过网络提供动态、可扩展、虚拟化计算资源的计算方式，用户无须深入了解基础设施细节，不必具备相关专业知识，也不必直接进行控制"。尽管观点各异，但普遍认为云计算是基于虚拟化、通信网络、分布式计算等技术，以按需分配、资源共享、灵活调整和网络接入为关键特征，可提供资源、平台和软件等服务的一种计算方式。

（2）云计算的特点

云计算以其出色的可扩展性，满足了不断增长的业务需求；其高可用性则保证了服务的持续稳定，让用户无须担忧数据丢失或服务中断。此外，资源池化使得物理资源得到最大化利用，减少了浪费；快速弹性则能根据实际需求，迅速调整资源配置。不容忽视的是，云计算还具备高性价比和运维简化的优势，它降低了企业的IT成本，同时简化了复杂的运维流程。接下来将逐一剖析这些特点，帮助读者更全面地理解云计算的魅力。

① 可扩展性：云计算服务具有极高的弹性，能够根据需求快速扩展或缩减资源。用户只需要按需支付所使用的资源，不用担心硬件设备的采购、维护和升级。

② 高可用性：云计算服务提供商通常会采取多种措施确保服务的高可用性，如数据备份、负载均衡、容错机制等。这些措施可以确保云服务在出现故障时能够迅速恢复，保障用户数据的完整性和服务的连续性。

③ 资源池化：在云计算环境中，物理资源被虚拟化并形成资源池，如计算资源池、存储资源池和网络资源池。这些资源池能够根据需求动态分配给不同的用户和应用，实现资源的共享和高效利用。

④ 快速弹性：云计算服务能够快速、弹性地提供和释放资源，以满足用户不断变化的需求。这种快速弹性能力使云计算服务能够适应各种突发性的负载变化。

⑤ 高性价比：用户无须投入大量资源用于云环境的软硬件建设及日常运维，只需要根据实际需求按量付费，享受云计算服务的高效与便捷。

⑥ 运维简化：随着云计算技术的不断发展，运维工作正逐步向集中化、集约

化转型，通过自动化技术实现高效运维管理，减少人工干预，提升整体运营效率。

（3）云计算的发展

作为一种新兴的计算资源和交付模式，云计算为用户提供了按需使用和随时扩展的服务[1]，它是虚拟化、并行计算、分布式计算、效用计算、网络存储、负载均衡、热备份冗余等传统计算机和网络技术发展融合的产物。云计算能够实现对可配置共享资源池（包括服务器、存储器、计算机网络、各类服务和应用等）的无缝访问，支持以极小的管理工作来实现快速配置。云计算最基本的特征是资源池化、泛在接入、弹性服务与按需计费，核心理念是资源租用、应用托管、服务外包[2]。以虚拟化技术为支撑的云平台能够充分利用其优势来进行资源聚合和服务迁移[3]，从而使云平台更具灵活性。用户将服务部署在云中，云管理员则对所有服务进行统一管理。这种模式可以帮助企业 IT 管理者从繁重的基础设施管理和维护工作中解放出来，从而能够更加关注自身核心业务的发展。云计算技术提供的服务整合和按需供给能力大大提高了当前计算资源的使用率，降低了每台服务器的能耗，并且能有效解决计算资源可能会出错的问题[4]。IT 产业界普遍认为云计算是互联网经济繁荣以来又一个重要的产业增长点，具有广阔的市场发展前景。同时，云计算为大数据、人工智能的高速发展提供了强有力的支持。云计算提供对海量数据强大的计算能力和存储能力，人工智能可以依托云计算强大的计算能力进行训练、推理和预测。

云服务凭借其高扩展性、便利、经济的优势获得越来越多企业客户的青睐。中国信息通信研究院发布的《云计算白皮书（2023 年）》[5]显示，2022 年我国云计算市场规模达 4550 亿元，较 2021 年增长 40.91%。其中，公有云市场规模相较于 2021 年增长 49.3%，其市场规模为 3256 亿元；私有云市场规模相较于 2021 年增长 25.3%，其市场规模为 1294 亿元。相较于全球 19%的增速，我国云计算市场仍处于快速发展期，在大经济颓势下依旧保持较高的抗风险能力，预计 2025 年我国云计算整体市场规模将突破万亿元。其中，基础设施即服务（IaaS）市场规模为 2442 亿元，是平台即服务（PaaS）+软件即服务（SaaS）的 3 倍，增速达 51.21%，较 2021 年同比下降 29.24%，预计长期增速将趋于平稳；PaaS 市场受容器、微服务等云原生应用带来的刺激增长强势的影响，市场规模达 342 亿元，同比增长 74.49%，结合人工智能大模型等发展趋势，预计未来几年将成为增长主战场；SaaS 市场保持稳定增长，市场规模为 472 亿元，同比增长 27.57%，SaaS 作为中小型企业上云的典型模式，在政策对中小型企业数字化转型的驱动下，预计将迎来一轮激增。

在国内，如腾讯、百度、新浪、搜狐、阿里巴巴、金山、华为等 IT 企业将云计算作为发展的重点。腾讯云已经拥有超过 200 家各类型的开发合作伙伴，其通过与神州数码集团股份有限公司、东华软件股份公司、深圳市长亮科技股份有限公司、北京中科大洋科技发展股份有限公司等企业合作，为交通、旅游、保险、证监等行业的客户提供解决方案。阿里巴巴是国内主要的云服务提供商，同时，阿里云也在北美洲、欧洲等地区运营，主要根据企业客户服务的持续时间和使用情况获取云计算收入，其云计算部门在 2022 年第一季度就实现了 29.9 亿美元的收入，同比增长 12%。金山云凭借其卓越的公有云及私有云技术，成功跻身国内最先提供全方位混合云部署方案的云服务提供商之列，在巩固游戏和视频等核心领域的市场领导地位的同时，金山云积极拓展政务、医疗、智能硬件、人工智能等多垂直领域的业务布局，并取得显著进展，展现了其在云计算行业的深厚实力与前瞻布局。

图 1-1 为 2020—2023 年全球云计算市场规模及增速。国外很多企业，如谷歌（Google）、国际商业机器公司（IBM）、微软（Microsoft）、惠普（HP）、戴尔（Dell）、太阳计算机系统（Sun Microsystems）等都在大力支持和推广云服务，亚马逊（Amazon）、Google、Microsoft 等云服务的企业用户数均已达到 10 万量级。亚马逊网络服务（AWS）是 Amazon 的云计算服务，同时也是全球最大的云服务提供商，可通过数据中心为用户提供 200 多项功能齐全的服务，包括计算、存储和数据库。

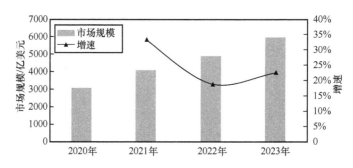

图 1-1 2020—2023 年全球云计算市场规模及增速

云计算的健康发展不仅关系到产业活力与行业产能，还关乎国家核心竞争力。因此，很多国家和地区的政府部门也纷纷推出各类计划，推动云计算的发展。韩国政府制订了《云计算全面振兴计划》，其核心是政府率先引进并提供云计算服务，为云计算开发国内需求；日本经济产业省发布的《云计算与日本竞争力研究》指出，日本要通过开创基于云计算的服务来开拓全球市场；美国和欧盟也制订了各自的战略计划来推进云计算技术进步与产业落地发展，扩大云计算技术在经济领域的应用，从而创造出更多的就业机会。同样地，我国也出台了多个政策文件，积极促进以云计算为核心的信息化建设，《国家"十二五"科学和技术发展规划》中明确将云计算作为发展的重点；《国务院关于积极推进"互联网+"行动的指导意见》提出了"实施云计算工程，大力提升公共云服务能力"的要求；《中华人民共和国国民经济和社会发展第十三个五年规划纲要》也明确指出要"加强行业云服务平台建设"。

　　云计算在提高 IT 资源使用效率的同时，其动态虚拟化管理方式、强大的计算与存储能力也会引发新的安全问题，并给现有的安全管理体系带来巨大冲击。在云计算应用过程中，云平台面临数据、服务、操作系统以及相关硬件基础设施等方面的安全问题，这些安全问题既包含传统的网络安全、系统安全等方面的安全问题，又包含其独特的计算模式和商业模型带来的新安全问题。自 2013 年"棱镜门"事件被曝光之后，世界各国纷纷开始关注信息安全，云安全是其中必不可少的一部分。近年来，云安全事件频出，2014 年 8 月，苹果 iCloud 服务遭到攻击，导致大量用户的隐私数据被泄露；2015 年 6 月，美国联邦人事管理局发生泄密事件，共有 2210 万人受到影响。云安全问题使得许多企业和机构对云计算望而却步。EMC 公司信息安全事业部 RSA 首席技术官 Hartman 指出，在企业将当前应用向第三方云环境迁移的过程中，首先需要考虑的就是对云服务的信任问题。用户把自己的安全敏感数据、关键应用部署在云计算平台中，会感到数据不可控，无法完全信任云服务提供商，担心隐私遭到侵害。

　　在国际数据公司全球调查中，对云计算的安全、性能、可靠性等抱有怀疑态度的用户占 70%以上。即使云服务提供商本身并无恶意，但目前的云平台依旧无法让客户放心，其存在大量安全漏洞，云服务随时可能宕机。2015 年爆出的基于内核的虚拟机（KVM）和 Xen[6]虚拟机的"毒液（VENOM）"漏洞，导致攻击者越过虚拟化技术的限制，实现虚拟机逃逸，侵入甚至控制其他客户的虚拟机，给 IaaS 提供商的虚拟主机服务带来了极大的安全威胁，影响了全球数以百万计的平台主机。2015 年 3 月，Xen 虚拟机漏洞的爆发，造成了 AWS、IBM SoftLayer、Linode 及 Rackspace 等多家云服务提供商大面积的主机重启，仅 AWS 就有将近 10%的云主机暂停服务。而在主流云资源管理平台——OpenStack 中，目前已经发现了 309 个安全漏洞。

　　总之，虽然国家通过政策引导并投入大量资金的方式进行云计算基础设施的建设，但安全问题在很长一段时间内都会是限制云计算普及和推广的重要原因。

1.1.2　云系统安全

云系统是建立在云计算概念上的基础架构、操作系统、平台或应用程序的集成系统，主要由云计算和云存储两部分构成。云系统通过网络提供各种计算资源和服务，包括服务器、存储、数据库、软件开发平台等。

云系统提供 3 种服务模式，包括 IaaS——以"即用即付"的方式提供虚拟化计算资源，如虚拟机、存储和网络；PaaS——提供用于构建、部署和管理应用程序的平台，降低管理底层基础设施的复杂性；SaaS——以订购的方式通过互联网提供软件应用程序，用户无须在本地安装、维护和更新软件。

云系统安全是指为保护云计算环境中的系统、数据、应用程序和资源的机密性、完整性和可用性而设计的一系列安全措施和技术，旨在降低采用云计算导致的相关风险。

云系统安全是云服务提供商和用户共同的责任，需要云服务提供商和用户共同努力，采用多层次的安全策略和措施，确保云系统的安全性。

云服务提供商负责提供安全的基础设施、云平台和云服务，并采取必要的安全措施来保护云系统的安全性。云服务提供商应该提供安全的功能和工具，帮助用户管理和保护他们的数据和应用程序。同时，云服务提供商还应该定期发布安全更新和补丁，并及时通知用户关于安全事件和漏洞的信息。

用户也要对自己的云上应用和数据的安全负责。他们应该采取适当的安全措施（如加密数据、使用强密码、限制访问权限等）来保护自己的数据和应用程序。此外，用户还需要了解自己的数据存储在何处，以及如何访问和管理这些数据。如果发生安全事件，用户需要及时采取行动，以防止影响扩大。

提高云系统的安全水平需要综合考虑技术、人员、政策和流程等多个方面。采取强化安全策略和流程、加强身份认证和访问控制、保护数据的安全性和隐私性、加强网络安全防护、实施安全审计和监控、提供安全培训、引入第三方安全评估和认证以及整合安全技术和解决方案等措施，可以有效地提高云系统的安全性。

1.1.3　云数据安全

云数据安全指的是在云计算环境中对存储、处理和传输的数据的保护。在云计算环境中，需要确保数据的机密性、完整性、可用性和合规性。

- 机密性：确保数据仅对授权用户或实体可访问。数据是企业和组织的核心资产，保护数据的机密性可以防止敏感信息被泄露给未经授权的实体。
- 完整性：确保数据在其生命周期内保持准确和未被篡改。数据的完整性对于确保业务流程的正确性和合规性至关重要。如果数据被篡改或损坏，可能会导致错误的决策或合规性问题。
- 可用性：确保数据在需要时可用且可被授权用户访问。数据的可用性对于确保业务的正常运行至关重要。如果数据不可用，可能会导致业务中断或延迟。
- 合规性：遵守数据保护的法规要求、行业标准和组织政策。数据的合规性即允许组织对其云环境中的数据进行跟踪和审计，以满足合规性要求。

云数据安全涉及保护数据免受未经授权的访问、披露、篡改或销毁，无论数据处于静态状态还是传输状态。随着越来越多的企业和组织将数据迁移到云端，云数据安全变得至关重要。

1. 云数据安全面临的主要挑战

数据作为第五大生产要素，其重要程度显而易见。考虑各类数据上云趋势明显，云上的数据安全应是重中之重。

云用户将海量业务数据汇集到云数据中心，故应在数据整个生命周期做好安全管理，在采集、传输、存储、使用、共享、销毁过程中做到相应的安全防护。云用户的敏感信息不应被泄露、破坏或损失，为此存储服务应具备授予用户访问权限并且阻止非法访问的机制，防止非授权访问和其他物理方法导致的数据泄露，此外还要保护高权限管理员的敏感信息。

当前云计算相关安全事件大部分是云上数据泄露，原因是没有对云上的服务、数据访问进行认证授权，或访问凭证暴露在代码库、镜像或网站页面中，使攻击者能够通过凭证非授权地访问云上数据。

大量用户数据被部署在同一个云平台上，也降低了恶意攻击者击破数据保护堡垒的工作量和难度。如果云平台存在安全风险，攻击者则有可能利用其技术优势获取云用户的数据信息。除外部攻击者外，还要考虑云服务提供商（CSP）等内部恶意攻击者。

在多云和混合云场景中，系统间数据传输过程也使得数据机密性和完整性受到显著威胁。因此，如何保证存放在云数据中心的数据隐私不被非法利用，如何保证数据在云系统流转过程中不被窃取或篡改，都需要改进技术与完善法律。

（1）云数据泄露

云计算时代是海量数据的时代。在此基础上，网络搜索、数据挖掘、商务智能等技术的发展使相关行业能够利用信息和数据创造价值。伴随大数据而来的是层出不穷的数据泄露事件，并且数据泄露的规模和范围也在迅速扩大。这些大规模数据泄露事件在给企业造成财产损失、信誉风险的同时，也使消费者饱受个人数据泄露的困扰。在这些事件中，无论是信用卡号、医疗记录，还是银行账号和密码，都可能成为网络犯罪的目标。

云数据泄露的事件频频发生，2017 年，知名云安全服务商 Cloudflare 被曝泄露用户 HTTPS 网络会话中的加密数据长达数月，受影响的网站至少有 200 万个，其中涉及 Uber、1Password 等多家知名互联网公司。据网络安全机构 Kromtech Security 的信息专家披露，疑似来自医疗设备公司 Patient Home Monitoring 的医疗数据存储记录遭破解泄露，一份包含 47GB 医疗数据文件的 Amazon S3 云存储对象被公开在互联网上，涉及多达 315363 份 PDF 档案，包含近 15 万名患者的姓名、地址、诊治医生和病例记录以及血液检查结果等隐私信息，这是一起大规模的涉及公众隐私信息的泄露事件。

对收集的案例进行汇总分析可以发现，从 2002 年到 2017 年第一季度，敏感信息泄露事件的数量整体呈现上升趋势，2011 年敏感信息泄露事件出现爆发式增长，在 2016 年达到了峰值。近年来，虽然企业对敏感信息的保护程度有所提升，但是敏感信息泄露事件仍然呈现上升趋势，主要原因在于：一方面黑客获取信息的途径越来越多；另一方面存储敏感信息的企业越来越多，但是很多企业对敏感信息保护的重视程度不够，导致越来越多的信息泄露事件的发生，整体形势不容乐观。

（2）云数据损坏

SaaS 模式下成千上万租户的业务数据存储在服务提供商的共享数据库中，SaaS 提供商将应用软件统一部署在自己的服务器上，导致租户对自己数据的掌控力降低，很难觉察到恶意攻击者对自己数据的破坏，因此租户的数据完整性问题越来越受到重视。

在 SaaS 模式下，租户数据完整性威胁不仅包括外部攻击者造成的数据完整性破坏，同时还面临着内部攻击者的威胁。首先，服务提供商内部的恶意员工有可能在没有得到租户授权的情况下，随意篡改、删除或者伪造租户数据；其次，在经历外部攻击、服务失效、系统瘫痪等事件，租户数据被破坏后，服务提供商有可能向租户隐瞒数据损失事件，甚至伪造租户损失的数据信息，或者服务提供商为了减少维护费用，丢弃租户长期不用的数据或数据副本。相较于外部攻击而言，服务提供商内部恶意人员对租户数据造成的损害更为严重。因此，为了增强企业、组织或个人对 SaaS 多租户应用的信心，使他们放心地将本地应用与数据托管到云服务提供商，租户数据完整性保护是亟待解决的关键问题之一。

（3）云数据冗余

在云计算环境下，系统中含有大量的节点，这些节点往往由廉价的商用服务器构成，这些商用服务器随时有可能发生故障而停止服务，从而导致系统的可用性（指在线提供服务的时间与总时间的比值）明显下降。在分布式存储系统中，节点失效会导致节点上的数据不可用。然而，分布式存储系统为了提供高可用的数据存储和访问服务，必须对数据进行冗余存储，确保在部分节点失效的时候仍然能正常访问系统内的数据。

冗余度就是数据的重复度，计算机系统中数据的重复存储被称为数据冗余。数据冗余不但对数据库的完整性有影响，还会浪费存储系统资源。尽量降低数据冗余度，是云架构设计的主要目标之一。与关系模式的规范化理论一样，计算机系统处理冗余问题的主要思想是最小冗余原则。

利用云计算框架可以更好地管理存储空间，即利用云计算的数据冗余处理机制，把数据资料分成若干文件片，分别存储在云中不同的数据存储设备上，这样即使存储设备出现异常，也不会影响存储资料的完整性。在云中采用节点提取文件特征值，降低数据的重复性。数据冗余的信息库也被创建在云中。

云架构中存在冗余策略，这表明在云架构存储中可能存在大量的数据冗余。有些关联数据可能需要重复存储，因此降低相同数据的存储量，使关联范式达到最优化，是未来云架构的必经之路。关联数据的局限性体现在重复存储数据，产生大量冗余，这加大了云架构的计算量，不仅浪费了存储空间，也减慢了计算机的运行速度。处理能力的受限性表现在对简单信息搜索、对复杂信息屏蔽以及动态信息混乱等方面。由于产生了不必要的数据冗余，计算机系统运行速度慢、维护难，达不到客户的要求，满足不了客户的需要。

总体来说，云数据安全面临的挑战可以从以下 5 个方面进行总结。

① 数据隐私：关于敏感数据未经授权访问的担忧，尤其是在多租户云环境中。

② 数据丢失：意外删除、硬件故障或恶意活动而导致数据丢失的风险。

③ 数据泄露：网络攻击、内部威胁或配置错误而导致数据泄露的风险。

④ 合规性要求：符合数据保护的法规要求，如《通用数据保护条例》（GDPR）、《健康保险可移植性和责任法案》（HIPAA）或《支付卡行业数据安全标准》（PCI DSS）等。这些要求根据数据类型、管辖区域和行业而异，需要组织仔细评估和遵守。

⑤ 共享责任模型：理解和管理云服务提供商和客户之间的安全责任。

另外，跨多个云服务提供商的数据安全管理可能变得复杂，不断演变的威胁和攻击方法要求组织保持警惕并持续更新安全措施。云数据安全领域是一个复杂而重要的领域，需要组织采取多层次的安全策略和措施来确保数据的机密性、完整性、可用性和可审计性。通过遵循最佳实践、与云服务提供商合作以及持续评估和调整安全策略，组织可以在云环境中有效地保护其数据资产。

2. 云数据安全的标准和合规性

随着云计算的广泛应用，数据安全问题日益凸显，成为业界关注的焦点。云数据安全的标准和合规性，不仅是保障用户数据安全的基础，也是云计算服务提供商赢得用户信任、保持竞争力的关键。

（1）国家和地区的数据保护法规

欧盟的 GDPR 是一项保护个人数据隐私的法规，于 2018 年 5 月 25 日出台。GDPR 被认为是有史以来最为严格的数据保护法规，它不仅适用于欧盟境内的企业，还适用于所有收集和处理欧盟公民个人数据的公司，无论这些公司是否位于欧盟境内。GDPR 要求企业从管理、技术、运营等多个方面加强数据保护，确保个人数据的机密性、完整性、可用性和可审计性。

（2）行业特定的安全标准和框架

国际标准化组织（ISO）和国际电工委员会（IEC）制定的 ISO/IEC 27001 是一项国际性的信息安全管理体系（ISMS）标准。它基于 ISO/IEC 27002 中提供的一系列信息安全控制要求，帮助组织建立、实施、运行、监控、评审、维护和改进信息安全管理体系。ISO/IEC 27001 的核心是确保组织的信息安全与其业务需求和风险相一致。

（3）安全认证和评估计划

美国国家标准及技术协会（NIST）在信息安全方面提供了一系列指导文件、框架和标准。其中最著名的是 NIST SP 800-53，这是一套关于信息安全控制的推荐标准，用于帮助联邦机构管理其信息安全项目。NIST SP 800-53 详细说明了各种安全控制措施，如访问控制、身份识别和认证、系统和通信保护等，以帮助组织制定和实施信息安全策略。此外，NIST 还提供了关于风险管理、云计算安全、物联网安全等方面的指导。

云数据安全是云计算的关键方面，需要组织实施强大的安全措施、技术和最佳实践，以有效保护云环境中的敏感数据，最大限度地降低数据泄露和数据不合规或违规使用的风险。

1.1.4　云应用安全

随着云计算技术的迅猛发展，企业对云服务的依赖程度日益加深，云应用已成为推动数字化转型的关键力量。从简单的文件存储到复杂的业务流程自动化，云应用的灵活性、可扩展性和成本效益使其成为各类组织的首选。然而，这种高度集中和动态变化的计算环境也带来了前所未有的安全挑战。本节将深入探讨云计算与云应用的基础、云应用安全的重要性及云安全责任共担模型，为后续内容奠定理论基础。

（1）云计算与云应用的基础

云计算根据服务类型可分为三大类，分别为 IaaS、PaaS 和 SaaS。IaaS 提供基本的计算资源（如服务器、存储、网络）；PaaS 在此基础上增加了操作系统、数据库管理和开发工具，支持用户直接部署应用；SaaS 是完整的应用程序交付模式，用户无须关心底层架构，仅需要通过网络访问应用程序。云应用安全策略须针对不同的服务模型定制，以应对各自的安全挑战。

简而言之，云应用是在云环境中部署和运行的应用程序，能够通过互联网访问，通常具备高可用性、自动扩展和快速部署的特点，但同时也引入了数据分散、边界模糊等新的安全问题。云应用的设计和管理需要考虑数据保护、访问控制、应用逻辑安全等多个层面。

（2）云应用安全的重要性

云应用面临的威胁范围广，包括但不限于外部黑客攻击（如分布式拒绝服务（DDoS）攻击、结构化查询语言（SQL）注入）、内部威胁（如恶意或疏忽的员工）、数据泄露，以及配置错误或软件漏洞导致的安全事件。这些威胁不仅可能造成数据丢失、服务中断，还可能导致品牌声誉受损，甚至引发法律诉讼。

随着数据隐私法规（如 GDPR 等）的出台，企业因数据处理不当面临的罚款和法律风险显著增加。云应用的安全性直接影响企业的合规性，进而影响其在全球市场的竞争力和信任度。此外，安全事件可能导致巨大的经济损失，包括直接损失、业务中断成本以及修复和恢复成本。

云计算的灵活性和开放性使得任何用户都可以通过互联网接入，因此对运行在云端的应用程序进行安全防护是一个非常大的挑战。云应用的安全一方面要分析云应用自身的安全风险，如应用程序接口（API）、Web 应用等面临的安全风险；另一方面还需要考虑整个网络体系的安全，特别是底层计算与网络架构。用户将数据从本地网络上传到云端来提供服务,在这一过程中除了要考虑Web类型的攻击,还应该对敏感数据应用与服务器之间的通信采用加密技术,以防止中间人劫持。

此外,云计算应用环境中的可信问题也十分值得关注。可信计算环境构建是通过软硬件结合的方式构建满足可信计算定义的系统,其目的是提升系统的安全性。可信计算平台是具有一定物理防护的计算平台,该平台可以提供一定级别的硬件安全来确保运行于该平台物理保护边界内的代码及数据具有某些特性,如机密性、完整性、真实性等,这些特性在云计算应用的安全保护中有着功不可没的作用。

(3)云安全责任共担模型

在云环境下,安全责任不再是单方面的。CSP 与客户之间存在一种"责任共担模型"。这一模型明确指出,CSP 负责云基础设施的安全,包括物理数据中心的安全、网络基础设施的保护以及底层虚拟化平台的加固。而云应用安全、数据安全、访问控制等则主要由云服务的消费者负责。例如,在 IaaS 模式下,客户需要负责操作系统、应用程序、数据的安全;在 SaaS 模式下,尽管大部分基础设施安全由提供商管理,客户仍需要关注数据分类、访问权限设置等问题。

理解并正确实施责任共担模型是构建有效云应用安全策略的前提。客户需要清晰地认识自己在云安全中的角色,与 CSP 紧密合作,共同确保云应用环境的安全与合规。

1.1.5　软件定义网络（SDN）安全

(1)SDN

SDN 将具体的网络抽象到虚拟系统中的基础架构,并将网络的转发功能和控制功能分开,使得可集中管理并编程的网络得以实现。SDN 突破了传统网络基础架构的限制,它更利于资源整合,能降低物理硬件占用及总体成本;它也能方便地实现网络资源的变更,使网络的可扩展性和灵活性得到极大提升;它的架构相较于传统网络架构更为简单,管理更为容易。

SDN 的架构不止一种,但是最常见的是开放网络基金会（ONF）定义的 SDN 架构。ONF 定义的 SDN 架构一共分为 3 层,自上而下分别是数据平面（数据层）、控制平面（控制层）和应用平面（应用层）,这些层使用北向和南向 API 进行通信。

① 数据平面:由网络中的物理硬件（如交换机等）组成,这些物理硬件将网络流量转发到不同的目的地。

② 控制平面：包含 SDN 的集中式控制器软件，运行在服务器上并统一管理整个网络的控制策略和网络流量。

③ 应用平面：包含一般的网络应用程序。

（2）SDN 数据层安全

SDN 自身存在诸多安全缺陷，只有解决了其安全问题，SDN 才能得到可持续的发展和更广泛的应用，而其中数据层的安全又显得尤其重要。主要原因是：一方面，SDN 的数据层承载着整个网络实际业务和数据流的转发和处理任务，在整个网络中起着基础支撑作用；另一方面，网络的软件定义化对数据层进行了诸多改造，而这些改造给 SDN 的数据层带来了许多新的攻击，如流表溢出攻击、网络策略探测攻击等。这代表着一旦数据层遭受攻击，整个云计算网络都将面临严峻的安全风险。如果针对数据层的攻击得以成功，那么整个系统将失去可靠的底层支撑，有可能面临服务中断、关键数据泄露和业务状态丢失等严重后果。因此，SDN 数据层的安全问题十分重要，是一个值得深入研究的课题。

（3）SDN 控制层安全

在 SDN 中，控制器是集中控制面的核心设备，它运行着 SDN 内从低到高各层次的协议和软件，包括南向协议、网络操作系统、北向开放接口和应用层软件。SDN 控制器是全网中具有最大攻击面的实体，一定会受到攻击者的最大关注。

SDN 控制器承载着网络环境中的所有控制功能，其安全性直接关系着网络服务的可用性、可靠性和数据的安全性。攻击者一旦成功实施了对 SDN 控制器的攻击，将造成网络服务的大面积崩溃，影响 SDN 控制器覆盖的整个网络范围。同时，SDN 控制器具有全局视野，它可以从各交换机收集全局拓扑甚至全局流信息。通过攻击 SDN 控制器，攻击者可以获取最大收益。

（4）网络入侵风险

云在不同场景下面临的网络入侵风险不同，下面将分别进行介绍。

公有云上应用的主要安全风险有两种：漏洞利用和弱密码爆破。攻击者通过漏洞利用或弱密码爆破入侵部分云主机后，一般利用多种黑客工具进行扩散传播，最终攻击手段为挖矿、勒索、窃密、DDoS 攻击，这完全取决于攻击者的喜好和目的。每年因错误配置、漏洞利用等问题而发生的恶意代码执行事件与日俱增，2021 年恶意样本总数相比 2020 年同期数量上涨 10%，因而云计算租户需要特别注意这些安全风险。虽然主流的公有云服务提供商的安全防护能力比较强，但仍需要考虑云服务提供商自身存在的安全风险。首先，云服务提供商灾备管理可能不完善，导致数据中心服务中断；其次，云服务提供商的服务水平协议（SLA）及免责声明是否符合需求，如服务可用性保障范围及服务提供商是否担负一定安全责任等；最后，云服务提供商内部员工窃取客户敏感数据，客户不易对云服务提供商的安全控制措施和访问记录开展审计，终止使用云端服务后数据的备份、迁移与销毁问题。

相比公有云，私有云/行业云因其业务差异大而有较大的定制需求，应对用户业务本身的安全问题也是私有云安全重要的一部分。例如，金融行业云面临欺诈风险，攻击者利用猫池、手机墙、修改手机硬件的模拟器，模仿正常用户的注册、认证、使用等流程，从而不正当获利，因而整个云平台和应用的风险就涉及拒绝服务、API漏洞利用、业务欺诈等，相关的防护技术和流程会涉及对业务系统本身的安全改造。

多云一般是由多个云服务提供商提供的多项公有云服务的组合，出于成本、可用性或避免厂商锁定的原因，企业可同时订购多个云服务提供商的产品服务，最大限度地发挥不同云服务提供商在各自领域的优势，避免陷于对单一云服务提供商的依赖和硬件绑定之中。混合云是指企业同时使用公有云和私有云（或传统办公环境），形成既有公有云系统，又有私有云系统，甚至还有传统网络互联的混合环境。企业的数字化业务通常部署在多云多地多系统中，由于各云平台架构异构，不同云资源管理难度大且运维复杂，难以实现统一高效的管理、控制或分析，导致多云/混合云场景下运维不敏捷、管理成本高，而安全运维也存在这些问题。企业将业务部署在公有云上，其安全能力建设重度依赖云服务提供商，而各云服务提供商安全能力差异性较大且水平参差不齐，无法直接使用一套安全方案。此外，Gartner分析得出，99%以上的云安全事件的根本原因是用户在云上的错误配置，在多云或混合云的场景下，用户无法保证在所有环境中保持统一、正确的安全策略，从而引发数据泄露或攻击者渗透穿越。

1.1.6 云安全管理与运维

对云平台进行安全管理与运维具有保障数据安全、提升系统稳定性、防御网络攻击和提高用户满意度等重要作用。这些作用有助于确保云平台的稳定、安全和可用性，为企业的发展提供有力支持。在资源管理、日志分析、访问控制管理、数据备份与恢复以及监控与报警机制等方面采取措施，可以确保云平台的稳定、安全和可用。这不仅有助于保护租户的数据安全和隐私，还可以提高租户的业务效率和满意度。

云安全管理与运维主要涉及数据安全、基础设施安全、合规性、人员操作、管理流程和供应链等方面。为了降低这些方面的风险，需要采取有效的措施进行防范和管理，如加强数据加密和权限控制、建立完善的安全防护体系、制定合规性管理策略、提高人员素质和操作水平、优化管理流程、建立供应商管理和评价机制等。

通过有效地管理与运维，管理与运维人员可以及时发现和解决潜在的安全隐患和性能瓶颈，避免平台故障或安全漏洞导致的业务中断或数据丢失。在此过程中进行定期的安全审计和漏洞扫描，可以及时发现和修补安全漏洞，降低安全风险。同时，管理与运维人员还可以监控和限制租户的访问权限，防止未经授权的访问和数据泄露。对云平台进行管理与运维在研究云计算安全时具有不可替代的作用，是保障云计算环境安全、稳定、可靠运行的关键环节之一。

1.2 云计算及安全标准

为了确保云计算的安全性和可靠性，国际标准化组织、行业协会以及各大云服务提供商都在积极制定和推广云计算及安全标准。这些标准不仅涉及云计算基础设施、平台和应用的安全要求，还包括数据安全、隐私保护、合规性等方面的内容，为云计算的安全应用提供了有力的支撑和保障。

1.2.1 ISO/IEC JTC1/SC27 云计算标准

ISO/IEC JTC1/SC27 是 ISO 和国际电工委员会（IEC）的第 1 联合技术委员会（JTC1）下属的专门负责网络安全领域标准化研究与制定工作的分技术委员会（SC27），也是信息安全领域中最具代表性的国际标准化组织。近年来，ISO/IEC JTC1/SC27 一直关注云计算安全标准的研究和制定，并且主要集中在云服务数据、隐私保护、应用安全等方面，部分标准研究成果见表 1-1。

表 1-1　部分标准研究成果

标准名称	标准编号
《信息技术 安全技术 供应商关系的信息安全 第 4 部分：云服务安全指南》	ISO/IEC 27036-4:2016
《基于 ISO/IEC 15408 的安全与隐私保护功能要求开发指南》	ISO/IEC TS 19608:2018
《信息技术 安全技术 隐私保护架构框架》	ISO/IEC 29101:2018

续表

标准名称	标准编号
《信息技术 应用安全 第 3 部分：应用安全管理过程》	ISO/IEC 27034-3:2018
《云计算 服务水平协议（SLA）框架 第 4 部分：PII 保护与 PII 安全的组件》	ISO/IEC 19086-4:2019
《信息技术 安全技术 PII 处理者在公有云中保护 PII 的实践指南》	ISO/IEC 27018:2019

另外，还有一些与云计算密切相关的标准处于在研究、制定或修订阶段，如《信息安全技术 云计算服务安全指南》《信息安全技术 云计算安全参考架构》《网络安全技术 云计算服务安全能力评估方法》以及《信息技术 安全技术 公有云中的个人信息保护实践指南》等。

这些标准不仅为云服务提供商和云服务客户提供了明确的安全指导，还有助于建立和维护不同云服务提供商之间的互操作性和信任关系。由于云计算技术不断发展和安全威胁不断演变，SC27 会持续更新和完善这些标准以适应新的需求。此外，这些标准还有助于增强用户对云计算服务的信心。随着云计算的普及，越来越多的企业和个人将其数据和应用程序迁移到云端。然而，他们对安全性的担忧往往是这种迁移的一大障碍。通过遵循国际公认的安全标准，云服务提供商可以向用户证明其服务的安全性，从而增强用户的信任和使用意愿。

无论在哪个国家或地区，遵循这些国际公认的云计算安全标准都是至关重要的，这有助于提升云计算服务的安全性、提高互操作性、增强用户信任以及推动云计算技术的全球发展。

1.2.2　CSA 安全标准

云安全联盟（CSA）于 2008 年 12 月在美国发起，是中立的非营利世界性行业组织，致力于推动云计算安全标准和最佳实践的发展。CSA 在全球共有 500 多个单位会员和 9 万多名个人会员。CSA 发布了一系列的安全研究报告和标准，其中最具影响力的是《云计算关键领域安全指南》（*Security Guidance for Critical Areas of Focus in Cloud Computing*），它提供了云计算关键领域的安全指导。

2010 年，CSA 发布了一套用于评估云 IT 运营的工具：CSA Governance, Risk Management & Compliance（GRC）Stack。其目的在于帮助云服务客户（CSC）对云服务提供商遵循行业最佳做法和标准以及遵守法规的情况进行评估。

2013 年，英国标准协会（BSI）和 CSA 联合推出国际范围内的针对云安全水平的权威认证——STAR（安全、信任、保证注册）认证，这是一个可公开访问的免费注册表。云服务提供商可在其中发布与 CSA 相关的评估，帮助组织评估和验证其安全性能。

1.2.3　NIST 安全标准

为了增强美国关键基础设施的韧性以应对网络安全风险，2015 年美国政府通过的《网络安全加强法案》（CEA）更新了 NIST 的职责，包括制定和开发网络安全风险框架，供关键基础设施所有者和运营商自愿使用。这项法案将 NIST 之前在 13636 号行政命令（Executive Order 13636）"改善关键基础设施网络安全"（2013 年 2 月）下开发的网络安全框架（CSF）版本 1.0 的工作正式化，并为未来框架演变提供了指导。

2011 年 11 月，NIST 正式启动云计算计划，其目标是通过技术引导和标准化工作推进来帮助政府和有关行业安全有效地使用云计算。NIST 公开发布了多项与云计算相关的标准和指南，这些文件从顶层设计、概念界定、标准规范和技术路线等方面对美国推进云计算发展和应用进行了具体部署，是对美国《联邦信息技术管理改革 25 点实施计划》和《联邦云计算战略》的落实和推动，以 NIST SP 500 系列和 NIST SP 800 系列为主。NIST SP 500 系列主要描述了云计算标准的路线图和体系结构，NIST SP 800 系列信息安全标准主要涉及访问控制类、意识和培训、认证认可和安全评估、配置管理、风险评估 5 个方面，相关标准见表 1-2。

表 1-2　NIST 云计算安全标准

标准名	标准号
《美国政府云计算技术路线图》	NIST SP 500-293
《云计算标准路线图》	NIST SP 500-291
《公有云中的安全和隐私指南》	NIST SP 800-144
《NIST 对云计算的定义》	NIST SP 800-145
《云计算梗概和建议》	NIST SP 800-146
《联邦信息系统和组织的安全控制措施评估指南（第 1 版）》	NIST SP 800-53A

2018 年 4 月，NIST 发布了 NIST CSF 1.1 版本。NIST CSF 是根据 13636 号行政命令制定并基于 CEA 持续演进的框架，其使用通用语言，以业务和组织需求为基础，以兼顾成本和收益的方式处理和管理网络安全风险，而无须对业务提出额外的监管要求。至此，该框架适用于所有依赖技术的组织，无论其网络安全关注

点是信息技术（IT）、工业控制系统（ICS）、信息物理系统（CPS）、物联网（IoT），还是更普遍的连接设备。

1.2.4 我国云计算安全标准

我国在 2009 年发布的《信息安全技术 基于互联网电子政务信息安全实施指南》确立了基于互联网的电子政务信息安全保障总体架构，为互联网电子政务所涉及的信息安全技术、信息安全管理和信息安全工程建设等方面的安全要求的实施提供了指导，也为政府云计算安全标准的制定提供了基础。随着云计算产业的发展，国务院发布了《国务院关于促进云计算创新发展培育信息产业新业态的意见》（国发〔2015〕5 号），一方面要求促进云计算的发展，另一方面也要求建立完善党政机关云计算服务安全管理制度，进一步要求落实云计算安全审查。全国信息安全技术标准化技术委员会也研究并进一步制定了云计算安全标准，见表1-3。

表 1-3　我国云计算安全标准

标准名	标准号
《信息安全技术 云计算服务安全指南》	GB/T 31167—2023
《信息安全技术 云计算服务安全能力要求》	GB/T 31168—2023
《信息安全技术 云计算服务安全能力评估方法》	GB/T 34942—2017
《信息安全技术 云计算安全参考架构》	GB/T 35279—2017
《信息安全技术 网络安全等级保护基本要求》	GB/T 22239—2019
《信息安全技术 政府网站云计算服务安全指南》	GB/T 38249—2019
《云计算技术金融应用规范 安全技术要求》	JR/T 0167—2020

1.2.5 等保 2.0 云安全标准

《中华人民共和国网络安全法》于 2017 年 6 月 1 日实施，"网络安全等级保护制度"首次在法律层面提及，标志着网络安全保护进入有法可依的等级保护 2.0（以下简称等保 2.0）时代。网络安全等级保护对象由信息系统调整为基础信息网络、信息系统（含采用移动互联技术的系统）、云计算平台/系统、物联网、大数据应用/平台/资源、物联网和工业控制系统等。自 2019 年 12 月 1 日起，《信息安全技术 网络安全等级保护基本要求》（以下简称基本要求）等系列标准正式实施，落实网络安全等级保护制度是每个企业和单位的基本义务和责任。

从传统数据中心的视角来看，云安全是指保护云服务本身在基础设施即服务（IaaS）、平台即服务（PaaS）和软件即服务（SaaS）中的技术资源的安全性，以确保各类云服务能够持续、高效、安全、稳定地运行。云服务与传统数据中心存在明显差异，前者对云安全的整体设计和实践更侧重于为云服务客户提供完善、多维度、按需定制、组合的各种安全和隐私保护功能和配置，涵盖基础设施、平台、应用及数据安全等层面。同时，不同的云安全服务又进一步为云服务客户提供各类可自主配置的高级安全选项。这些云安全服务需要通过深度嵌入各层云服务的安全特性、安全配置和安全管控来实现，并通过可整合多点汇总分析的、日趋自动化的云安全运维运营能力来支撑。

在云计算环境中，任何云服务客户业务系统的安全性都由云服务提供商和云服务客户共同保障，云服务客户业务系统所部署的云计算服务模式不同，双方安全责任边界也相应产生差异，详细的差异参考《信息安全技术 网络安全等级保护基本要求》中的相关内容。按业界定义的安全责任共担模型，云服务客户使用不同模式的云服务（IaaS、PaaS 或 SaaS）时，对资源的控制范围不同，安全责任边界也有所不同。

等保 2.0 标准中将安全技术要求重新划分为 4 个层面：物理和环境安全、网络和通信安全、设备和计算安全、应用和数据安全。在物理和环境安全方面，要求云计算系统的物理设备位于我国境内且互联网数据中心（IDC）应具有完备的 IDC 运营资质。在网络和通信安全方面，对云平台网络架构、访问控制、入侵防范及安全审计均做出具体要求。其中，安全审计方面要求云服务方和云租户分别收集各自的审计数据，并根据职责划分提供审计接口，实现集中审计。在设备和计算安全方面，对身份鉴别、恶意代码防范、镜像和快照保护等方面较传统信息系统也有着特殊的安全要求。在应用和数据安全方面强调了资源控制、接口安全、数据完整性、数据保密性、数据备份保护和剩余信息保护等方面的保护策略及要求。

1.3　云计算安全体系

云计算安全体系是一个综合性的安全防护框架，旨在确保云计算环境中的数据、应用程序和基础设施的安全。它涉及多个层面和维度，包括物理安全、网络安全、数据安全、应用安全、身份和访问控制、安全管理和监控等。这些层面和维度相互关联、相互支撑，共同构成了云计算安全体系的完整框架。构建一个完善的云计算安全体系，对于保障云计算的安全性和可靠性来说至关重要。

1.3.1 国外云计算安全体系

由于不同国家和地区的法律法规、文化背景和技术发展水平存在差异，因此云计算安全体系的具体内容和实施方式也可能有所不同。除了国际标准组织制定的云计算安全标准、各国政府和行业组织制定的云计算安全政策和规范、第三方云计算安全认证和评估机构制定的评估和认证机制，还有一些云服务提供商也会制定相关安全体系，如 AWS、Microsoft Azure、谷歌云平台（GCP）等，都建立了自己的云计算安全体系，包括身份认证、访问控制、数据加密、漏洞管理等方面，以确保其提供的云计算服务的安全性。接下来，详细介绍 NIST 和 CSA 标准下的云计算体系。

1. NIST 标准下的云计算体系

（1）NIST CSF

NIST CSF 由框架核心、框架实施层和框架轮廓 3 个部分组成，其框架核心包括 5 个功能，即识别（Identify）、保护（Protect）、检测（Detect）、响应（Respond）和恢复（Recover），如图 1-2 所示。这 5 个功能实现了网络安全"事前、事中、事后"的全过程覆盖，帮助企业主动预防、识别、发现、应对安全风险，具体介绍如下。

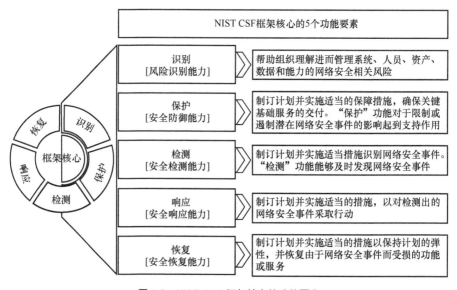

图 1-2　NIST CSF 框架核心的功能要素

① 识别：帮助组织理解进而管理系统、人员、资产、数据和能力的网络安全相关风险。"识别"功能中的活动是有效使用框架的基础。只有在理解组织业务、支持关键业务的资源以及相关网络安全风险时，才能使组织根据其风险管理策略和业务需求将资源集中投入优先级高的工作中。此功能类别有"资产管理""业务环境""治理""风险评估"和"风险管理策略"等。

② 保护：制订计划并实施适当的保障措施，确保关键基础服务的交付。"保护"功能对于限制或遏制潜在网络安全事件的影响起到支持作用。此功能类别有"访问控制""意识和培训""数据安全""信息保护流程和程序""维护"和"保护性技术"。

③ 检测：制订计划并实施适当措施来识别网络安全事件。"检测"功能能够及时发现网络安全事件。此功能类别有"异常和事件""安全持续监控"及"检测流程"。

④ 响应：制订计划并实施适当的措施，以对检测出的网络安全事件采取行动。"响应"功能具有对潜在网络安全事件影响进行遏制的能力，此功能类别有"响应计划""沟通""分析""缓解"和"改进"。

⑤ 恢复：制订计划并实施适当的措施以保持计划的弹性，并恢复由于网络安全事件而受损的功能或服务。"恢复"功能可支持及时恢复至正常运行状态，以降低网络安全事件的影响。此功能类别有"恢复计划""改进"和"沟通"。

（2）NIST 云计算安全标准

除 CSF 外，NIST 针对云计算具体场景设计了相关的模型和安全框架，例如，NIST 发布了《NIST 云计算标准路线图》和《NIST 云计算参考架构》，并给出了云计算定义模型，如图 1-3 所示。

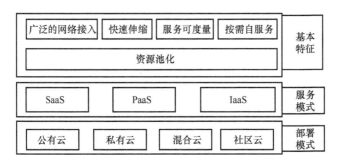

图 1-3 云计算定义模型

云计算定义模型定义了云计算的 3 种基本服务模式（SaaS、PaaS、IaaS）、4 种部署模式（公有云、私有云、混合云和社区云）及 5 个基本特征（广泛的网络接入、快速伸缩、服务可度量、按需自服务、资源池化）。

图 1-4 所示是 NIST 定义的通用云计算架构参考模型，列举了主要的云计算参与者，以及他们各自的分工。

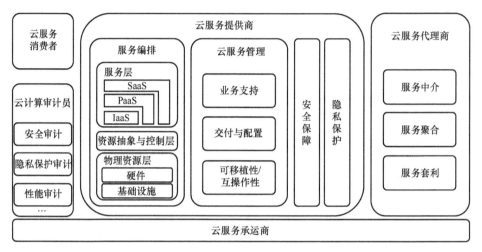

图 1-4　NIST 定义的通用云计算架构参考模型

该模型定义了 5 种角色，分别是云服务消费者、云服务提供商、云服务代理商、云计算审计员和云服务承运商。每个角色可以是个人，也可以是组织。

- 云服务消费者：租赁并使用云服务产品的个人或组织。
- 云服务提供商：负责提供云服务产品的个人或组织。
- 云服务代理商：代理云服务提供商向云服务消费者销售云服务并获取一定佣金的个人或者组织。
- 云计算审计员：能对云计算的安全性、性能，云服务及信息系统的操作等开展独立评估的第三方个人或者组织。
- 云服务承运商：在云服务提供商和云服务消费者之间提供连接媒介，以便把云服务产品从云服务提供商转移到云服务消费者手中。

2．CSA 标准下的云计算体系

（1）云安全评估认证（即 CSA STAR）计划

STAR 提供 3 种级别的保障，CSA STAR 自我评估是第一级别的入门级服务，可免费提供并向所有 CSP 公开；第二级别的保障涉及基于第三方评估的认证；第三级别的保障涉及基于第三方持续监视授予的认证。

此外，CSA 发布了《云计算关键领域安全指南》《云计算的主要安全威胁报告》《云安全联盟的云控制矩阵》《身份管理和访问控制指南》等报告和标准，其中《云计算关键领域安全指南》是云安全领域奠基性的研究成果，得到全球普遍认可，具有广泛的影响力，被翻译成多国语言版本。《云计算关键领域安全指南 v4.0》共 14 章，第 1 章描述了云计算概念和体系架构，其他 13 章着重介绍了云计算安全的关键领域，以解决云计算环境中战略和战术安全的"痛点"。这些领域被分成了两大类：治理域和运行域，具体如图 1-5 所示。其中治理域范畴很广，可解决云计算环境的战略和策略问题，在治理域中，要求对云平台进行合规化和审计管理；运行域则更关注战术性的安全考虑及在架构内的实现。

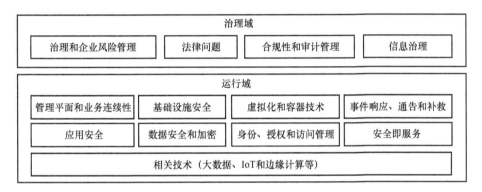

图 1-5　《云计算关键领域安全指南 v4.0》概览

（2）CSA CCM

基于 CSA GRC Stack 的两大关键组成部分如下。

① 云控制矩阵（CCM）：列出了云计算的安全控制，并将它们映射到多个安全和合规标准。该矩阵还可以用来记录安全责任，涵盖基本安全原则的控制措施框架，帮助云客户对 CSP 的整体安全风险进行评估。

② 共识评估倡议调查表（CAIQ）：一份根据 CCM 制定的调查表，其中包括客户或云审计师希望 CSP 根据 CSA 最佳做法对其合规性进行评估的 100 多个问题。CAIQ 为 CSP 提供标准模板以记录他们的安全与合规控制。

在过去十几年发布的云安全定义、架构、标准、指南中，CSA CCM 被世界各国公认为全球通用的黄金标准。CCM 可以作为对云计算实施的系统性评估工具，也可以作为云计算供应链中各角色与安全控制关系的指导标准。CCM 与《云计算关键领域安全指南》高度匹配，成为云安全保障与合规的事实标准。

CSA 于 2021 年 4 月发布 CCM4.0，CCM4.0 对 CCM3.0.1 的内容进行了大幅更新，确保覆盖来自云计算新技术、新控制、安全责任矩阵的要求，改善控制项的问责制，增强互操作性及与其他标准的兼容性。

CSA CCM 的目标包括以下 4 个方面。确保覆盖来自新云技术的需求（如微服务、容器）和新的法律、监管要求，特别是在隐私领域；提高控制的可审核性，并为组织提供更好的实施和评估指导；在责任共担模型中明确云安全责任的分配；提高与其他标准的互操作性和兼容性。

CCM4.0 包括 17 个控制领域中的 197 个控制目标，全方位涵盖了云计算技术的安全领域，具体的控制领域见表 1-4。CCM 结构包含控制领域、控制措施及对应的架构内容、公司治理的相关性、云服务类型、与云服务提供商和客户的相关性，以及与标准、法规、最佳实践的映射关系。CCM 构建了统一的控制框架，通过减少云中的安全威胁和弱点来改善现有的信息安全控制环境，提供标准化的安全和运营风险管理，并寻求将安全期望、云分类和术语体系，以及云中实施的安全措施等标准化。

表 1-4　CCM4.0 控制领域

控制 ID	控制领域	对应英文
A&A	审计与保障	Audit & Assurance
AIS	应用程度和接口安全	Application & Interface Security
BCR	业务连续性管理和运营弹性	Business Continuity Management and Operational Resilience
CCC	变更控制和配置管理	Change Control and Configuration Management
CEK	密码学、加密与密钥管理	Cryptography, Encryption & Key Management
DCS	数据中心安全	Datacenter Security
DSP	数据安全和隐私	Data Security and Privacy
GRM	治理、风险管理和合规	Governance, Risk Management and Compliance
HRS	人力资源	Human Resources
IAM	身份与访问管理	Identity & Access Management
IPY	互操作性与可移植性	Interoperability & Portability
IVS	基础设施与虚拟化安全	Infrastructure & Virtualization Security
LOG	日志记录与监控	Logging and Monitoring
SEF	安全事件管理、电子发现和云取证	Security Incident Management, E-Discovery & Cloud Forensics
STA	供应链管理、透明度和问责制	Supply Chain Management, Transparency and Accountability
TVM	威胁与漏洞管理	Threat & Vulnerability Management
UEP	统一终端管理	Universal EndPoint Management

1.3.2　国内云计算安全体系

云计算安全的责任共担已经成为行业共识，无论是云等保标准还是主流公有云服务提供商，都对各方的责任进行了明确的划分[7]。如图 1-6 所示，云安全责任主体方包含云服务提供商与云服务客户，双方的责任分担原则为各主体应根据管理权限的范围划分安全责任边界，责任边界之下的属于云服务提供商，边界之上的属于云服务客户，边界处由双方共同承担。

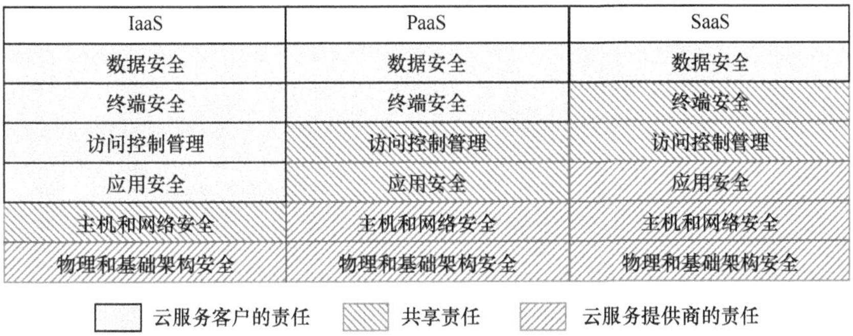

IaaS	PaaS	SaaS
数据安全	数据安全	数据安全
终端安全	终端安全	终端安全
访问控制管理	访问控制管理	访问控制管理
应用安全	应用安全	应用安全
主机和网络安全	主机和网络安全	主机和网络安全
物理和基础架构安全	物理和基础架构安全	物理和基础架构安全

　云服务客户的责任　　　共享责任　　　云服务提供商的责任

图 1-6　云安全责任共担模型

从宏观上讲，安全职责是与任何角色对架构堆栈的控制程度相对应的。

在 SaaS 中，云服务提供商负责几乎所有的安全性，因为云服务客户只能访问和管理其使用的应用程序，并且无法更改应用程序；在 PaaS 中，云服务提供商负责平台的安全性，而云服务客户负责他们在平台上所部署的应用，包括所有安全配置，因此两者的职责几乎是平均分配的；在 IaaS 中，类似 PaaS，云服务提供商负责基本的安全，而云服务客户负责他们建立在该基础设施上的其他安全，与 PaaS、IaaS 的云服务客户不同，其承担更多的责任。

参考文献

[1] 罗军舟, 金嘉晖, 宋爱波, 等. 云计算: 体系架构与关键技术[J]. 通信学报, 2011, 32(7): 3-21.

[2] 陈刚. 面向云计算的软件可用性机制研究[D]. 武汉: 华中科技大学, 2013.

[3] 任磊, 张霖, 张雅彬, 等. 云制造资源虚拟化研究[J]. 计算机集成制造系统, 2011, 17(3): 511-518.

[4] 张晓丽, 杨家海, 孙晓晴, 等. 分布式云的研究进展综述[J]. 软件学报, 2018, 29(7): 2116-2132.

[5] 中国信息通信研究院. 云计算白皮书（2023 年）[R]. 2023.

[6] PRATT I, FRASER K, HAND S, et al. Xen 3.0 and the art of virtualization[C]//Proceedings of the 2005 Linux Symposium. [S.l.:s.n.], 2005: 65-77.

[7] 云计算开源产业联盟. 云计算安全责任共担白皮书 (2020 年)[R]. 2020.

第 2 章

系统虚拟化安全

虚拟化技术的历史可追溯至 20 世纪 60 年代，当时 IBM 首次将其应用于大型机，允许租户在一台主机上并行运行多个操作系统，以充分利用昂贵的资源。随着时间的推移，这一技术从大型机扩展至小型机或 UNIX 服务器。HP、SUN 等公司紧随其后，在各自的精简指令集计算机（RISC）服务器上推出了虚拟化技术。然而，由于大型机和小型机的使用群体相对有限，加之各家产品和技术间的兼容性问题，虚拟化技术在公众视野中并未引起广泛关注。

近年来，计算系统的资源规模不断扩大、处理能力持续增强、资源种类日益丰富，应用需求也变得更为灵活多样。特别是 x86 处理器性能的飞速提升和应用普及，以及多核技术的蓬勃发展，使得虚拟化技术成为商业界和学术界瞩目的焦点。

虚拟化计算系统具备动态组织多种计算资源的能力，能够隔离硬件体系结构与软件系统间的紧密依赖关系，实现透明化的可伸缩计算系统架构。这不仅为租户提供了个性化和普适化的计算资源使用环境，还提高了计算资源的使用效率和聚合效能。更重要的是，虚拟化计算系统使计算资源的利用更加充分和合理，满足了日益多样化的计算需求，实现了计算资源的透明、高效和可定制使用，从而真正践行了灵活构建、按需计算的理念。

从是否需要修改客户机操作系统内核的角度来看，虚拟化技术可分为"半虚拟化技术"和"全虚拟化技术"。最初的全虚拟化技术因二进制转换带来的开销而性能受限。为了解决这一问题，Denali 项目和 Xen 项目引入了半虚拟化技术模式[1]。半虚拟化技术无须进行二进制转换，而是通过对客户机操作系统进行代码级修改来实现。这种技术绕过了传统 x86 体系结构的虚拟化漏洞，以卓越的性能在开源软件操作系统（如 Linux 操作系统）上获得了广泛关注。然而，它无法支持私有操作系统，如 Windows 操作系统。为了更好地支持全虚拟化，Intel VT[2]和 AMD 安全虚拟机（SVM）[3]实现了"硬件虚拟化"。这一技术在芯片硬件层面弥补了 x86 体系结构的虚拟化漏洞，使虚拟机管理器能够支持未经修改的操作系统。

为了满足多样化的功能需求，现今市场上涌现了众多类型的虚拟化解决方案。这些解决方案因采用各异的实现方式和抽象层次而展现出独特的特性。《计算系统虚拟化——原理与应用》[4]一书从虚拟机实现所采用的抽象层次角度出发，对虚拟化系统进行了详尽的分类。

- 指令集虚拟化：也被称为模拟器，将虚拟机中执行的指令翻译成主机指令，并在真实硬件上执行。由于虚拟机和真实硬件平台之间没有严格地绑定，这种虚拟化方法展现出了高度的可移植性。代表性系统包括 Bochs[5]、QEMU[6]、BIRD[7]等。

- 硬件级虚拟化：与指令集虚拟化相似，但专注于一种特殊情况，即客户执行环境和主机使用相同的指令集合。通过虚拟机管理器在物理机上创建多个虚拟机，并为每个虚拟机提供底层真实硬件的视图，使虚拟机中的操作系统或应用程序感觉它们运行在真实硬件之上，从而显著提高执行速度。VMware ESX Server[8]、Virtual PC[9]、Xen[10]等是这一领域的代表性系统。

- 操作系统级虚拟化：共享真实的物理硬件和操作系统，为多个租户提供独立、隔离的操作环境。它能够快速"克隆"当前主机的操作环境并进行沙盒测试，从而避免大量不必要的安装和配置开销。Linux-VServer[11]、Jails[12]等系统在此领域具有代表性。

- 编程语言级虚拟化：与传统的指令集架构（ISA）不同，它在应用层提供一套自定义的、与处理器无关的指令集。利用此指令集开发的软件能够屏蔽硬件的异构性，主要应用于与硬件平台无关的软件开发。Java[13]、Microsoft .NET CLI[14]等是这一领域的典型代表。

- 程序库级虚拟化：通过在应用层模拟一套租户级的应用程序接口（API），隐藏与操作系统相关的细节。它能够在某种操作系统上运行其他操作系统的应用程序，如在 Linux 上运行 Windows 程序。Wine、Cygwin[15]等系统在此领域颇具影响力。

本章聚焦于云计算场景下的系统虚拟化及其相关的安全问题、解决方案，并且重点介绍以 Guest OS、Hypervisor 等相关技术为中心的、云计算场景下的系统虚拟化问题。

2.1 系统虚拟化安全概述

虚拟化技术是云计算的核心支撑技术，它通过将系统资源虚拟化，解决了硬件和系统软件之间的异构性问题，屏蔽了底层硬件及指令集的差异，实现了系统资源的统一管理和灵活调配，从而充分满足应用软件对系统资源多样性的需求。尽管基于虚拟化计算机系统的计算在计算效率和灵活性方面相较于物理机具有显著优势，但它也给云计算带来了新的安全挑战。

本节将简要概述典型虚拟化平台及其架构，并深入探讨虚拟化平台架构所面临的安全威胁，为后续更深入的探讨奠定坚实基础。

2.1.1 典型虚拟化平台

本节将介绍 3 个典型的虚拟化平台——Xen、QEMU 及 KVM。

（1）Xen

Xen 是一款由英国剑桥大学实验室开发的开源虚拟化软件，它遵循 GNU 通用公共许可证（GPL），并主要适用于 x86 架构的计算机。Xen 能在同一硬件平台上同时独立运行多个虚拟机，每个虚拟机均可运行不同的操作系统并保持卓越的性能。Xen 位于操作系统与硬件之间，为上层运行的操作系统内核提供虚拟化硬件环境。其独特的混合模式包含一个特权域，即虚拟域 0（又称为 Dom0），用于协助 Xen 管理其他虚拟机。特权域提供关键的虚拟资源服务，尤其是其他虚拟机对 I/O 设备的访问。

图 2-1 展示了 Xen 的体系结构。在这个体系中，Xen 为虚拟机提供了一个包含管理硬件 API 的抽象层。Dom0 具备真实的设备驱动——原生设备驱动（NDD），能够直接访问物理硬件。它负责与 Xen 提供的管理硬件 API 进行交互，并通过用户模式下的管理工具来全面管理 Xen 的虚拟机环境，这包括启动和停止其他虚拟机，以及通过控制接口对其他虚拟机的 CPU 调度、内存分配和设备访问（如物理磁盘存储和网络接口等）进行精细控制。与其他虚拟机系统类似，在虚拟机中运行的操作系统被称为 Guest OS。Xen 的 DomU 支持两种模式：半虚拟化（PV）模

式和硬件虚拟化模式（HVM）。HVM 需要硬件虚拟化技术的支持，而 PV 模式则不需要，但可能需要修改 Guest OS 的内核。因此，在 Xen 环境中，Guest OS 通常会被加上"Xeno"前缀，如经过修改的 Linux 操作系统被称为 Xeno Linux。

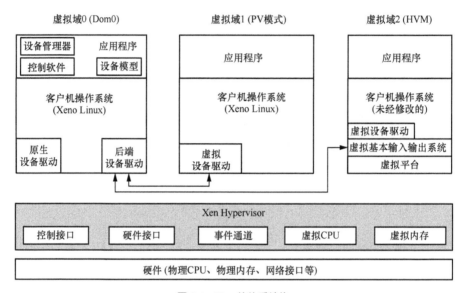

图 2-1　Xen 的体系结构

（2）QEMU

QEMU 是一款性能卓越的开源模拟器，它能够模拟多种硬件平台的全系统，包括 x86、x86-64、ARM、Alpha、ETRAX CRIS、MIPS、MicroBlaze、PowerPC 和 SPARC 等。在 QEMU 中，被模拟的客机操作系统（Guest OS）在主机操作系统的 QEMU 客户进程空间中运行，其环境包括 CPU 寄存器、物理内存和所有外围设备，这些设备均通过 QEMU 软件进行模拟。为了满足 Guest OS 的内存访问需求，QEMU 提供了一套基于软件的内存管理单元，实现客户虚拟地址到客户物理地址的转换。同时，QEMU 还配备了基于软件的翻译后备缓冲器（TLB）系统，用于存储客户虚拟地址与 QEMU 虚拟地址之间的映射关系。

实时的动态二进制编译技术显著提高了 QEMU 的模拟性能。此编译过程包含两个阶段：第一阶段，编译引擎前端将 Guest OS 的二进制代码转换为机器无关的中间指令；第二阶段，后端将上述中间指令进一步转换为可在主机操作系统中执行的指令。编译后的指令块将被存储在代码缓存中以避免重复编译。QEMU 代码编译过程如图 2-2 所示。

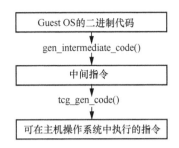

图 2-2　QEMU 代码编译过程

（3）KVM

KVM 是一种基于 Intel VT 的硬件辅助虚拟化方案，通过与 QEMU 模拟器的结合，实现了设备的虚拟化。在 Intel VT-x 的支持下运行 KVM，需要在 Linux 操作系统上加载 kvm.ko 和 kvm-intel.ko 模块。一旦加载成功，就可以在原有内核模式和用户模式的基础上启用客户模式。打开 VT-x 开关后，Linux 内核便具备了 Hypervisor 的功能。针对 CPU 虚拟化，KVM 在 Intel VT-x 的支持下引入了虚拟机控制结构。在内存虚拟化方面，KVM 采用了影子页表技术和可扩展页表技术。同时，KVM 和 QEMU 模块的协同工作完成了 I/O 设备的虚拟化。

在 KVM 架构中，Linux 系统内核通过加载内核模块，成为功能强大的 Hypervisor。这一内核模块导出了一个名为"/dev/kvm"的设备，它赋予了内核运行客户模式的能力。借助"/dev/kvm"设备，虚拟机能够实现其地址空间与内核地址空间以及其他虚拟机地址空间的隔离。尽管设备树（/dev）中的设备对所有用户空间进程都是通用的，但每个打开"/dev/kvm"的进程看到的都是独特的映射，这为实现虚拟机间的相互隔离提供了有力支持。

在 KVM 中，客户、内核和用户 3 种模式各自扮演着关键角色。客户模式负责执行非 I/O 相关的 Guest OS 代码；内核模式则负责从客户模式转换过来，并处理因 I/O 操作或特殊指令而从客户模式退出的代码；用户模式则为 Guest OS 执行 I/O 操作提供支持。KVM 的架构简洁而高效，由设备驱动和用户空间两部分组成。设备驱动部分负责管理虚拟硬件，用户空间部分则负责模拟计算机硬件。值得一提的是，KVM 还利用了 QEMU 作为其虚拟机监控程序，QEMU 为每个虚拟机提供了一个虚拟化的环境，使虚拟机能够访问所需的资源（如磁盘、网络和其他 I/O 设备）。

2.1.2　虚拟化平台架构

第 2.1.1 节简要介绍了 3 个典型的虚拟化平台，本节将主要讲述其架构以及云计算当中通常使用的虚拟化平台架构方式与模型。

1. 虚拟化模型

Hypervisor 主要有两种类型：Ⅰ型 Hypervisor 和Ⅱ型 Hypervisor。如图 2-3 所示，从 Hypervisor 的角度看，虚拟化模型可以分为Ⅰ型虚拟化模型和Ⅱ型虚拟化模型，接下来将简要描述这两类虚拟化模型的区别。

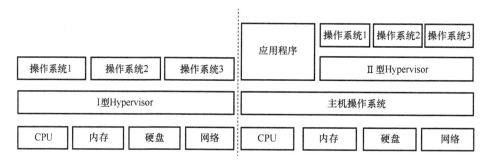

图 2-3　Ⅰ型和Ⅱ型虚拟化模型

（1）Ⅰ型虚拟化模型

经典的Ⅰ型 Hypervisor 被设计为主引导系统，直接部署在硬件上。以最高的特权级别执行，它能够全面掌控运行于其上的所有虚拟机。由于其直接在主机的物理硬件上运行，因此也被称为裸机 Hypervisor。该 Hypervisor 无须预先加载底层操作系统，因为它能够直接访问底层硬件，无须依赖其他软件，如操作系统和设备驱动程序。因此，Ⅰ型 Hypervisor 被视为企业计算中最高效、性能最优的 Hypervisor 类型。

一些著名的Ⅰ型 Hypervisor 实例包括 Xen、VMware ESXi、Microsoft Hyper-V 服务器以及开源的 KVM 等。由于其直接在物理硬件上运行，Ⅰ型 Hypervisor 还提供了高级别的安全性。它能够避免操作系统中常见的安全问题和漏洞，确保每个 Guest OS 与潜在的恶意软件保持逻辑上的隔离。

（2）Ⅱ型虚拟化模型

Ⅱ型 Hypervisor 也被称为托管 Hypervisor，通常部署在现有的操作系统上。由于其依赖主机预先安装的操作系统来调配 CPU、内存、存储和网络等核心资源，Ⅱ型 Hypervisor 的运行方式相对独特。此类 Hypervisor 的代表性产品包括 VMware Fusion、Oracle VirtualBox，适用于 x86 架构的 Oracle VM Server、Oracle Solaris Zones[16]、Parallels，以及广受欢迎的 VMware Workstation。

Ⅱ型 Hypervisor 的历史可追溯至 x86 虚拟化的早期阶段。尽管Ⅰ型 Hypervisor 和Ⅱ型 Hypervisor 的最终目标殊途同归，但Ⅱ型 Hypervisor 在实际运行中，由于底层操作系统的存在，不可避免地引入了时延。这是因为Ⅱ型 Hypervisor 的所有操作以及每个虚拟机的运行都必须通过主机操作系统进行中转。主机操作系统自身的任何安全隐患或漏洞，都可能对整个虚拟机环境构成威胁，进而影响其上运行的所有虚拟机。因此，在数据中心等对虚拟机性能和安全性要求极为严格的环境中，Ⅱ型 Hypervisor 通常不是首选的虚拟化解决方案。

总而言之，Ⅰ型 Hypervisor 可直接调用硬件资源，不需要底层主机操作系统，或者说在Ⅰ型虚拟化模型中，可以将 Hypervisor 看作一个定制的主机操作系统，只起到虚拟机管理器的作用，一般不能在其上安装其他的应用。Ⅰ型 Hypervisor 在负责管理资源的同时，还需要向上提供虚拟机用于运行 Guest OS，因此Ⅰ型 Hypervisor 还必须负责虚拟环境的创建和管理。Ⅱ型虚拟化模型的物理资源由主机操作系统管理，实际的虚拟化功能由Ⅱ型 Hypervisor 提供，此时的Ⅱ型 Hypervisor 作为主机操作系统（如 Windows 操作系统或 Linux 操作系统）上的一个普通应用程序运行。用户通过Ⅱ型 Hypervisor 创建相应的虚拟机，共享底层服务器资源。Ⅱ型 Hypervisor 通过调用主机操作系统的服务来获得资源，实现 CPU、内存和 I/O 设备的虚拟化。Ⅱ型 Hypervisor 创建出虚拟机后，通常将虚拟机作为主机操作系统的一个进程参与调度。

2. 虚拟化架构

本节通过总结并借鉴 Compastié 等[17]的虚拟化模型，整理了一个包括Ⅰ型 Hypervisor 的虚拟化模型和Ⅱ型 Hypervisor 的虚拟化模型在内的虚拟化架构，如图 2-4 所示。该虚拟化架构由 4 个层级组成[18]，可作为后续虚拟机安全分析的基础。

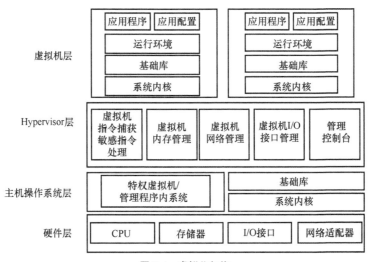

图 2-4 虚拟化架构

① 硬件层。此层位于虚拟化架构的最底层，包括主要的物理资源，如 CPU、存储器、I/O 接口和用于联网的网络适配器等。

② 主机操作系统层。此层位于虚拟化架构的倒数第二层，Ⅱ型 Hypervisor 会涉及主机操作系统，需要使用主机操作系统的内核、基础库等。Ⅰ型 Hypervisor 可以直接管理硬件资源，或者将该管理委托给有特权的虚拟机。

③ Hypervisor 层。此层位于主机操作系统层之上，具有虚拟机指令捕获和敏感指令处理、虚拟机内存管理、虚拟机网络（虚拟网络适配器和虚拟机间网络）管理和虚拟机 I/O 接口管理的能力。Hypervisor 通常通过管理控制台进行配置。通过管理控制台，系统管理员或服务人员可以直观地对 Hypervisor 和虚拟机进行管理[19]。

④ 虚拟机层。虚拟机层指虚拟机或单机，位于虚拟化架构的最上层，包括虚拟机中运行的应用程序、应用配置、运行环境和依赖的基础库等。

如 Pearce 等[20]的描述，虚拟化技术在安全领域具有重要的特性，特别是隔离、监控/自省和快照功能。

通过 Hypervisor 对虚拟机访问物理资源的控制，虚拟化技术提供了强大的资源隔离能力，这有助于防止虚拟机之间的未授权访问和潜在的攻击。Hypervisor 还负责分配物理资源，从而实现了资源消耗的隔离，增强了系统的安全性。Hypervisor 具备监控能力，可以观察虚拟机的资源使用情况，包括内部状态，这为安全审计和故障排查提供了有力支持。同时，由于 Hypervisor 还负责虚拟机的资源分配，它可以在必要时修改虚拟机的内部状态，这赋予了它自省能力，进一步增强了系统的安全性。虚拟化技术也可能带来一些新的安全问题。引入新的组件（如 Hypervisor）和重新定义系统架构组件之间的互动（如特权指令捕获）可能使系统架构变得更加复杂，从而带来新的安全风险。虚拟化领域是一个庞大且不断发展的研究领域，每天都有新的研究成果和威胁出现。因此，了解虚拟机安全问题、考虑安全因素和使用虚拟化系统产生的影响至关重要。Hypervisor 还可以保存和重新分配资源内容，这为虚拟机内部状态的恢复提供了便利。在安全方面，这一功能允许将虚拟机从一个潜在的不安全状态恢复到之前的安全状态，从而有效应对潜在的安全威胁。

2.2 虚拟机管理安全

作为虚拟化的核心，以 Hypervisor 为首的虚拟机管理器运行在操作系统与物理设备之间，其自身的安全非常重要。目前，在国际上最权威的漏洞数据库公共漏洞和暴露（CVE）中，虚拟化软件的漏洞已累计超过 700 条。攻击者可能利用虚拟化软件中存在的安全漏洞，攻破 Hypervisor 造成虚拟机逃逸，影响其上所有虚拟机的安全性。本节以虚拟机管理器中最具代表性的 Hypervisor 为例，分析并总结目前 Hypervisor 面临的攻击。在此基础上，针对已经发现的安全问题与漏洞，本节综合国内外的研究成果，指出虚拟机管理器、虚拟机管理器运行环境、虚拟机在上述场景下的各种安全问题，并对部分已解决的问题及其解决方案进行综述，最后介绍了一个解决 Hypervisor 安全问题的框架——HypSec。

2.2.1 虚拟机管理器

云计算作为许多 Web 服务的首选平台，其底层技术的核心是虚拟化。虚拟化允许在单个硬件平台上同时运行多个虚拟机，该技术不仅降低了客户的成本，还提供了快速调整服务器配置的灵活性，从而能够灵活地满足各种 Web 服务需求。但是该架构也带来了一个挑战，即需要确保多个互不信任的虚拟机租户能够安全地共享相同的物理硬件资源。

Hypervisor 作为物理服务器与操作系统之间的关键中间层软件，扮演着至关重要的角色。它负责协调云服务器上的所有物理硬件和虚拟机，确保它们能够高效、安全地运行。因此，Hypervisor 也被称为虚拟机管理器。

Hypervisor 的主要职责是管理资源，并确保虚拟机之间可以相互隔离。图 2-5 展示了 Xen Hypervisor 的架构。如果恶意虚拟机能够突破虚拟机管理器所保障的隔离机制，或者对虚拟机管理器本身构成威胁，那么同一物理机器上的其他虚拟机都将面临安全风险。恶意虚拟机还可能发起拒绝服务（DoS）攻击，通过窃取资源来减慢其他共存虚拟机的运行速度。

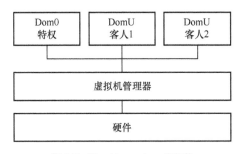

图 2-5 Xen Hypervisor 的架构

2.2.2　虚拟机管理器安全分析

本节将综合国内外现有的研究成果，着重介绍以 Hypervisor 为典型的虚拟机管理器及其运行环境存在的安全隐患。

1. 虚拟机管理器安全隐患

共同驻留攻击主要涉及 Hypervisor 资源垄断和虚拟机监控。共享网络基础设施和其他资源可能引发 Hypervisor 拒绝服务、虚拟机跳跃和监控攻击，与主机资源的共享问题则可能暴露 Hypervisor 的直接漏洞，包括命令和控制通道的利用、虚拟机逃逸（无论是到另一虚拟机还是到主机）、来自主机的虚拟机自省和监控攻击，以及虚拟机之间的通信自省攻击。

在虚拟化实现方面，也可能面临 Hypervisor 的直接漏洞、资源垄断、监控攻击、虚拟机逃逸等风险。Hypervisor 的监控功能本身也可能成为攻击目标，涉及注入攻击、虚拟机逃逸、来自主机的虚拟机自省和监控攻击，以及虚拟机之间的通信自省攻击。

管理控制台同样面临多个问题，包括其自身的监控漏洞和虚拟机的非线性执行。管理控制台监控漏洞可能导致虚拟机或 Hypervisor 遭受拒绝服务攻击，以及虚拟机移动性攻击。而虚拟机的非线性执行则可能涉及软件设计缺陷和移动性攻击。

（1）无损害的攻击

Hypervisor 面临的无损害的攻击中，最为常见的是 Hypervisor 拒绝服务攻击。管理控制台也成为一个潜在的攻击向量，因为攻击者可利用管理控制台监控漏洞使 Hypervisor 失效。同时，网络协议中的漏洞也可能被利用来发起分布式拒绝服务攻击，从而淹没 Hypervisor 或其运行环境。值得注意的是，由于 Hypervisor 由软件构成，因此它也可能存在可被攻击者利用的漏洞。除此之外，虚拟机也可能间接导致 Hypervisor 拒绝服务。例如，Pearce 等[20]的研究表明，当一定数量的虚拟机同时启动高资源消耗的服务时，Hypervisor 可能会因资源耗尽而拒绝服务。

（2）造成损害的攻击

① Hypervisor 的直接漏洞攻击

在 Hypervisor 涉及的造成损害的攻击中，首先提及的是针对其的直接漏洞攻击。作为一款软件产品，Hypervisor 同样难以避免存在漏洞。尽管 Hypervisor 不会像虚拟机那样直接暴露在网络环境中，但对其发起的直接漏洞攻击仍具有可行性。该攻击一旦成功，将直接影响 Hypervisor 的核心功能，攻击者可能篡改 Hypervisor，掩盖其攻击行为，披露 Hypervisor 及其管理的虚拟机的配置信息，甚至可能将自身权限提升至 Hypervisor 管理员级别。

Wojtczuk[21]的研究揭示了 rootkit 如何利用直接存储器访问（DMA）和 Xen 调试寄存器漏洞成功攻击 Xen Hypervisor，并详细说明了该攻击的危害性。同样，Ormandy[22]针对本地攻击者对 Hypervisor 的潜在威胁进行了深入研究，并识别了几种常见的攻击方式。Hypervisor 的扩展机制，如扩展包和模块框架，也是其重要组成部分，上述机制负责加载代码，包括可能的恶意代码。Ormandy[22]利用了 Xen 可加载模块框架中的一个漏洞（该漏洞允许在 Xen 地址空间加载任意代码），成功地对 Hypervisor 发起了攻击。上述攻击案例都凸显了与主机资源的共享漏洞和虚拟化实现漏洞所带来的安全风险。

② 命令和控制通道的利用攻击

另一个重要的造成损害的攻击是命令和控制通道的利用攻击，命令和控制通道是 Hypervisor 和虚拟机之间的特权通信媒介。该攻击的目标是 Hypervisor，攻击者利用这个通道作为媒介来破坏 Hypervisor。Carpenter 等[23]研究了如何通过命令通道的测试功能来识别虚拟机的工作环境。上述攻击通常与主机资源的共享漏洞有关。

③ Hypervisor 注入攻击

一个极具代表性的攻击案例是基于虚拟机的 rootkit（VM-based rootkit，VMBR）攻击。此类攻击通过在主机操作系统的底层集成恶意 Hypervisor 来实现其目的，这一点得到了 Carbone 等[24]研究的证实。当 Hypervisor 的自省能力被攻击者利用时，他们能够绕过任何现有的安全机制。

King 等[25]进一步介绍了一种针对 Windows 操作系统和 Linux 操作系统的持久性 VMBR 攻击，成功地在上述系统上托管了无法被操作系统自身检测到的恶意服务。Carbone 等[24]描述的"蓝色药丸"攻击也是一种 VMBR 攻击，其特点在于能够在不重启虚拟机的情况下感染主机系统。VMBR 攻击利用 Hypervisor 监控漏洞来获取自省能力，因此它们能够躲避操作系统级别的检测机制，从而提高了攻击的隐蔽性和持久性。

④ Hyper-jacking 攻击

Hyper-jacking 攻击会插入一个根套件，使攻击者能够控制虚拟机管理器，进而控制整个虚拟环境。该攻击是通过在合法虚拟机管理器的顶部插入一个瘦的恶意虚拟机管理器来实现的。这代表了一个单点故障，因为虚拟机管理器的妥协将提供对驻留在其下的所有虚拟机的访问。关于 SubVirt[26]的研究演示了如何实现这一点。

⑤ 拒绝服务攻击

拒绝服务攻击可以采取多种形式，狭义的拒绝服务攻击是指恶意虚拟机耗尽整个虚拟机管理器资源，并影响在同一物理主机上运行的其他虚拟机的性能。该攻击也被称为资源耗尽攻击，它会影响信息安全的核心原则之一，即可用性。

（3）基于损害的攻击

① Hypervisor 资源垄断攻击

Hypervisor 面临的第一类基于损害的攻击是由恶意虚拟机发起的。在一个 Hypervisor 管理的多个虚拟机中，上述虚拟机共享相同的物理资源，并可能以竞争的方式访问上述资源。Hypervisor 资源垄断攻击的一种典型场景是，一个恶意的虚拟机控制 Hypervisor，通过 Hypervisor 实现对物理资源的独占，进而破坏了资源隔离的机制。

Zhou 等[27]详细描述了 Xen 调度器中的一个缺陷，该缺陷使恶意虚拟机能够优先于其他用户虚拟机，几乎占用所有的 CPU 时间。他们分别展示了基于内核空间和用户空间的攻击版本。攻击者常常利用虚拟机共同驻留和虚拟化实现中的问题来执行该攻击。

② 虚拟机监控攻击

虚拟机监控攻击指的是在不损害目标虚拟机的前提下，收集关于该虚拟机的信息。这类攻击往往利用一台恶意虚拟机监控另一台虚拟机，主要关注目标虚拟机的应用程序版本、运行时间以及操作系统内核等信息。上述攻击通常借助侧信道和虚拟机的共同驻留来实现。

在公有云基础设施中，共同驻留的问题尤其突出，具有较大的挑战性。Zhang 等[28]详细介绍了利用访问驱动发起的侧信道攻击，并在 Xen 平台上展示了该攻击的有效性。恶意的虚拟机通过共同驻留，可以从运行在同一物理主机上的受害虚拟机中提取细粒度的密码学信息，从而造成基于 CPU L1 缓存的密钥泄露。上述攻击的成功依赖于硬件的物理属性、虚拟化实现的问题以及虚拟机之间的串扰漏洞。

③ 虚拟机逃逸到虚拟机的攻击

Pearce 等[20]介绍了虚拟机逃逸攻击，包括虚拟机逃逸到虚拟机的攻击和虚拟机逃逸到主机的攻击。虚拟机逃逸到虚拟机的攻击旨在破坏 Hypervisor，以访问另一个虚拟机。虚拟机逃逸到虚拟机的攻击与虚拟机跳跃攻击相似，但依赖先损害 Hypervisor 来打破隔离。在此类攻击中，通常会涉及虚拟机与 Hypervisor 之间的串扰漏洞。在该攻击中，攻击者利用虚拟机并直接与虚拟机管理器交互，以摆脱其控制。在虚拟机逃逸中，虚拟机发起攻击，绕过虚拟机和 Hypervisor 之间的隔离。攻击者可以获得或提升访问与其他虚拟机共享的资源的权限，如 Venom CVE-2015-3456。供应商非常重视此漏洞，因为它是对虚拟化的威胁。微软已经提供了高达 25 万美元的赏金，旨在鼓励安全研究人员发现并报告其 Hyper-V 虚拟化平台中的虚拟机逃逸漏洞。

④ 虚拟机逃逸到主机的攻击

虚拟机逃逸到主机的攻击依赖恶意虚拟机对 Hypervisor 的破坏，以获得对主机操作系统的进一步控制。在大多数情况下，虚拟机逃逸到主机的攻击针对的是 Hypervisor 和恶意虚拟机之间的合法接口，并以此来破坏 Hypervisor，如 VENOM 攻击和 Cloudburst 攻击。上述攻击利用了虚拟机与 Hypervisor 之间的串扰漏洞。

⑤ 来自主机的虚拟机自省和监控攻击

Morbitzer 等[29]介绍了一种针对 AMD 安全加密虚拟化（SEV）保护的虚拟机攻击方法。AMD SEV 作为一种专为虚拟机安全加密设计的硬件功能，旨在确保虚拟机内存不受恶意的 Hypervisor、访客以及物理攻击者的侵害。但是 Morbitzer 等[29]设计并实现了一种新型攻击，该攻击无须物理访问或虚拟机勾结，仅利用目标虚拟机中运行的远程通信服务，便能以明文形式提取出 SEV 保护虚拟机的主内存全部内容。该攻击利用恶意的 Hypervisor 操控虚拟机物理内存与主机物理内存之间的映射关系，使恶意的远程攻击者能够窃取敏感数据。

⑥ 虚拟机之间的通信自省攻击

虚拟机之间的通信自省攻击是指攻击者利用恶意的Hypervisor管理的I/O或网络子系统，泄露虚拟机或主机的通信信息。虚拟机之间的通信自省攻击引起了与通信拦截和自省有关的隐私问题，导致了潜在的信息泄露。与主机资源的共享漏洞和 Hypervisor 的监控漏洞导致了虚拟机之间的通信自省攻击。

⑦ 虚拟机移动性攻击

虚拟机移动性攻击是指攻击者利用 Hypervisor 的导出功能来获取虚拟机的存储设备、虚拟硬件环境配置、虚拟内存和虚拟 CPU 的当前状态等敏感信息。虚拟机移动性攻击通常基于管理控制台的漏洞实现。

⑧ 侧信道攻击

侧信道攻击是一种高度隐蔽的技术，攻击者首先需要将恶意虚拟机与受害虚拟机部署在同一物理主机上，确保它们共同驻留。随后，攻击者构建不易察觉的侧信道，以窃取受害虚拟机中的敏感信息。该攻击方式利用了原本并非用于数据传输的通信途径。自 2018 年以来，侧信道攻击引发了广泛的关注，因为几乎所有处理器在处理侧信道访问内存位置时都存在此类安全漏洞。

除了上述漏洞，RowHammer 攻击[30]（CVE-2015-0565）也是侧信道攻击的一个典型示例。在该攻击中，攻击者反复"锤击"内存中的某一行，导致相邻行的内存位发生翻转，从而改变数据结果。该攻击方式展示了侧信道攻击在利用硬件漏洞方面的强大能力。

2. 虚拟机管理器运行环境安全隐患

（1）主机操作系统

Hypervisor 必须依赖操作系统来访问物理硬件资源。对于 I 型虚拟化模型的 Hypervisor（如 VMware ESXi）来说，该操作系统是 Hypervisor 的一部分。对于 II 型虚拟化模型的 Hypervisor（如 Oracle Virtualbox）来说，该操作系统是运行着 Hypervisor 的主机操作系统，主机操作系统涉及的漏洞类型与客户机操作系统涉及的漏洞类型相同，主要涉及主机操作系统依赖项错误、主机操作系统服务退化、主机操作系统配置问题、主机操作系统内核关键性、主机操作系统内核特定的安全机制、主机操作系统内核非法访问用户空间、主机操作系统硬件暴露等。这些漏洞在 II 型虚拟化模型中占主导地位，因为主机操作系统必然存在。I 型虚拟化模型受到的影响较小，因为 Hypervisor 承担了操作系统的部分职能。

（2）硬件

硬件的物理特性使其可以作为侧信道源被利用。硬件制造商将固件（如 CPU 微码和扩展卡固件）嵌入他们的设备中，其中一些固件无法升级。由于设计上的限制或缺乏硬件制造商的支持，固件缺陷很难得到修补。因此，对硬件资源的物理访问构成了另一个漏洞，因为对硬件基础设施的添加或修改，很可能会改变 Hypervisor 和虚拟机的行为。但是在实际工作中，攻击者很难对硬件设备进行物理访问。

2.2.3　虚拟机管理安全方案

本节总结了国内外安全研究中对上述漏洞和攻击的防护措施，首先介绍了对 Hypervisor 的保护措施，然后介绍了一个解决 Hypervisor 安全问题的框架——HypSec。

1. 虚拟机管理器的保护

Hypervisor 为虚拟机提供了一个隔离且安全的运行环境，确保虚拟机能够根据管理员设定的特性运行。对于保障 Hypervisor 的安全性，国内外已有众多相关研究。Szefer 等[31]介绍了利用硬件设备保护 Hypervisor 免受主机操作系统影响的方法，特别是基于可信平台模块（TPM）的隐私保护机制。但该方法对硬件架构有特殊要求，可能在实际应用中受到限制。

Hypervisor 架构的粒度也对其安全性产生了影响。为了降低单一架构的风险，Colp 等[32]利用 Hypervisor 的虚拟化功能，将管理 Guest OS 的功能分解到专门的服务虚拟机上。上述虚拟机会受到严格的安全约束，如超级调用限制、安全审计和频繁重启等。但是该方法主要关注管理功能的划分，并未全面解决 Hypervisor 内部子系统的安全问题。

NOVA Hypervisor[33]是一种微型 Hypervisor 架构。该架构包含一个最小可信计算基（TCB），它驻留在主机操作系统内核上。而每个虚拟机专用的 Hypervisor 在用户空间执行，负责处理主机操作系统设备驱动程序等服务。但是该方法尚未完全成熟，且可能无法与所有 Guest OS 兼容。

在网络和存储安全方面，sHype Hypervisor[34]是一种虚拟机资源的访问控制策略。基于 Xen 的 sHype 能够执行与虚拟机资源访问相关的强制访问控制（MAC）策略，包括网络通信、标准 I/O 通信和共享内存。但是其解决方案仅限于单个 Hypervisor 实例上的 MAC 模型执行访问控制，无法扩展到多个 Hypervisor 实例。

TVDSEC[35]解决了多个 Hypervisor 实例的访问控制策略实施问题，但其仅关注控制流的访问控制。同时，与网络相关的工作，如 NICE 框架[36]，利用网络工作控制器将可能受到攻击的虚拟机置于隔离状态。但是目前 NICE 框架仅与采用 OpenFlow 协议配置的网络兼容。

Artač 等[37]在构建和开发基础设施即代码解决方案方面，可能为在虚拟化模型中设计具有复杂安全约束的应用程序提供有益的思路。保障 Hypervisor 安全性的方法多种多样，但每种方法都有其局限性和挑战，在实际应用中，需要根据具体需求和场景选择最合适的方案。

2. 虚拟机管理安全框架

云计算提供商广泛部署虚拟机管理器（Hypervisor）以支撑虚拟机的运行，然而，随着其复杂性的不断攀升，安全风险也日益凸显。为此，许多研究者提出各式的解决方案，本节将以 Li 等[38]提出的一个改善 Hypervisor 的虚拟机管理安全框架——HypSec 为例，介绍安全风险缓解技术。HypSec 巧妙地运用微内核原理，对现有的商用虚拟机管理器进行了改造，显著缩减了其可信计算基础，并有效地保证了虚拟机的机密性和完整性。

（1）HypSec 的安全假设与威胁模型

① 安全假设

假定虚拟机采用端到端加密通道，以充分保障其 I/O 数据的安全。同时，设想硬件虚拟化技术与输入输出内存管理单元（IOMMU）的结合，与当前云中 x86 和 ARM 服务器的标准配置相当。此外，可信执行环境（TEE）由诸如 ARM TrustZone[39] 或可信协议[40]等安全模式架构支持，从而确保数据的可信持久存储。在硬件方面，假定所有组件，包括硬件安全模块（若适用），均完全可信。关于 HypSec TCB（即 Corevisor），假定其不存在任何漏洞，因此其也可被视为完全可信。对于加密的 VM 数据，设想任何暴力攻击在计算上均不可行，且所有加密通信协议均经过精心设计，以有效抵御重放攻击。最后，假定系统初始状态为良性，签名和密钥在系统受损之前已被安全地存储在 TEE 中。

② 威胁模型

攻击者可能会利用虚拟机管理器（Hypervisor）中的漏洞或控制 VM 管理界面来访问 VM 数据。例如，他们可能利用 Hypervisor 中的安全缺陷执行任意代码，或非法访问 VM 内存。此外，攻击者还可能通过直接存储器访问（DMA）技术控制外围设备，进而执行恶意内存访问。然而，若整个提供 VM 基础设施的云服务提供商存在恶意行为，这种情况则超出了本书的讨论范围。

虚拟化环境[21-28,41-44]的防御或基于网络 I/O 的侧信道攻击[45]不在此次讨论范围内。这并不是 HypSec 特有的问题，内核应当采用与 HypSec 正交的防御策略来应对这些威胁。假设虚拟机不会主动泄露其敏感数据，无论是有意还是无意为之。然而，如果远程攻击者成功利用 VM 中的漏洞，可能会危及 VM 的安全。但本书不提供专门的安全功能来防止或检测 VM 漏洞，因此，因漏洞而无意泄露数据的受损 VM 不在本书的讨论范围内。但是，仍须警惕攻击者可能利用受损 VM 作为跳板，进而攻击其他托管在同一平台上的虚拟机。

（2）HypSec 框架

HypSec 引入了一种新颖的虚拟机管理器设计，旨在显著减小保护虚拟机机密性和完整性所需的 TCB 大小，同时保持虚拟机管理器功能的完整性。许多 Hypervisor 的功能可以在不直接访问 VM 数据的情况下得到支持，例如，VM CPU 寄存器数据对于 CPU 调度来说并非必需。基于此，HypSec 巧妙地借鉴了微内核设计原则，将传统的单片虚拟机管理器划分为两个部分，如图 2-6 所示。

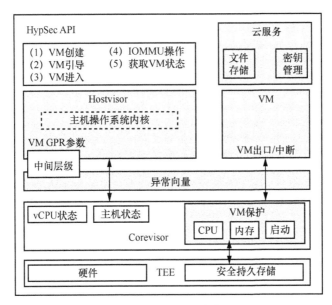

图 2-6　HypSec 的架构

　　一部分是受信任和有特权的 Corevisor，它拥有完全访问 VM 数据的权限；另一部分则是非受信任且取消特权的 Hostvisor，它负责执行大多数虚拟机管理器的功能。这种设计思路与之前的微内核方法有所不同[46-48]，HypSec 更专注于通过适度的修改来重组现有的虚拟机管理器，而非进行全新的设计。

　　HypSec 以一种新颖的方式利用现代硬件虚拟化支持来实现虚拟机管理器的分区。它让 Corevisor 在专为运行虚拟机管理器而设计的具有更高特权的 CPU 模式下运行，从而使其能够全面控制硬件，包括嵌套页表（NPT）等虚拟化硬件机制。同时，Corevisor 通过在特权较低的 CPU 模式下运行 Hostvisor 和 VM 内核来剥夺它们的特权。以 ARM 虚拟化扩展（VE）为例，在图 2-6 所示的 HypSec 实现中，Corevisor 运行在 Hypervisor（EL2）模式下，而 Hostvisor 和 VM 内核则在较低特权的内核（EL1）模式下运行。Corevisor 负责拦截所有异常和中断，从而能够提供一个强大的访问控制机制，有效防止 Hostvisor 访问 VM 的 CPU 和内存数据。此外，Corevisor 拥有自己的专用内存，并利用 NPT 在 Hostvisor、VM 和它自己之间实施严格的内存隔离。因此，即使 Hostvisor 或 VM 受到损害，它们也无法控制硬件虚拟化机制或访问 Corevisor 的内存，从而无法禁用 HypSec 的保护机制。

　　HypSec 充分利用 ARMVE 的特性，强制那些需要虚拟机管理器介入的 VM 操作进入 EL2 模式。当这些操作发生时，Corevisor 会直接处理这些陷阱，以保护 VM

数据。如果处理过程较为复杂，Corevisor 则会将硬件控制权切换到 EL1 模式，以便 Hostvisor 介入。一旦 Hostvisor 完成任务，它就会发起一个超级调用，将控制权交还给 EL2 模式下的 Corevisor，以确保 VM 状态能够安全地恢复到硬件中。通过这种方式，Corevisor 在 VM 和 Hostvisor 之间插入了一个保护层，确保了 VM 执行上下文的完整性。

此外，HypSec 还利用高级加密标准（AES）[49]加密算法来支持加密的 VM 迁移和快照功能，确保只有加密的 VM 数据才会被暴露给主机监控程序。EL2 模式中只包含必要的加密库，以保持 TCB 的小巧和高效。

2.3 虚拟机安全

在云环境下，信息化系统以云虚拟机的形式灵活部署。虚拟机在云环境中能够经历回滚、迁移、监控等动态操作，上述操作不仅增加了空间和时间上的不确定性，也带来了动态性挑战。但是当前的云环境安全保障机制在应对上述新增的不确定性和动态性方面显得捉襟见肘，从而给云环境带来了严峻的安全威胁。本节主要从国内外相关研究出发，重点分析云环境下的虚拟机安全回滚、虚拟机安全迁移与虚拟机安全监控 3 个方面的相关问题，并阐述具体的解决方案。

2.3.1 虚拟机安全分析

虚拟机作为云计算的核心组件，其安全性问题日益受到关注。当前，虚拟机安全面临着诸多挑战和威胁。一方面，虚拟化技术的广泛应用使得虚拟机数量急剧增长，管理难度加大。虚拟机之间的隔离性、网络安全、数据保护等方面都存在潜在的安全风险。攻击者可以利用虚拟机之间的通信漏洞进行跨虚拟机攻击，窃取敏感信息或破坏系统稳定性。另一方面，虚拟机面临的攻击手段也日益复杂多样。除了传统的病毒、木马等恶意软件攻击，还出现了基于回滚和迁移的新型攻击方式。这些攻击手段利用虚拟机管理器的漏洞或特性，对虚拟机进行精确操控和破坏，给虚拟机安全带来了极大的威胁。

在众多攻击当中，最具代表性的是基于虚拟机回滚的攻击与基于虚拟机迁移（VMM）的攻击。本节将重点分析这两种攻击方式，并指出虚拟机安全监控的重要性，为后续解决方案的提出做好铺垫。

（1）基于虚拟机回滚的攻击

对于不使用 vTPM 的系统，虚拟机回滚操作之所以成为攻击，是因为它导致了应用状态信息的丢失。为了解决这个问题，应用需要具备检测应用信息丢失的能力，从而识别出虚拟机是否进行了回滚操作。

对于使用了 vTPM 的系统，攻击的核心在于 VM 与 vTPM 之间的不一致性。当虚拟机回滚时，相应的 vTPM 并未采取相应的防护措施。为应对这一问题，本节需要在虚拟机回滚时仅回滚相关的平台配置寄存器（PCR）值，而不是整个 vTPM 状态。

值得注意的是，有人可能会认为使用 vTPM 系统的攻击根源在于 vTPM 的回滚不当。但实际上，在 VM-vTPM 环境中，vTPM 位于禁止回滚的管理域中。如果管理域发生回滚，所有的租户虚拟机和 vTPM 都可能受损。因此，没有任何机制能够回滚 vTPM 状态。同时回滚虚拟机和 vTPM 也无法完全解决 VM 与 vTPM 不一致导致的漏洞。假设 SaaS 提供商具有恶意意图，它可以在 SaaS VM 处于可信状态时创建快照，然后重启 SaaS VM 至不可信状态以窃取租户安全外壳（SSH）服务器的私钥。虽然该攻击可以被 vTPM 监测到，但恶意的 SaaS 提供商仍可以通过将 vTPM 状态回滚到可信状态来清除攻击痕迹。

（2）基于虚拟机迁移的攻击

虚拟机在迁移时考虑的物理资源使用情况由早期的单一 CPU 使用率演变为现在多个维度的指标，甚至后面可能还有硬件因素、软件因素、网络带宽因素、网络设备接口能量消耗等。上述研究并没有考虑云平台的安全问题，因此没有安全检测功能。当前为了构造绿色云计算环境，节省云数据中心的能量消耗已经成了趋势，所以虚拟机迁移的安全问题具有很大的挑战，如侧信道攻击和共享风险攻击等[50-51]，在虚拟机迁移过程中，保证虚拟机迁移的内容完整性至关重要。

（3）虚拟机安全监控的重要性

在云计算环境中，虚拟机安全监控的重要性不容忽视。

虚拟机安全监控能够实时感知虚拟机的运行状态，及时发现异常行为和潜在的安全威胁。监控虚拟机的网络流量、系统日志等信息，可以迅速识别出恶意软件、未经授权的访问等安全事件，并采取相应的防护措施。这种实时监控的能力，使得虚拟机安全监控成为应对突发安全事件的"第一道防线"。

此外，虚拟机安全监控还能够提供全面的安全审计和追溯功能。对虚拟机的操作记录、配置变更等进行监控和记录，可以追溯安全事件的起因和经过，为后续的安全分析和应对提供有力支持。这种可追溯性有助于提升虚拟机安全管理的效率和准确性。

同时，虚拟机安全监控还能够与其他安全系统形成联动，构建多层次的安全防护体系。例如，其与入侵检测系统、防火墙等安全设备相配合，可以实现更加精准的安全防护和响应。这种协同作战的能力，能够进一步提升虚拟机安全性的整体水平。

综上所述，虚拟机安全监控对保障云计算环境的安全稳定运行具有重要意义。它不仅能够及时发现和应对安全威胁，还能够提供全面的安全审计和追溯功能，与其他安全系统形成联动，共同构建强大的安全防护体系。因此，在云计算环境中，加强虚拟机安全监控是确保云服务安全可信的关键措施之一。

2.3.2　虚拟机安全回滚

云环境下，虚拟机的回滚机制（常用于事件处理，如攻击后恢复）成为关键议题之一。遗憾的是，当前虚拟机回滚机制存在固有的安全漏洞，上述漏洞无论在使用 TPM 技术还是使用 vTPM 技术的环境中，都可能被恶意利用。现有的解决方案，如简单禁用虚拟机回滚机制或挂起和恢复虚拟机的功能，往往并不可行。虽然 Xia 等[52]对此进行了研究，并介绍了需要云租户手动分析来确定是否存在虚拟机回滚攻击的解决方案，但这种方案在实际云系统中的应用效果有限，且对于云租户来说不够透明。此外，应用需要能够检测其状态是否因虚拟机回滚操作而丢失，这意味着应用开发人员需要了解如何使用 vTPM 编写程序，这无疑增加了开发的复杂性和要求。

目前已有许多解决虚拟机回滚过程中安全问题的解决方案，本节将以一种名为 rvTPM 的虚拟机安全回滚解决方案为例进行详细介绍。rvTPM 可确保虚拟机回滚时的状态一致性和可信度，从而防止恶意攻击者利用回滚机制中的漏洞进行攻击，增强虚拟机在回滚操作中的安全性。

rvTPM 系统的设计初衷是全面保护以下 3 种关键状态免受任何威胁。

① 虚拟机的状态：这涵盖了计算资源的全面配置，包括但不限于内核、内核模块、程序、脚本、共享库以及关键配置信息。

② vTPM 状态：通常情况下，这一状态应与虚拟机的状态保持同步。若两者出现不一致，攻击者可能会利用这一漏洞对虚拟机发动攻击。

③ 应用的状态：这涉及应用层面的关键事件，例如，OpenSSH 服务密钥的更

新或删除，以及限制使用次数的软件运行计数等。若应用发现其状态与最新记录不符，这可能意味着虚拟机回滚机制已被攻击者利用。

值得注意的是，第 2.3.1 节中提及的基于虚拟机回滚的攻击主要针对应用状态，基于虚拟机迁移的攻击则致力于破坏 vTPM 状态与虚拟机状态的一致性。

为了确保系统的安全性，可信回滚解决方案的设计至关重要，其必要性体现在以下两点。

① 为了让应用能够检测到因虚拟机回滚操作而可能丢失的状态信息，必须设计一种机制来确保应用能够感知并适应上述变化。若应用无法意识到状态信息的丢失，它将无法及时更新至最新状态，从而留下安全隐患。

② 利用 TPM 技术解决问题同样至关重要。由于每个 vTPM 都与一个特定的虚拟机相关联，因此采用基于 vTPM 的解决方案具有固有优势。考虑基于虚拟机迁移的攻击可能来自虚拟机的拥有者（如恶意的 SaaS 提供商对 SaaS 云租户的攻击、恶意的 SaaS 云租户对 SaaS 提供商的攻击），解决方案必须允许潜在的受害者验证虚拟机的状态，即验证虚拟机是否被回滚。为此需要一个可信的第三方来记录虚拟机回滚事件，并向远程验证者证明上述事件（或它们的缺失），这正是 vTPM 发挥作用的地方。

为了消除 VM 与 vTPM 状态的不一致，本节将讨论说明该设计的不安全性，并列出观察到的与 vTPM 相关的 3 种数据。

① vTPM 实例数据：对于 vTPM 实例数据来说，快照中不应该包括整个 vTPM 实例，否则 vTPM 计数器的单调性就会被破坏，其他攻击（如重放攻击）就可能乘虚而入；可以包括能够被 vTPM 管理器加载到 PCR 中的所有 PCR 值。这是因为 PCR 是用来存储和报告虚拟机的完整性的，大多数重要的 TPM 功能（如密封存储和远程证明）是基于 PCR 的。

② 在系统永久存储区中的密钥层次：对于在系统永久存储区中的密钥层次来说，如果观察到虚拟机中可信软件栈（TSS）管理的密钥层次被回滚，已经注册的密钥（如某个应用最新使用的密钥）可能会丢失。另外，没有注册的密钥（如被攻破或者过期的应用不再使用的密钥）的 TSS 密钥句柄可能在回滚后重新出现。因此，系统永久存储区不能被回滚。

③ vTPM 句柄：实际环境中观察到虚拟机的所有句柄在回滚后仍旧在 vTPM 中。例如，一些重要的密钥可能需要验证信息（如 pass phrase）或者指定的 PCR 值正确时才能被加载和使用。攻击者可能因此等待云租户加载上述密钥到 vTPM 后再回滚虚拟机到状态 $S_{untrusted}$。最终，攻击者就能利用已经存在的句柄来使用私

钥，而不需要经过验证和解封过程。这意味着在回滚后，所有的句柄必须被刷新，密钥必须被驱逐出 vTPM。

为了使验证者能够检测到回滚，rvTPM 增加了两组 PCR。一组 PCR_i 用来表明快照的状态，包括有关虚拟机快照何时被创建以及创建者的信息，其中 $i = 24, 25, 26$；另一组 PCR_j 用来跟踪虚拟机的生命周期，如有关回滚时的虚拟机状态以及回滚者的信息，其中 $j = 27, 28, 29$。使用两组 PCR 的原因是提供多种信息来满足应用丰富的需求。例如，当一个远程验证者要求证明虚拟机的状态时，验证者可以从 PCR_i（$i = 24, 25, 26$）中获取有关虚拟机快照的信息，从 PCR_j（$j = 27, 28, 29$）中获取有关回滚事件的信息。接下来，要证明上述新添加的 PCR 的有效性。

引入 PCR_{24} 和 PCR_{27}，一方面是为了区分两个相同虚拟机快照的状态（相同的 $PCR_0, PCR_1, \cdots, PCR_{23}$ 值）；另一方面，应用可能需要在一个快照下密封它的敏感数据（如加密密钥），同时确保被密封的密钥无法在其他快照下被解封。

rvTPM 需要一个时间戳来与其他快照区分合法的快照。为了达到这个目的，rvTPM 系统引入了 PCR_{24}，这样当一个快照被创建时，rvTPM 会扩展系统时间到 PCR_{24} 中去。当一个云租户需要密封它的敏感数据时，租户就会在一个特定的与 PCR_{24} 值相关的快照下密封数据。在第 n 次扩展操作后，PCR_{24} 为

$$PCR_{24}^n = \text{SHA-1}(PCR_{24}^{n-1} \mid \text{SHA-1}(\text{snapshot\_time}))$$

其中，$PCR_{24}^0 = 0$，SHA-1 是 TCG 采用的标准密码哈希函数，snapshot_time 是快照被创建时的 Hypervisor 时间戳。为了防止恶意的 VM 操作 PCR_{24}，rvTPM 需要保证它无法被虚拟机扩展或者重置，只能被 rvTPM 扩展或重置。为了保证 VM 与 rvTPM 的一致性，rvTPM 保证 PCR_{24} 随着虚拟机回滚而回滚。

为了允许远程验证者确定虚拟机是何时回滚的，引入了 PCR_{27}，这样当一个虚拟机回滚时，rvTPM 就会扩展系统时间到 PCR_{27} 并且能够验证回滚时间。明确地说，有

$$PCR_{27}^n = \text{SHA-1}(PCR_{27}^{n-1} \mid \text{SHA-1}(\text{rollback\_time}))$$

其中，$PCR_{27}^0 = 0$，rollback_time 是回滚事件的时间戳。为了防止恶意的 VM 操作由 PCR_{27} 记录的回滚事件，rvTPM 需要保证它无法被虚拟机扩展或者重置，只能被 rvTPM 扩展或重置。

引入 PCR_{25} 和 PCR_{28} 是因为可能有多个租户使用 SaaS VM 在相同的虚拟机状态下进行多个快照，并且云租户可能需要在某个特定快照下密封它的敏感数据。

下面介绍使用租户的 ID 来区分不同租户创建的快照。

为了记录租户信息，这里添加 PCR_{25}，这样当快照被创建时，rvTPM 就会扩展 PCR_{25} 来包含租户的 ID 信息。租户的 ID 用 user_UID 表示，扩展快照如下。

$$PCR_{25}^n = SHA\text{-}1(PCR_{25}^{n-1} | SHA\text{-}1(user\_UID))$$

其中，$PCR_{25}^0 = 0$。为了防止恶意的 VM 操作 PCR_{25} 的值，rvTPM 需要保证它无法被虚拟机扩展或者重置，只能被 rvTPM 扩展或重置。

为了保证 VM 与 vTPM 的一致性，PCR_{25} 同虚拟机一同回滚。为了达到这个目的，本节添加了 PCR_{28} 来记录回滚虚拟机的 user_UID。

$$PCR_{28}^n = SHA\text{-}1(PCR_{28}^{n-1} | SHA\text{-}1(user\_UID))$$

其中，$PCR_{28}^0 = 0$。远程验证者能够检查回滚虚拟机的租户的 ID。出于同样的安全原因，PCR_{28} 不能被虚拟机扩展而只能被 rvTPM 扩展。

引入 PCR_{26} 和 PCR_{29} 是因为当应用想要在某个虚拟机状态下密封加密密钥时，它必须将密钥密封到 vTPM 的 24 个 PCR（$PCR_0, \cdots, PCR_{23}$）中。rvTPM 系统新添加了 PCR_{26} 来度量虚拟机的状态（vTPM_snap）。应用能够密封密钥到这个 PCR 上，大大加快了密封、解封和证明操作的速度。

$$PCR_{26}^n = SHA\text{-}1(PCR_{26}^{n-1} | SHA\text{-}1(vTPM\_snap))$$

其中，$PCR_{26}^0 = 0$。出于同样的安全原因，这个 PCR 不能被虚拟机扩展或重置而只能被 rvTPM 扩展或重置。

与 PCR_{26} 的添加原因类似，rvTPM 系统添加 PCR_{29} 来扩展虚拟机的上一个状态。这有助于虚拟机回滚事件的远程证明，并且了解虚拟机的状态变迁。

$$PCR_{29}^n = SHA\text{-}1(PCR_{29}^{n-1} | SHA\text{-}1(vTPM\_snap))$$

其中，$PCR_{29}^0 = 0$。这个 PCR 不能被虚拟机扩展而只能被 rvTPM 扩展，否则恶意的虚拟机能够摧毁回滚事件日志。

除引入上述两组 PCR 外，本系统还引入了 PCR_{30} 和 PCR_{31}。

引入 PCR_{30} 是因为 vTPM 实例通常是不回滚的，但当管理员要求备份 vTPM 实例用作恢复时，PCR_{30} 起到了记录 vTPM 实例回滚的作用。扩展操作如下。

$$PCR_{30}^n = SHA\text{-}1(PCR_{30}^{n-1} | SHA\text{-}1(vTPM\_data))$$

其中，$PCR_{30}^0 = 0$，vTPM_data 表示 vTPM 实例行为记录。

引入 PCR_{31} 是因为应用只需要知道虚拟机的当前状态，而不需要通过搜索大量的日志记录来知道虚拟机何时回滚。所以，为了让应用检测到虚拟机的回滚事件，rvTPM 系统相应地为应用添加了 PCR_{31}，同时确保它不会随着任何虚拟机回滚。如果应用已经完成了一些不允许回滚的事件，它就可以扩展上述事件到这个 PCR 中。具体来说，有

$$PCR_{31}^n = \text{SHA-1}(PCR_{31}^{n-1} \,|\, \text{SHA-1}(E_n)) =$$
$$\text{SHA-1}(\text{SHA-1}(PCR_{31}^{n-2} \,|\, \text{SHA-1}(E_{n-1})) \,|\, \text{SHA-1}(E_n)) = \cdots =$$
$$\text{SHA-1}(\cdots(\text{SHA-1}(PCR_{31}^0 \,|\, \cdots \,|\, \text{SHA-1}(E_{n-1})) \,|\, \text{SHA-1}(E_n)))$$

其中，E_n 是与第 n 次操作相对应的相关消息。如果应用在状态 E_x，那么当前 PCR_{31} 的值为

$$PCR_{31}^{\text{current}} == \text{SHA-1}(\text{SHA-1}(PCR_{31}^0 \,|\, \cdots \,|\, \text{SHA-1}(E_x)))$$

若应用需要检查虚拟机回滚操作是否影响了它的状态，它就可以检查当前 PCR_{31} 的值。如果 PCR_{31} 的值匹配当前状态，就意味着应用没有被影响；否则，应用可以强制改变为匹配 PCR_{31} 的值的状态。

通过检查 PCR 值获取当前状态 E_x 有两种途径。

一种途径是使用 vTPM 密封存储功能。每一个关键事件都可以通过扩展消息到 PCR_{31} 来记录，每次扩展 PCR_{31} 之后用 PCR_{31} 密封它的敏感信息 E_n。应用可以通过检测某一步的消息 $(E_1, E_2, \cdots, E_n)$ 能否被解封来获知它当前工作在哪一步。如果 E_x 消息能够被成功解封，就意味着应用在状态 E_x。如果通过解封消息而显示的步骤与 PCR 显示的实际步骤不相同，应用就能意识到虚拟机执行了回滚，因为当前状态与 PCR_{31} 记录的真实状态不一致。

另一种途径是使用一个与 PCR_{31} 绑定的签名密钥。每次扩展操作后，应用就创建一个绑定到 PCR_{31} 的签名密钥。应用能够通过检测某一步的签名密钥 $(E_1, E_2, \cdots, E_n)$ 能否用来签名 nonce 来获知它当前工作在哪一步。如果签名密钥 E_x 能够成功签名 nonce，就意味着应用在状态 E_x。如果签名操作显示的步骤与 PCR 显示的实际步骤不同，应用就能意识到虚拟机进行了回滚，因为它的当前状态与 PCR_{31} 记录的真实状态不一致。这种方法更好一些，因为它能使用 nonce 来防止重放攻击（私钥永远都不会在 vTPM 外面）。而在解封的方法中，攻击者可能使用较早的解封消息来欺骗应用。

由于应用未必会记录虚拟机的状态改变，PCR_{31} 在虚拟机回滚中不需要被扩展，只会被应用扩展来记录应用自己的状态。与硬件 TPM 不同，vTPM 可以支持无限的 PCR。所以云中的所有应用都可以在改动很小的情况下使用该方法来检测回滚事件。rvTPM 对 OpenSSH 服务器进行了很小的修改来使它能够检测到回滚事件，并且在回滚事件发生时安全地工作。

图 2-7 是基于 Xen 的 rvTPM 架构。由图 2-7 可知，rvTPM 可有效抵御虚拟机回滚攻击。

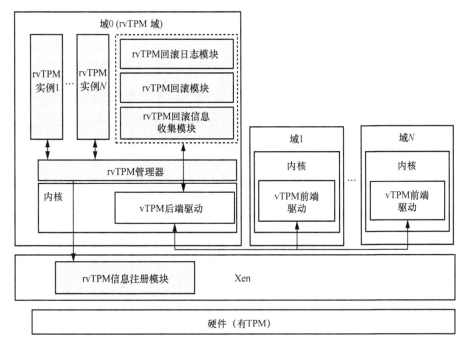

图 2-7　基于 Xen 的 rvTPM 架构

2.3.3　虚拟机安全迁移

虚拟机迁移（VMM）是系统维护、负载均衡、容错及按需服务的关键工具。其过程涉及在不同数据中心间，将活动 VM 从一台物理主机无缝传输至另一台。迁移涉及在特定协议和方法下的一系列操作，旨在确保 VM 的执行上下文（活动内存）和控制数据安全迁移至目标机器。此过程受数据传输调度、资源可用性及时间约束的限制，常通过共享网络存储和/或网络通信通道实现。迁移时还需要确保虚拟机安全配置一并迁移。本节将介绍一个兼顾静态与动态迁移方式的虚拟机安全迁移框架。

（1）虚拟机安全迁移相关技术

下面将介绍两种迁移活动存储器页的方法，即预复制法与后复制法。

① 预复制法。在该方法中，VM 迁移过程精心策划，以确保数据的完整性和迁移的流畅性。当 VM 在源主机上运行时，管理程序扮演着关键角色，它负责监控并识别出那些被修改过的存储器页面，即所谓的"脏页面"。上述"脏页面"是迁移过程中的重点，因为它们包含自上次同步以来 VM 所产生的所有更改。迁移开始时，管理程序会启动一个复制过程，将源主机上的"脏页面"复制到目标主机。这个过程是迭代的，意味着它会不断地检查并复制新的"脏页面"，直到满足某个条件为止。这个条件通常是"脏页面"的生成速率是否低于某个阈值，若低于，则意味着大部分关键数据都已经被成功地传输到目标主机。

② 后复制法。后复制法是一种在 VM 迁移过程中采用的技术，其特点是在迁移开始时先在源计算机上挂起待迁移的 VM。这一步骤确保了 VM 在执行上下文迁移时处于一致的状态。随后，将 VM 当前执行上下文的最小子集，包括 CPU 状态、寄存器和不可分页内存，复制到目标主机。此时，可以认为 VM 已经位于目标位置，并准备在那里恢复执行。然而，在 VM 的实际执行过程中，它还需要访问其内存页。由于在后复制法中并不是所有的内存页都在迁移开始时被复制到目标主机，因此源主机需要主动地将 VM 的剩余内存页推送到目标机器。这个过程称为预分页，它的目标是提前将可能需要的页面传输到目标，以减少后续页面错误的发生。尽管如此，仍有可能出现在目标主机上运行的 VM 尝试访问尚未被推送到目标主机的内存页的情况。这时，就会发生页面错误。在后复制法中，上述页面错误会被目标主机捕获并重定向到源主机，随后源主机会发送所请求的页面。通过这种方式，即使不是所有的内存页都在迁移开始时被复制，VM 仍然可以在目标主机上无缝地继续执行。

（2）虚拟机安全迁移工作流程

下面介绍一种创新的虚拟机安全迁移方法，旨在将强制的安全上下文（包括防火墙过滤规则、连接跟踪信息以及 IPsec 状态信息等）从源主机精准地导出至目标主机。此方法的核心在于构建源主机与目标主机之间差异化的安全上下文集合。上述集合的确定是通过对源 VM 与目标 VM 的产品集进行深度比对并执行集合差分操作来实现的。在完成集合计算后，该方法通过安全的传输机制，将源 VM 中的差集精确地传输至目标 VM，并覆盖其原有的安全上下文。这一过程确保了目标 VM 能够全面继承源 VM 的关键安全特性，从而实现了安全上下文的高效和准确迁移。

图 2-8 展示了虚拟机安全迁移框架。该框架由 5 个紧密相连的阶段构成，旨在完成安全上下文的精确迁移任务。以下是各阶段的详细阐述。

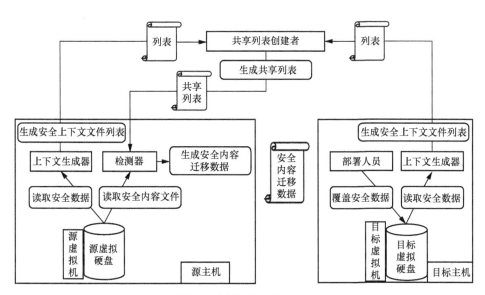

图 2-8　虚拟机安全迁移框架

① 初始化阶段：在此阶段，框架会根据主机和网络的安全数据，针对每个虚拟机生成详细的安全上下文文件列表。这一步骤确保了人们对源虚拟机和目标虚拟机的安全状态有全面而准确的认识。

② 共享列表创建阶段：为了明确源虚拟机和目标虚拟机在安全数据上的具体差异，需要创建一个共享列表。该列表包含源虚拟机和目标虚拟机安全数据的交集，即它们共有的安全元素。这为后续的迁移操作提供了重要的参考依据。

③ 设置阶段：在此阶段，源虚拟机需要识别那些依赖安全数据的进程。上述进程及其相关的内存和安全上下文是迁移过程中的关键部分。由于安全配置直接关系到服务的可用性，因此，在迁移内存之前需要进行详尽的安全分析，以确保迁移过程的安全性和正确性。

④ 抽取阶段：抽取模块负责从共享列表和当前上下文数据中生成安全数据的差异集。该模块能够精准识别出在目标虚拟机上不存在的文件，因为这些文件并未包含在共享列表中。识别出的文件随后会被添加到迁移数据中，确保源虚拟机的完整安全上下文能够在目标虚拟机上得到恢复。

⑤ 部署阶段：将提取的安全数据部署到目标虚拟机和物理主机上。这一过程确保了目标虚拟机能够继承源虚拟机的所有关键安全特性，从而实现安全上下文的无缝迁移。

这 5 个阶段的协同工作能够确保虚拟机迁移过程中的安全上下文得到完整、

准确的迁移，从而提升了整个迁移过程的安全性和可靠性。

该原型系统有一个特别设计——部署在 Hypervisor 层面，这一设计极大地方便了虚拟机的迁移操作。将安全上下文与内存页面传输相结合，能够在迁移过程中保持虚拟机的完整安全状态，确保目标虚拟机能够无缝继承源虚拟机的所有关键安全特性。

值得一提的是，该原型系统还具备安全兼容性验证功能。在提取器模块中，可以事先对安全数据进行兼容性检查，从而有效避免了目标安全数据不兼容而导致的虚拟机迁移失败。这一功能显著提升了迁移过程的安全性和可靠性，降低了迁移失败的风险。

综上所述，该原型系统为安全上下文迁移提供了一种高效、可靠的解决方案，对于提升虚拟机迁移的安全性和稳定性具有重要意义。

2.3.4　虚拟机安全监控

1. 通用环境安全监控架构

（1）通用安全监控发展现状

随着互联网的蓬勃发展，网络安全问题日益成为广大网民和研究者关注的焦点。为应对这一挑战，各种安全工具如雨后春笋般涌现，包括入侵检测系统、防火墙等。随着云计算技术的广泛应用，云环境的安全性也受到了前所未有的关注。在云平台中，监控机制是确保云计算环境可靠性和安全性的关键所在，其主要任务是对虚拟机内外的相关信息进行持续监测，以便及时发现系统中的异常情况。

从监控目标的角度来看，云环境下的监控机制主要分为两大类，即资源监控和安全监控。资源监控着眼于整个虚拟机的运行状态，关注诸如 CPU 使用率、缓存命中率、内存大小和网络带宽等关键指标。这类监控工具主要负责监测虚拟机的资源消耗，与虚拟机内部的客户操作系统无直接关联。通过实时监控虚拟机的运行状态，管理员能够动态调整其资源分配，以满足应用需求。例如，当某个虚拟机上的 Web 服务面临大量访问请求时，管理员可以迅速为其增加内存资源；一旦某个虚拟机遭受攻击，管理员可以根据监控系统的提示及时关闭该虚拟机，从而防止其对其他正常运行的虚拟机造成威胁。VMware 和 Xen 等主流云平台均提供了丰富的资源监控工具，如图形化管理界面和软件开发工具包（SDK）等，以便开发者和管理员更加便捷地管理虚拟机资源。资源监控虽然重要，但其监控粒度较粗，无法深入客户操作系统的内部，因此在保障系统安全性方面存在局限性。

针对这一问题，安全监控应运而生。安全监控是一种细粒度的监控方式，能够关注诸如入侵检测、文件监控、恶意代码探测与分析等特定的安全功能。上述监控工具通常运行在独立的虚拟机中，不会对目标虚拟机的运行造成任何干扰。

（2）云平台通用监控框架

针对研究背景中所存在的问题，下面以实时地、透明地、全面地监控目标虚拟机为设计目标，介绍了一种基于行为的云平台通用监控框架，对云环境中的网络行为、文件操作行为进行监控，并设计了一种基于驱动的通用监控架构，解决了现有安全监控工具不能同时对不同操作系统进行有效监控的问题。云平台通用监控框架如图 2-9 所示。

在网络行为监控方面，云平台采用了一种分域自适应的网络监控机制。该机制专为虚拟机中运行的服务设计，通过分域规则配置和并行检测，实现对网络行为的精细管理。在云环境中，所有网络包都必须经过管理域的虚拟网桥。在虚拟网桥部署入侵防御系统，能够全面检测网络包，确保安全性。考虑每台虚拟机运行的服务可能不同，根据虚拟机中的服务类型来定制检测规则，并运用多线程技术实现并行检测。该方法不仅提高了检测效率，还增强了网络行为监控的准确性。

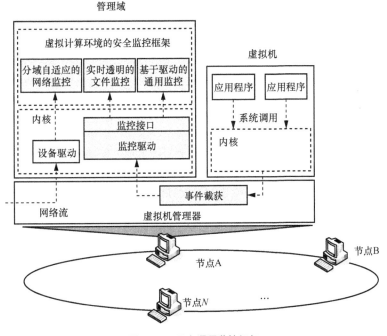

图 2-9　云平台通用监控框架

针对虚拟机状态的动态变化，采用状态转换图进行形式化描述，以清晰展现其状态转换逻辑。同时结合有限自动机（DFA）模型，对检测线程进行精确描述，从而全面反映检测线程的状态变化。

在文件操作监控方面，云平台实现了一种实时透明的文件监控机制。该机制解决了传统方法无法从虚拟机管理器层捕获事件的问题，确保能够获取文件操作的详细信息。平台管理员可以根据文件的重要性对系统中的文件进行分类，并为不同类型的文件制定不同的保护策略。在虚拟机管理器层实时拦截目标虚拟机中的文件操作，并结合平台管理员配置的安全策略进行检测，能够及时发现并响应文件操作事件。这一方法无须在目标虚拟机中加载任何驱动，而是在虚拟机底层进行拦截，因此具有实时性和透明性，同时能够获取全面的监控信息。接下来将以 VMDriver[53] 为例介绍一种云平台基于驱动的通用监控机制。

2. 云平台基于驱动的通用监控机制

（1）基于驱动监控的总体架构

为了实现细粒度的安全监控，管理域在节点上借助虚拟机管理器，能够获取虚拟机的内部状态信息。虚拟机管理器位于真实硬件和操作系统之间，因此它主要处理的是低级语义，如寄存器和内存页面等。但是现有的安全工具通常在操作系统层面（如进程和文件）执行安全策略。这意味着，为了应用上述策略，需要将获取的低级语义转换为系统级语义，这一过程被称为语义重构。

为了解决虚拟机管理器中事件截获和语义重构高度集成导致语义重构可能失效的问题，并在云环境中实现更为通用的监控，下面介绍一种将事件截获和语义重构分离的机制。具体来说，事件截获被部署在虚拟机管理器层，而语义重构则被部署在管理域中。语义重构部分包含客机操作系统的相关信息，并被封装为监控驱动。当在节点上创建虚拟机，或者从其他节点迁移虚拟机到该节点时，管理域会加载相应的监控驱动。

监控驱动为上层监控和管理工具提供了统一的接口，从而扩展了现有监控工具的功能。这一概念与传统的操作系统设备驱动类似。在介绍具体的解决方案之前，先简要回顾一下传统操作系统中的设备驱动模型。

设备驱动是操作系统中不可或缺的一部分，它充当了计算机与外部设备之间的通信桥梁。Linux 操作系统的设备驱动模型如图 2-10 所示，在 Linux 操作系统中，每个设备都被视作一个文件，并为用户态应用程序提供了一个统一的访问接口。应用程序通过设备驱动对上述设备进行通用的文件操作。设备驱动通过统一的接口屏蔽了不同设备之间的差异性和应用程序与外部设备之间的语义鸿沟。只要相应的设备驱动被加载到操作系统中，应用程序就能够访问该设备。当有新设备出现时，只要开发新的设备驱动，应用程序就可自由使用。Linux 操作系统中的设备驱动通常以内核模块的形式动态加载到内核中。当设备注册到内核时，会定义其处理函数并通过符号表导出全局函数。上述处理函数实现了应用程序对设备的操作，设备驱动将文件操作映射到设备的具体处理函数上。

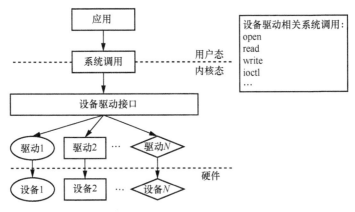

图 2-10　Linux 操作系统的设备驱动模型

VMDriver 借鉴了 Linux 操作系统设备驱动模型的理念，构建了一个基于驱动的通用监控架构，如图 2-11 所示。在这个架构中，管理域负责管理和监控其他虚拟机，而虚拟机则运行着各式各样的服务。虚拟机管理器层的事件截获模块能够捕获虚拟机中发生的各种事件，如系统调用。

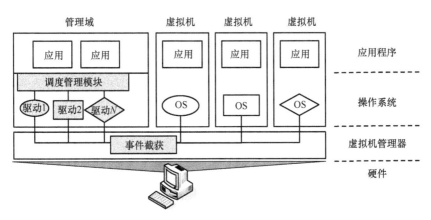

图 2-11　基于驱动的通用监控架构

在虚拟机内部，使用不同形状（如椭圆、矩形和菱形）代表不同类型的客户操作系统。而在管理域中，上述不同形状则代表了针对不同类型操作系统的监控驱动。这些监控驱动为上层监控工具或应用程序提供了标准的调用接口，确保了它们之间的兼容性和互操作性。

当虚拟机发生某个事件时，相应的监控驱动会根据与客户操作系统相关的信息进行语义重构。该设计使监控工具能够与客户操作系统保持相对独立，从而提高了整个系统的灵活性和可扩展性。

通过实施上述策略，事件截获与语义重构功能得到了有效分离，从而使监控驱动能够消除客户操作系统之间的差异，并实现了精细化的监控机制。与 Linux 操作系统中的设备驱动相似，监控驱动也通过内核模块的形式加载到管理域的内核中。在管理域中，调度管理模块负责全面控制所有监控驱动的加载与运行。当需要对特定虚拟机进行监控时，调度管理模块会精确地将相应的监控驱动加载到管理域的内核态中。

在虚拟机环境中，客户操作系统的类型和版本各异，这类似于多样化的外部设备。设备驱动通过抽象和统一接口，隐藏了不同设备之间的差异性；同样地，基于驱动的通用监控架构也通过统一接口屏蔽了客户操作系统之间的差异。在实现方式上，两者都旨在为上层软件（无论是应用程序还是监控工具）提供透明的访问接口，并允许根据实际需求动态加载相应的驱动或监控组件。

云环境下的通用监控系统必须满足以下 3 个条件：全面性，必须能够监控每个物理节点上的所有虚拟机；独立性，监控机制必须与虚拟机中客户操作系统的类型和版本相独立；标准化，监控机制必须为上层的监控工具提供统一的标准调用接口。

（2）事件截获

下面以 Xen 为例，详细阐述事件截获的实现原理。系统调用主要分为两种实现方式：传统系统调用和快速系统调用。传统系统调用依赖中断机制，快速系统调用则利用 SYSENTER 指令完成。当传统系统调用通过中断机制触发时，事件截获模块通过修改中断描述符表，将自定义的函数入口插入其中，从而实现对传统系统调用的便捷拦截。快速系统调用则通过缺页中断的方式来实现拦截。一旦成功拦截系统调用，虚拟机管理器就会向监控驱动发送相应的事件通知。在 Xen 环境中，虚拟机的处理器相关寄存器被保存在虚拟机控制结构中，而其内存页面则可以在 Xen 的协助下映射到管理域中，以便进行进一步的分析。

在 Xen 中拦截系统调用后，为了对虚拟机的特定内存页面进行分析，需要执行以下步骤。

① 位于管理域的监控驱动通过 kmalloc( )函数创建一个缓冲区，并通过 hypercall 机制通知 Xen 该缓冲区的首地址和长度，以便让 Xen 协助完成数据复制过程。

② Xen 利用自身提供的__hvm_copy_foreign( )函数，将虚拟机的特定页面复制到管理域分配的缓冲区中。

③ 在数据复制完成后，Xen 会通知管理域对缓冲区中的页面进行解析。

当监控驱动对虚拟机的某个页面完成解析后，可以获取相关数据结构的内容。若需要进一步解析数据结构的特定项，则需要重复执行上述 3 个步骤。最终，最为关键的一环是对不同操作系统类型进行语义重构，以实现更为精细的事件截获和监控。

（3）Linux 操作系统中的语义重构

在 Linux 操作系统内核中，线程描述符结构（thread_info）和内核态堆栈存放在两个连续的内存页面中，线程描述符结构在低地址，内核态堆栈在高地址。内核态堆栈的位置通过寄存器 ESP 指示，屏蔽低 13 位就可以得到线程描述符结构的首地址。通过线程描述符结构，就可以依次获得进程信息和进程打开的所有文件。

Linux 操作系统采用结构体 task_struct 来描述进程，该结构体包含当前系统中进程的丰富信息，如进程状态、进程标识、租户标识等。通过结构体 list_head，所有进程被组织成双向链表的形式，通过双向链表结构（struct list_head tasks），最终获取进程列表。由寄存器重构出文件操作信息如图 2-12 所示，首先从寄存器获取线程描述符结构首地址，之后依次对线程结构体（thread_info）、进程结构体（task_struct）、打开文件列表结构体（files_struct）、文件描述符结构体（fdtable）、打开文件结构体（file）和目录项结构体（dentry）进行解析，可以得到线程信息、进程信息、文件信息和目录项信息等，并重构得到文件操作信息。除了获取上述信息，该系统还可以根据文件获取系统中打开的网络链接。通过打开文件结构体（file）重构网络链接信息的过程如图 2-13 所示，在解析到目录项结构体（dentry）后，可以继续得到并解析索引节点结构体，然后对其中的 i_mode 进行判断，i_mode 属性为 S_IFSOCK，表示它是网络套接字。之后可继续解析分配网络套接字结构体（socket_alloc），得到网络套接字结构体（socket）或更为详细的 socket 扩展结构体（inet_sock）的信息。

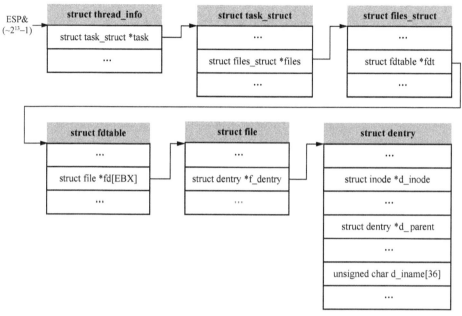

图 2-12　由寄存器重构出文件操作信息

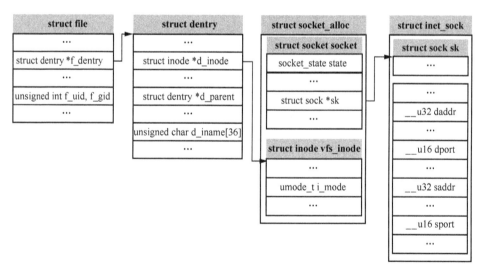

图 2-13　通过打开文件结构体重构网络链接信息

（4）Windows 操作系统中的语义重构

下面介绍与寄存器和内存地址等低级语义信息重构进程相关的数据结构。在 Windows 操作系统中，与进程相关的内核数据结构主要包括进程块（EPROCESS）、进程环境块（PEB）、线程块（ETHREAD）和线程环境块（TEB）[54]，它们之间的相互关系如图 2-14 所示。

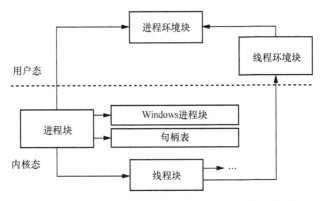

图 2-14　Windows 操作系统中进程和线程之间的相互关系

① 进程块：每个 Windows 操作系统的进程都通过进程块来描述，其中包含与进程相关的属性，同时还指向其他数据结构。进程块结构的功能类似于 Linux 操作系统中的进程结构体（task_struct）。

② 进程环境块：存放进程信息，每个进程都有自己的进程环境块信息，位于租户地址空间。

③ 线程块：Windows 操作系统的线程通过线程执行体来描述，除线程环境块之外的结构都位于内核地址空间。

④ 线程环境块：保存频繁使用的线程的相关数据，位于租户地址空间，位于比进程环境块所在地址低的地方。进程中的每个线程都有一个自己的线程环境块。

在 Windows 操作系统中发生系统调用后会进入内核态空间，因此本节更为关注 Windows 内核态空间中与进程相关的数据结构。内核进程控制区域（KPCR）是一个不会随 Windows 版本变动而改变的结构体，位于线性地址 0xFFDFF000 处，用来保存与线程切换相关的全局信息。结构体 KPCR 包含一个内核进程控制块（KPRCB）结构。KPRCB 包含指向当前结构 KTHREAD 的指针，KTHREAD 是 ETHREAD 的第 1 个成员。根据 ETHREAD 的 EPROCESS 指针，就可以获得当前进程块结构（KEPROCESS）的首地址。根据 EPROCESS 的双向链表指针 ActiveProcessLinks，就可以访问系统中其他所有的进程。整个进程结构如图 2-15 所示。

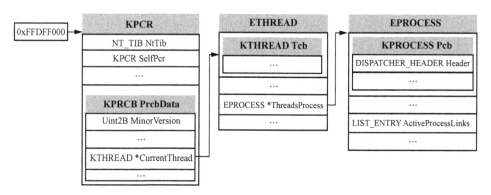

图 2-15　根据虚拟地址重构 Windows 的进程结构

（5）调度管理模块

在基于驱动的通用监控架构中，调度管理模块（manage_mod）负责加载和卸载特定客户操作系统的监控驱动模块，同时为租户态的监控工具提供统一的接口。调度管理模块对监控驱动的动态加载和卸载是通过系统调用（sys_init_module 和 sys_delete_module）来实现的。但是这两个系统调用并不能直接调用，由于它们并没有导出到全局符号表中，因此需要通过宏 EXPORT_SYMBOL_GPL 导出。利用上述两个系统调用就可以实现对其他监控驱动的加载和卸载。调度管理模块的主要功能包括管理收集进程、进程列表、文件操作和网络联机等信息的过程以及进行语义重构的过程。

参考文献

[1] MENON A, SANTOS J R, TURNER Y, et al. Diagnosing performance overheads in the xen virtual machine environment[C]//Proceedings of the 1st ACM/USENIX International Conference on Virtual Execution Environments. New York: ACM Press, 2005: 13-23.

[2] NEIGER G , SANTONI A, LEUNG F, et al. Intel virtualization technology: hardware support for efficient processor virtualization[J]. Intel Technology Journal, 2006, 10(3): 167-178.

[3] Advanced Micro Devices. AMD64 virtualization: secure virtual machine architecture reference manual[Z]. 2005.

[4] 金海. 计算系统虚拟化——原理与应用[M]. 北京: 清华大学出版社, 2008.

[5] HUANG J M, XIAO R R, GUO H, et al. A method based on bochs for accelerating the x86 timing emulator[M]//JIN D, LIN S. Advances in Computer Science, Intelligent System and Environment. Heidelberg: Springer, 2011: 321-325.

[6]　BELLARD F. QEMU, a fast and portable dynamic translator[C]//Proceedings of the USE-NIX 2005 Annual Technical Conference. Berkeley: USENIX Association, 2005: 41.

[7]　NANDA S, LI W, LAM L C, et al. BIRD: binary interpretation using runtime disassembly[C]//Proceedings of the International Symposium on Code Generation and Optimization. New York: ACM Press, 2006: 358-370.

[8]　WALDSPURGER C A. Memory resource management in VMware ESX server[J]. ACM SIGOPS Operating Systems Review, 2002, 36(SI): 181-194.

[9]　YANG L. Teaching system and network administration using virtual PC[J]. Journal of Computing Sciences in Colleges, 2007, 23: 137-142.

[10]　PRATT I, FRASER K, HAND S, et al. Xen 3.0 and the art of virtualization[C]//Proceedings of the 2005 Linux Symposium. [S.l.:s.n.], 2005: 65-78.

[11]　LIGNERIS B D. Virtualization of Linux based computers: the Linux-VServer project[C]//Proceedings of the 19th International Symposium on High Performance Computing Systems and Applications (HPCS'05). Piscataway: IEEE Press, 2005: 340-346.

[12]　KAMP P H, WATSON R N M. Jails: confining the omnipotent root[C]//Proceedings of the 2nd International System Administration and Networking Conference (SANE 2000). [S.l.:s.n.], 2000: 1-15.

[13]　DEITEL P, DEITEL H. Java how to program (7th edition)[M]. New York: Prentice Hall Press, 2006: 1-30.

[14]　FRASER S R G. Pro Visual C++/CLI and .NET 3.5 platform[M]. New York: APRESS, 2008: 3-192.

[15]　RACINE J. The Cygwin tools: a GNU toolkit for windows[J]. Journal of Applied Econometrics, 2000, 15(3): 331-341.

[16]　PRICE D, TUCKER A. Solaris zones: operating system support for consolidating commercial workloads[C]//Proceedings of the 18th USENIX Conference on System Administration. Berkeley: USENIX Association, 2004: 241-254.

[17]　COMPASTIÉ M, BADONNEL R, FESTOR O, et al. From virtualization security issues to cloud protection opportunities: an in-depth analysis of system virtualization models[J]. Computers & Security, 2020, 97: 101905.

[18]　张云勇, 陈清金, 潘松柏, 等. 云计算安全关键技术分析[J]. 电信科学, 2010, 26(9): 64-69.

[19]　方巍, 文学志, 潘吴斌, 等. 云计算: 概念、技术及应用研究综述[J]. 南京信息工程大学学报(自然科学版), 2012, 4(4): 351-361.

[20]　PEARCE M, ZEADALLY S, HUNT R. Virtualization: issues, security threats, and solutions[J]. ACM Computing Surveys, 2013, 45(2): 17.

[21]　WOJTCZUK R. Subverting the Xen hypervisor[EB]. 2008.

[22]　ORMANDY T. An empirical study into the security exposure to hosts of hostile virtualized

environments tavis[Z]. 2007.

[23] CARPENTER M, LISTON T, SKOUDIS E. Hiding virtualization from attackers and mal-ware[J]. IEEE Security & Privacy, 2007, 5(3): 62-65.

[24] CARBONE M, ZAMBONI D, LEE W K. Taming virtualization[J]. IEEE Security and Privacy, 2008, 6(1): 65-67.

[25] KING S T, CHEN P M, WANG Y M, et al. SubVirt: implementing malware with virtual machines[C]//Proceedings of the IEEE Symposium on Security and Privacy. Piscataway: IEEE Press, 2006: 314-327.

[26] WILLIAMS D, KOLLER R, LUCINA M, et al. Unikernels as processes[C]//Proceedings of the ACM Symposium on Cloud Computing. New York: ACM Press, 2018: 199-211.

[27] ZHOU F F, GOEL M, DESNOYERS P, et al. Scheduler vulnerabilities and coordinated attacks in cloud computing[C]//Proceedings of the 2011 IEEE 10th International Symposium on Network Computing and Applications. Piscataway: IEEE Press, 2011: 123-130.

[28] ZHANG Y Q, JUELS A, REITER M K, et al. Cross-VM side channels and their use to extract private keys[C]//Proceedings of the 2012 ACM Conference on Computer and Communications Security. New York: ACM Press, 2012: 305-316.

[29] MORBITZER M, HUBER M, HORSCH J, et al. SEVered: subverting AMD's virtual machine encryption[C]//Proceedings of the 11th European Workshop on Systems Security. New York: ACM Press, 2018: 1-6.

[30] MUTLU O, KIM J S. RowHammer: a retrospective[J]. arXiv Preprint, arXiv:1904.09724, 2019.

[31] SZEFER J, LEE R B. A case for hardware protection of guest VMs from compromised hypervisors in cloud computing[C]//Proceedings of the 31st IEEE International Conference on Distributed Computing Systems Workshops. Piscataway: IEEE Press, 2011: 248-252.

[32] COLP P, NANAVATI M, ZHU J, et al. Breaking up is hard to do: security and functionality in a commodity hypervisor[C]//Proceedings of the Twenty-Third ACM Symposium on Operating Systems Principles. New York: ACM Press, 2011: 189-202.

[33] STEINBERG U, KAUER B. NOVA: a microhypervisor-based secure virtualization architecture[C]//Proceedings of the 5th European Conference on Computer Systems. New York: ACM Press, 2010: 209-222.

[34] SAILER R, JAEGER T, VALDEZ E, et al. Building a MAC-based security architecture for the xen open-source hypervisor[C]//Proceedings of the 21st Annual Computer Security Applications Conference (ACSAC'05). Piscataway: IEEE Press, 2005: 276-285.

[35] TUPAKULA U, VARADHARAJAN V. TVDSEC: trusted virtual domain security[C]//Proceedings of the 2011 Fourth IEEE International Conference on Utility and Cloud Computing. New York: ACM Press, 2011: 57-64.

[36] CHUNG C J, KHATKAR P, XING T Y, et al. NICE: network intrusion detection and coun-

termeasure selection in virtual network systems[J]. IEEE Transactions on Dependable and Secure Computing, 2013, 10(4): 198-211.

[37] ARTAČ M, BOROVŠAK T, DI NITTO E, et al. DevOps: introducing infrastructure-as-code[C]//Proceedings of the 39th International Conference on Software Engineering Companion. New York: ACM Press, 2017: 497-498.

[38] LI S W, KOH J S, NIEH J. Protecting cloud virtual machines from hypervisor and host operating system exploits[C]//Proceedings of the 28th USENIX Conference on Security Symposium. Berkeley: USENIX Association, 2019: 1357-1374.

[39] ARM Ltd. ARM security technology - building a secure system using TrustZone technology[Z]. 2009.

[40] International Organization for Standardization, International Electrotechnical Commission. Information technology – trusted platform module library: ISO/IEC 11889-1:2015[S]. 2016.

[41] RISTENPART T, TROMER E, SHACHAM H, et al. Hey, you, get off of my cloud: exploring information leakage in third-party compute clouds[C]//Proceedings of the 16th ACM Conference on Computer and Communications Security. New York: ACM Press, 2009: 199-212.

[42] IRAZOQUI G, EISENBARTH T, SUNAR B. S$A: a shared cache attack that works across cores and defies VM sandboxing: and its application to AES[C]//Proceedings of the 2015 IEEE Symposium on Security and Privacy. Piscataway: IEEE Press, 2015: 591-604.

[43] LIU F F, YAROM Y, GE Q, et al. Last-level cache side-channel attacks are practical[C]//Proceedings of the 2015 IEEE Symposium on Security and Privacy. Piscataway: IEEE Press, 2015: 605-622.

[44] ZHANG Y Q, JUELS A, REITER M K, et al. Cross-tenant side-channel attacks in PaaS clouds[C]//Proceedings of the 2014 ACM SIGSAC Conference on Computer and Communications Security. New York: ACM Press, 2014: 990-1003.

[45] BACKES M, DOYCHEV G, KÖPF B. Preventing side-channel leaks in web traffic: a formal approach[C]//Proceedings of the 20th Annual Network and Distributed System Security Symposium. [S.l.:s.n.], 2013: 1-16.

[46] LIEDTKE J. On micro-kernel construction[J]. ACM SIGOPS Operating Systems Review, 1995, 29(5): 237-250.

[47] ACCETTA M, BARON R, BOLOSKY W, et al. Mach: a new kernel foundation for UNIX development[C]//Proceedings of the Summer USENIX Conference. Berkeley: USENIX Association, 1986: 93-112.

[48] BERSHAD B N, SAVAGE S, PARDYAK P, et al. Extensibility safety and performance in the SPIN operating system[C]//Proceedings of the 15th ACM Symposium on Operating Systems Principles (SOSP 1995). New York: ACM Press, 1995: 267-283.

[49] kokke. kokke/tiny-AES-c: small portable aes128/192/256[Z]. 2018.

[50] SHI J C, SONG X, CHEN H B, et al. Limiting cache-based side-channel in multi-tenant cloud using dynamic page coloring[C]//Proceedings of the 2011 IEEE/IFIP 41st International Conference on Dependable Systems and Networks Workshops. Piscataway: IEEE Press, 2011: 194-199.

[51] PENG M, HE X, HUANG J J, et al. Modeling computer virus and its dynamics[J]. Mathematical Problems in Engineering, 2013, 17(1): 14-26.

[52] XIA Y, LIU Y, CHEN H, et al. Defending against VM rollback attack[C]//Proceedings of 2012 IEEE/IFIP 42nd International Conference on Dependable Systems and Networks Workshops (DSN-W). Piscataway: IEEE Press, 2012: 1-5.

[53] XIANG G F, JIN H, ZOU D Q, et al. VMDriver: a driver-based monitoring mechanism for virtualization[C]//Proceedings of 2010 29th IEEE Symposium on Reliable Distributed Systems. Piscataway: IEEE Press, 2010: 72-81.

[54] RUSSINOVICH M E, SOLOMON D A. Windows internal (5th edition)[M]. Seattle: Microsoft Corporation Press, 2009: 320-419.

第 3 章

云数据安全

2022 年，国务院发布的《"十四五"数字经济发展规划》指出，将着力强化数字经济安全体系作为发展重点之一[1]。"十三五"时期，我国深入实施数字经济发展战略，伴随着云计算的快速发展，越来越多的用户将数据托管到云服务器上。但由于引入虚拟化技术的云计算系统所特有的服务模式以及其前所未有的开放性、复杂性和可伸缩性等特征，传统的安全技术无法完全保证用户托管到云服务器数据的安全和云计算平台自身的安全。因此，云计算给信息安全领域带来了新的挑战，也给信息系统引入了新的风险。所以，现阶段云数据安全研究成为云计算应用发展的重要课题之一，并得到广泛的关注。

3.1 云数据安全概述

3.1.1 云数据核心安全需求

云计算时代背景下，云数据已经成为企业和个人发展的重要资源。云计算中所有用户的数据都存放在云服务器，而云服务器的计算结果通过网络回传给客户端。这种全新的网络服务模式面临的安全威胁也是前所未有的。为了提升资源使用效率和促进资源共享，云计算环境中用户需要共享计算资源和存储资源。然而，安全隔离不足造成某些用户可能利用攻击技术窃取资源，进而引发数据保密、备份和共享方面的安全问题。这些问题对传统保护方法提出了挑战，难以确保用户数据的安全性。

为了保护用户云数据的隐私及安全性，密码学作为安全领域的一个基础学科，针对云计算发展过程中存在的问题，也进行了相应的理论与技术的发展。另外，计算机系统已经从传统的以计算为核心转为以数据为核心，对数据处理的需求不再局限于简单的传输，已经扩展到对数据特性进行深度控制，由此催生了许多新型应用场景。为了应对新出现的场景，密码学也提出了相应的理论与技术。

（1）非共享数据的安全存储

多用户云存储服务为用户提供了廉价、便捷的数据存储平台。随着存储数据的爆炸式增长，云服务器需要提供更大的存储空间。在这些存储数据中，数据冗余现象很严重，尤其是云存储面对的是多用户，不同用户间相同的数据将占用云服务器很大的存储空间。数据去重技术解决了这一难题，提升了云存储服务的空间利用率。

当用户将数据存储到云服务器后，数据将脱离用户的物理控制。为了保护数据的机密性和完整性，用户先加密待上传的内容，然后将加密结果上传到云服务器。然后，仅使用数据去重技术已经无法有效地对用户上传的密文进行去重，即不同用户的相同明文会在云服务器中有多份不同的密文，这也将带来存储冗余，降低空间利用率。

密文去重在保证数据机密性的前提下，对内容相同的明文只存储一份对应的密文。根据用户是否参与查找重复数据，密文去重技术可分为用户端密文去重和服务器端密文去重。

（2）共享数据的安全控制

现有的云存储服务中的数据，几乎都是以明文形式存储在云服务器。这种方式实现的系统可以更加简单地被设计开发并部署，使用户可以便捷地共享数据，但该系统可以直接查看用户的所有数据，所以对用户隐私数据的保护存在很大的风险。

为保护用户云数据的隐私及安全性，普遍方法是将数据加密处理之后上传至云服务器。当数据以密文形式存放时，云服务器没有能力获得数据的真实信息，即使云服务器被攻击之后造成数据泄露，用户也不用担心任何信息被泄露。但这种方式会对数据的共享造成阻碍，云服务器不能直接将数据拥有者的密文数据发送给共享者，因为共享者没有能力解密不是使用自己密钥加密的密文。

在以密文形式存储数据的云存储中，实现数据共享的方法通常是发送者将密文下载至本地，解密成明文之后，再用所分享用户的密钥加密并发送，这个过程会消耗相当多的网络带宽和计算资源，同时也增加了用户的负担，明显失去了云存储的优势。所以，现有方案一般采用代理重加密（PRE）或者基于属性加密（ABE）解决此问题。

代理重加密可以避免用户下载、加密并发送数据，只要给云服务器授权，云服务器就可以将发送者的密文数据直接转化为接收者可以解密的数据，从而节省了大量的网络带宽和计算资源，减轻了用户的负担，也充分体现了云存储的优势。

（3）共享数据的安全搜索

云计算和网络的快速发展使用户可以将自身的数据存放在云服务器，以节省自身的开销、实现便捷的多点访问。同时，为了保证数据安全和用户隐私，用户敏感数据通常需要加密后以密文形式存储在云服务器中。例如，采用代理重加密和基于属性加密实现云数据的加密存储与共享等。这些加密方法可以在云服务器不可信的条件下，实现用户数据的保密性。但是，加密云存储的方法也使用户无法便捷地从云服务器提取出满足某查询条件的云密文。

在传统的密文存储和查询服务中，由于云服务器没有检索功能，不能根据用户需求查找数据，只能将全部密文都返回给用户，用户解密后自行检索才能得到想要的数据。显然，这种处理方法在实际应用中是不能被接受的。因此，如何在用户提交检索请求时，云服务器实现高效率检索并返回指定的密文是云数据安全存储面临的重要问题。

（4）共享数据的安全编辑

随着云计算和网络的快速发展，基于云的实时协同编辑服务成为在线用户的主流选择。在实时协同编辑系统中，协作的用户可以并发修改同一个文档，协同编辑云服务以一种即时的方式将一致的视图（也就是共同编辑的结果）呈现给所有的协作用户——用户可以实时地看到其他协作者对同一行或同一个字符串的修改。

云服务器会及时、正确地分发所有授权客户端提交的修改操作。然而，云服务器同时也具备获得数据内容的能力——出于好奇心或经济利益的驱动，云服务提供商或其内部的员工可能会窥探用户的敏感数据。云服务器是"诚实但好奇"的，即云服务器会诚实地提供服务但可能会窃取用户的敏感数据。如何在"诚实但好奇"的云服务器上保护编辑数据的机密性，是协同编辑面临的重要问题。

实时协同数据加密技术能够在云服务器不知晓协同编辑数据内容的情况下为用户提供实时协同编辑服务。实时协同数据加密技术可以为实时协同编辑服务在不完全可信的云环境下提供合理的机密性，且具有以下特性。

① 用户敏感数据保护，即确保数据内容不被服务器以及非授权用户获取。

② 实时性，即客户端的编辑内容能够以毫秒级分享给其他客户端。

③ 允许网络时延，即当存在网络时延导致的客户端文档内容不一致时，在下一时刻网络恢复正常时能够及时地同步各个客户端之间的编辑数据，保证各个客户端之间编辑内容的一致性。

④ 轻量级客户端，安全特性不会带来额外的繁重计算需求。

3.1.2　云数据安全技术框架

云数据安全技术框架是一个多层次、多手段的体系，通过综合运用各种安全技术和策略，确保云数据在存储、处理、传输和使用过程中免受未经授权的访问、泄露或破坏。随着云计算技术的不断发展和应用场景的不断扩大，云数据安全技术框架将继续发挥重要作用，为云计算的健康发展提供有力保障。

身份认证与访问控制是云数据安全技术框架的基石。它通过实施严格的身份验证机制，如多因素认证、生物识别等，确保只有合法用户才能访问云数据。同时，访问控制策略限制用户对数据的访问权限，防止越权操作和数据泄露。

数据加密与密钥管理是确保云数据安全的重要手段。数据加密使用先进的加密算法对数据进行加密处理，确保数据在传输和存储过程中的机密性。密钥管理则涉及密钥的生成、存储、分发和更新等过程，确保密钥的安全性和可用性。

安全审计与日志分析也是云数据安全技术框架的关键组成部分。通过对云环境中的操作进行实时监控和记录，安全审计能够及时发现异常行为和潜在的安全风险。日志分析则帮助安全人员深入了解系统的运行状态，为安全事件的应急响应提供有力支持。

随着技术的不断发展，云数据安全技术框架也在不断演进和完善。新的技术和策略，如人工智能在云安全中的应用、区块链技术在云数据安全中的应用等，为云数据安全提供了新的解决方案和可能性。接下来将具体介绍部分典型的技术应用。

1. 非共享数据安全控制框架

在非共享数据的安全云存储平台中，密文去重的步骤如下。

① 云存储用户使用密文去重文件密钥生成技术生成密钥，保证上传相同文件的用户获取相同的文件密钥。

② 用户使用文件密钥加密文件，并将密文上传至云服务器。

③ 云服务器采用数据去重机制对上传的数据去重。

根据文件密钥的来源，用于密文去重的密钥生成机制包括由用户生成文件密钥和由文件本身派生文件密钥两种机制。这两种机制在本质上以消息锁定加密（MLE）原语为技术前提。针对密钥泄露导致相关用户的数据泄露问题，发展出了支持密钥更新的密文去重机制和高效重加密的用户端密文去重机制。根据文件流行度去重机制，对于流行度不同、密级不同的文件，采用不同的加密方式提高去重效率。

2. 共享数据安全控制框架

（1）代理重加密技术框架

在对共享数据进行安全控制时，会使用代理重加密技术。代理重加密由 Blaze 等[2]于 1998 年提出的，并在 Ateniese 等[3]于 2006 年的工作中进行了规范的形式化定义。代理重加密分为 5 种类型，分别是基于证书的代理重加密（CB-PRE）、基于身份的代理重加密（IB-PRE）、无证书代理重加密（CL-PRE）、基于属性的代理重加密（AB-PRE）和混合代理重加密（HPRE）。

代理重加密的执行步骤如下。

① 发送者 A 使用自己的密钥加密数据生成密文 C1，并上传至云服务器。

② 用户 B 向发送者 A 请求共享密文数据。

③ 发送者 A 为用户 B 生成重加密密钥，并授权给云服务器。

④ 云服务器使用接收到的重加密密钥对密文重加密，生成重加密密文 C2，并发送给用户 B。

⑤ 用户 B 使用自己的私钥对 C2 进行解密，得到明文数据。

（2）基于属性加密技术框架

基于属性加密[4]技术是云计算环境中数据访问控制的重要手段，为数据访问控制领域的细粒度访问控制问题提供了很好的解决方案。基于属性加密是从模糊的基于身份加密[5]发展起来的，用一组属性集或访问控制策略将用户和数据关联在一起，只有属性满足访问策略，才可以将密文解密，从而进行访问控制。基于属性加密技术一方面增强了访问控制的灵活性，另一方面将数据以密文形式存储降低了对访问存储器和服务器的安全要求。Goyal 等[6]提出密钥策略基于属性加密（KP-ABE）方案，在该方案中，发送者为数据选择描述性的属性集，并以此为公钥加密明文，密钥生成中心根据接收者预设的访问控制策略生成其私钥，当密文对应的属性集满足接收者的访问控制策略时，该接收者的私钥能成功解密密文。

Benthcourt 等[7]提出密文策略基于属性加密（CP-ABE）方案，在该方案中，发送者采用访问控制策略来加密明文，密钥生成中心根据接收者属性集生成相应的私钥，当接收者的属性集满足某密文的访问控制策略时，该接收者的私钥可以正确解密密文。

（3）可搜索加密技术框架

为了在保证用户数据机密性的同时实现安全和高效的密文数据访问，可搜索加密（SE）被提出。SE 是近年来快速发展的一种支持用户在密文上进行关键字查找的密码学原语，它能实现云服务器在不解密密文的情况下，完成对密文的检索工作。根据密钥类型的不同，SE 可以分为可搜索对称加密（SSE）[8]和关键字可搜索公钥加密（PEKS）[9]。可搜索加密一般分为如下 4 个阶段。

① 数据加密阶段：数据拥有者在本地使用密钥对明文数据进行加密，然后将加密后的数据上传至服务器。

② 生成检索陷门阶段：用户使用密钥和关键字生成对应的检索陷门，并将该陷门发送给云服务器，其中检索陷门能对其包含的关键字内容保密。

③ 密文检索阶段：根据接收到的关键字检索陷门，云服务器对密文进行检索，并将满足检索条件的密文发送给用户，执行过程中云服务器不能获得除检索结果之外的任何信息。

④ 密文解密阶段：用户从云服务器获得返回的密文后，使用密钥解密出相关数据。

3.2 云数据安全存储

3.2.1 云数据加密存储

在信息化时代的浪潮中，云计算安全存储以其独特的优势，为数据的保护和管理提供了强有力的支持。然而，随着数据的不断增加和复杂性的提升，如何在保证安全的前提下实现对数据的高效检索成为亟待解决的问题。正是在这样的背景下，可搜索对称加密技术应运而生，为云计算安全存储带来了新的突破。

云计算安全存储的出现，无疑为数据的安全和可靠提供了有力的保障。它能够将海量的数据存储在云端，通过先进的加密技术和严格的安全管理，确保数据不会被非法访问或篡改。然而，这种安全存储方式也带来了一系列挑战。由于数据被加密后，其原有的明文信息被隐藏起来，使得直接对加密数据进行搜索变得异常困难。这就好比在一个完全封闭的盒子里寻找特定的物品，无法直接看到盒子内部的情况，只能凭借一些间接的手段进行猜测和试探。

可搜索对称加密技术的出现为这一难题提供了解决方案。它结合了加密技术和搜索技术，允许用户在不解密数据的情况下，对加密数据进行高效的搜索。这种技术通过构建特殊的索引结构，在加密数据与关键字之间建立起联系，使用户可以通过输入关键字快速定位到所需的数据。这就好比给上述封闭的盒子装上了一扇透明的窗户，用户可以通过窗户看到盒子内部的情况，从而轻松地找到所需的物品。

可搜索对称加密技术的应用不仅提高了云计算安全存储的实用性，也进一步增强了数据的安全性。由于搜索操作是在加密状态下进行的，即使攻击者截获了搜索请求和结果，也无法获取数据的明文信息。这就好比在一个安全的通道中进行搜索，即使有人窥视，也无法看到通道内部的真实情况。

在众多可搜索对称加密技术中，动态可搜索对称加密（DSSE）是一种用于实现加密关键字检索的密码学原语。在 DSSE 中，存在一个客户端和一个"诚实但好奇"的服务器。服务器上存储了一个加密数据库，客户端能够更新该加密数据库的内容以及在该加密数据库上实现关键字检索，同时隐藏关键字的明文信息。DSSE 因能显著增强安全云存储场景中用户操作的友好性而得到广泛的研究。

（1）云数据加密存储威胁模型

为应对 DSSE 中密钥泄露所引发的安全性挑战，密钥可更新的可搜索对称加密（SEKU）[10]方案应运而生。该方案赋予了客户端非交互式更新服务器上密文密钥的能力，使得已泄露的密钥失效，从而加强了系统的整体安全性。

通过引入泄露函数，SEKU 方案定义了密钥泄露后的安全性标准。这一标准确保了即使使用已泄露的密钥生成密文，其安全性依然能得到保障。这为 SEKU 在面临密钥泄露风险时维持其加密和搜索功能的有效性提供了坚实基础。特别值得关注的是，当服务器与窃听者串通时，系统的安全性将面临极大挑战。在这种情况下，服务器能够利用窃听者提供的密钥来解密整个加密数据库，从而对系统构成严重威胁。因此，在 SEKU 的设计中，明确规定了服务器与窃听者不得串通的威胁模型。

在这一威胁模型下，尽管窃听者能够获取密钥并观察公共参数、查询更新数据以及加密数据库，但他们无法直接控制服务器或与其串通。这确保了即使密钥被泄露，窃听者仍无法完全解密和访问加密数据库的内容。SEKU 的设计确保了只有持有有效密钥的客户端才能执行搜索和更新操作。

（2）云数据加密存储体系

下面结合 Bamboo 介绍云数据加密存储体系，这是一个妥协后安全的 SEKU 实例，它实现了恒定的数据更新（DataUpdate）复杂性、次线性搜索开销和非交互式密钥更新（KeyUpdate）。

Bamboo 采用两层加密机制来生成密文，其工作流程如图 3-1 所示。第一层（即内层）用作传统的加密方案，第二层（即外层）则是为了密钥更新而设计的，使用客户端的密钥进行加密。在生成密文时，Bamboo 首先选择一个随机数作为第一层的加密密钥，用来加密原始数据。然后，使用客户端的密钥在第二层对加密后的数据再次进行加密。

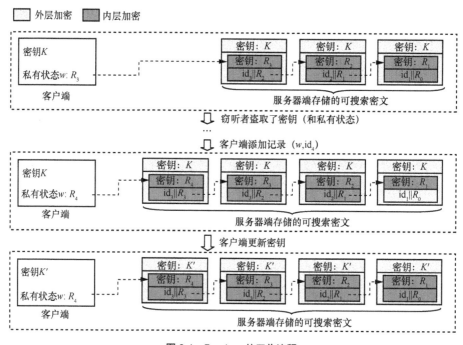

图 3-1　Bamboo 的工作流程

值得一提的是，Bamboo 在外层加密中融入了创新的密钥更新机制。这意味着，在无须对整个数据库重新进行加密的情况下，系统能够安全、高效地更新密钥。这一特性不仅大幅减少了密钥更新的开销，还确保了在特定时间段内生成的密文依然能保持高度的安全性。

除此之外，Bamboo 还创新地引入了一种隐藏的密文间链式结构。这种结构在密文之间建立了一种隐性的关联，使搜索操作能够在不解密整个数据库的情况下，迅速定位到包含特定关键字的密文。这种设计不仅提高了搜索效率，还进一步增强了系统的安全性，因为攻击者很难从这种链式结构中获取有关原始数据的任何有用信息。

具体来说，这种链式结构的工作原理如下。对于任何两个由相同关键字连续生成的密文，后一个密文会加密保存前一个密文中使用的索引和随机数。当服务器接收到搜索查询请求时，它能够根据这种链式结构快速找到匹配的密文，并依次解密下一个匹配相同关键字的密文中的索引和随机数。通过这种方式，服务器能够高效地检索到所有相关的密文，从而实现了与大多数实际 DSSE 方案相当的次线性搜索效率。

这种高效的搜索性能得益于链式结构的巧妙设计。它允许服务器在无须遍历整个加密数据库的情况下，就能够快速定位到包含特定关键字的所有密文。这不仅大大提高了搜索速度，还降低了系统的资源消耗。同时，由于链式结构的隐藏性，攻击者很难利用这种结构来破解密文或获取敏感信息，从而进一步保障了系统的安全性。

（3）云数据加密存储安全分析

① 文件标识符的长度。Bamboo 的构建基石在于 DDH 假设，它要求文件标识符被编码至循环组元素之中。为了支持更长的文件标识符，可以采取分割策略，将文件标识符切割成多个小块，确保每个小块都能满足组元素的长度要求。这些小块随后被转化为元素，并通过相同的随机数和密钥以及不同的哈希函数进行加密处理。经过 Bamboo.DataUpdate 操作，这些加密元素将合并成一个完整的文件标识符密文，并上传至服务器。之后，客户端只需要解密这些元素并重新组合，即可恢复原始的文件标识符。显然，这种处理方法并不会对安全性造成任何影响。

② 文件删除操作的安全性。在处理涉及关键字和文件标识符对的删除请求时，DataUpdate 能够通过加密操作类型 op = del 生成特殊的密文，作为删除查询的标识。这种方法在逻辑上将相关对标记为"已删除"，但实际上并不从加密数据库（EDB）中移除。为了增强安全性，一种可能的方案是使 KeyUpdate 能够定位和删除密文，并更新剩余密文的密钥。然而，这种方案在减少信息泄露和确保妥协后安全性方面面临诸多挑战，因此这一难题亟待研究。

③ 密钥更新的间隔。理论上，执行 KeyUpdate 的频率越高，越能保障密钥的安全性。然而，在实践中，需要权衡 KeyUpdate 的执行频率与安全性之间的关系。

为此，可以采取以下 3 种策略：一是遵循行业标准建议；二是当客户端检测到或怀疑密钥（部分）泄露时，及时执行 KeyUpdate；三是当加密数据库在一段时间内处于空闲状态时，也进行密钥更新。KeyUpdate 的开销在实际应用中是可接受的。例如，在一个包含约 320 万条数据的数据库上，使用两个线程进行密钥更新大约需要 50min。这一开销主要集中在服务器端，而客户端所需时间不到 30μs。

④ Bamboo 对多关键字搜索的扩展能力。SEKU 是基于单关键字搜索环境的经典 DSSE 定义而形式化的。幸运的是，采用交叉标签技术，可以扩展 Bamboo 以支持多关键字搜索。

⑤ 对抗推理攻击的问题。由于客户端和服务器通过 DH 密钥交换算法进行安全通信，并且没有与服务器串通，攻击者无法直接看到搜索过程中泄露的信息。然而，如果服务器主动发起攻击，Bamboo 可能无法像先前的前向和 Type-Ⅱ 后向安全 DSSE 方案（如信仰、MITRA、Aura）那样提供强大的保护。注意到，这些方案在搜索过程中向服务器泄露了相同数量的信息。目前，现有的实际 DSSE 方案无法完全抵御推理攻击，因为它们不可避免地会向服务器泄露搜索结果和部分访问模式。为了降低这类攻击的影响，可以将现有的防御策略应用于 Bamboo，这类策略可能会在客户端的 DataUpdate 和 Search 操作期间增加一些额外开销，但能够显著提升系统的安全性。

3.2.2　云数据安全修改

DSSE 是云安全存储领域中的一种加密搜索技术。在 DSSE 的应用场景中，客户端能够对存储在半可信云服务器上的密文数据库执行添加、删除与关键字搜索操作，并且可同时保证密文中关键字的保密性。目前，学术界针对 DSSE 的研究工作几乎围绕着减少运行中的信息泄露与提升搜索性能开展，而忽视了实用中 DSSE 的一项重要特性——稳健性。DSSE 的稳健性是指当客户端发布不合理的更新请求后，DSSE 仍然能够在保证所声称的安全性的前提下，正常运行其功能。其中，不合理的更新请求包括添加重复的数据与删除不存在的数据。经过深入研究，Xu 等[11]发现已有的绝大部分 DSSE 方案都不具备稳健性，且目前尚不存在一个 DSSE 方案能够同时实现稳健性、前后向安全性与实用搜索性能，他们首次定义了 DSSE 的稳健性，并且构造了一个全新的同时具备稳健性、前后向安全性与高性能的 DSSE 方案——ROSE。

即使客户端发布了添加重复的密文或删除不存在的密文操作，具有稳健性的

DSSE 方案也应当保持其所声称的正确性与安全性。对于传统的、未考虑稳健性的 DSSE，其正确性定义要求搜索操作返回所有被添加进密文数据库且尚未被删除的记录。总体来说，稳健性定义与传统的 DSSE 正确性定义是兼容的。然而，稳健性与传统的 DSSE 安全性要求无法完全兼容，在具有稳健性的 DSSE 中，为了进一步实现前后向安全性，需要对前后向安全性的定义进行改造，更具体的是对后向安全性的定义进行改造。

前向安全性的定义要求新生成的密文数据最多能泄露该数据所对应的操作类型（添加或删除）以及对应的文件标识符，这一定义是符合稳健性要求的。然而对于后向安全性来说，情况变得复杂起来了。以 Type-Ⅲ 后向安全性为例，Type-Ⅲ 后向安全性要求搜索请求仅泄露两种信息：一种信息是所有曾经被添加进密文数据库且未被删除的满足搜索条件的文件标识符及其被添加进密文数据库的时间戳；另一种信息是对于所有曾经被添加但又被删除的密文，其被添加进密文数据库的时间戳及对应删除请求发生时的时间戳的元组。在传统的 DSSE 中，因为无须考虑客户端会添加重复的密文以及删除不存在的密文，上述两种信息泄露的定义是简单且直观的。然而在稳健性条件下，这样的直观性将不复存在。

Xu 等[11]扩展了 Type-Ⅲ 后向安全性的定义，并进一步定义了满足具有稳健性的 DSSE 性质的通用 Type-Ⅲ 后向安全性。接下来对其提出的具有稳健性的前后向安全的 DSSE 实例化方案 ROSE 进行具体介绍。

ROSE 是第一个证明了稳健性、前后向安全性与 Type-Ⅲ 后向安全性的 DSSE 方案。ROSE 采用链式结构来组织具有同一个关键字的密文。然而，链式结构存在一个问题，即难以在保证后向安全性的情况下实现密文的删除功能。为了解决这个问题，进一步定义并构造了一个全新的密码工具——密钥可更新的伪随机函数。密钥可更新的伪随机函数是能够利用更新凭据来动态更新密钥的全新密码学原语，其在功能语义上与已有的密钥同态伪随机函数存在本质差别。借助密钥可更新的伪随机函数，ROSE 保证了在不泄露密文中文件标识符的前提下，未来的删除请求可以删除以前发布的对应密文，从而确保了 ROSE 的后向安全性。

在 ROSE 的构造中，密文在时间上的偏序关系是实现稳健性的重要依据。Type-Ⅲ 后向安全性要求服务器在对密文执行安全搜索与删除时，不能获知被删除的密文中所包含的文件标识符，因此服务器仅能利用密文中所包含的伪随机化的删除凭据进行删除操作。而在稳健性中，客户端可能会先后针对同一个密文发布多个添加或删除请求。此时，服务器是否返回这个密文取决于客户端所发布的最后一个关于此密文的请求是添加还是删除。若密文间不存在时间上的偏序关系，或这样的偏序关系无法在搜索过程中暴露给服务器，服务器就无法正确执行删除操作，也就无从实现稳健性了。

下面用一个例子简要展示 ROSE 的运行流程，如图 3-2 所示。

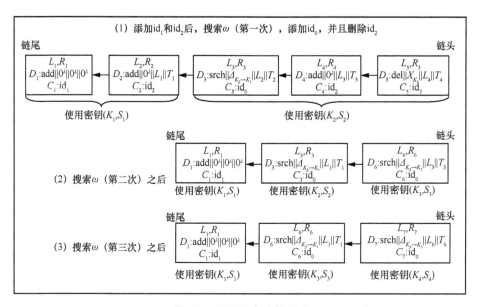

图 3-2　ROSE 运行流程示例

由于 ROSE 的构造特点，其在执行删除时会调用密钥可更新的伪随机函数。而密钥可更新的伪随机函数需要在椭圆曲线群上执行代数运算，这增加了删除操作的时间开销，虽然在一次搜索后这些密文就会被删除，但是在处理这些密文时，服务器还是会消耗大量的时间。为了解决这个问题，研究人员在删除阶段引入了多线程技术，来并行化地执行删除凭据的判定，从而在不降低安全性的基础上大大提升了删除的效率。

3.2.3　云数据安全去重

互联网技术日新月异，社会生活的方方面面趋于数字化和信息化。海量数据需要存储，因此对存储空间容量的要求越来越高。国际数据公司于 2024 年 5 月发布了一份关于全球数据圈未来 5 年发展的预测报告。该报告预测,全球数据量在接下来的几年内持续增长,预计 2028 年将增长至 384.6ZB,年复合增长率高达 24.4%。随着云存储的广泛应用,存储于云服务器的数据呈爆炸式增长,云存储服务提供商存储数据所需的存储设备容量也急剧增长。在多用户云存储系统中,数据之间存在大量冗余,数据去重技术可有效缓解存储设备的容量增长问题,减少数据占用的存储空间。在云存储服务中,为保护数据的机密性,用户将数据加密后上传,所以,即使多个用户拥有相同的明文,加密后将得到不同的密文。在这种情况下,云服务器需要为一份明文保存多份不同的密文,需要存储大量冗余数据,不能实现有效的数据去重。为了缓解用户数据机密性保护和有效数据去重之间的矛盾,密文去重技术应运而生。密文去重是指在保证用户文件机密性的前提下,实现云存储中的数据去重。

密文去重是一个复杂的过程,可实现在数据去重的同时不破坏数据的机密性保护。密文去重的过程中涉及密钥的生成、更新和数据去重。根据去重的方式不同,可分为流行度去重和双粒度去重等方案。目前,在密文去重的领域中,已经有一些成熟的解决方案。其中,密钥的生成机制保证了相同的明文会得到相同的加密密钥,从而得到相同的密文。密钥的更新是针对密钥泄露而提出的一种安全措施。在流行度去重中,根据文件的流行程度决定其加密措施,针对流行度不同的文件,采用不同的去重措施。双粒度去重方案同时实现了文件级和数据块级的去重,提高了去重效率。

(1)密文去重文件密钥生成/分发方法

在云存储平台中,密文去重机制步骤为:首先,云存储用户使用密文去重文件密钥生成技术生成密钥,保证上传相同文件的用户获取相同的文件密钥;然后,用户使用文件密钥加密文件,并将密文上传至云服务器;最后,云服务器采用数据去重机制对上传的数据去重。

在密文去重机制中,按照密钥生成方式的不同,现有的密文去重文件密钥生成机制分为两大类,即由用户生成文件密钥和由文件本身派生两种机制。

(2)支持密钥更新的密文去重机制

消息锁定加密(MLE)机制的提出保证了在云存储密文去重过程中,拥有相同文件的用户也拥有相同的加密密钥。但是,只要其中一个用户的密钥泄露,相关用户的数据都将泄露。所以在密文去重机制中,需要实现密钥更新的功能。由MLE 机制生成的文件密钥是由文件自身决定的,虽然可以通过更新密钥生成函数实现密钥更新,但是这将导致由新密钥加密的文件不能根据已存储的密文进行去重，如果使用新的密钥重新加密所有现有的文件，将导致很大的工作量。针对这样的难题，在 2016 年的国际可靠系统和网络（DSN）会议上，Li 等[12]提出一种支持密钥更新的密文去重方案——REED（Rekeying-aware Encrypted Deduplication）方案。

REED 方案支持服务器端去重，其实现基于 MLE 机制以及 CAONT（Convergent All-or-Nothing Transform）方法。REED 包括基本加密方案和强化加密方案两种，可安全地实现轻量级的文件密钥更新。REED 方案的安全性建立在两个对称加密密钥上，其中一个密钥是指每个文件的文件级密钥，简称文件密钥，用于加密文件的少量信息；另一个密钥是指由文件数据块在 MLE 机制下生成的密钥，被称为 MLE 密钥。在密钥更新的时候，只需要更新文件密钥，MLE 密钥保持不变。

（3）流行度去重

在 FC 2014 会议上，Stanek 等[13]提出了一种基于文件流行度的密文去重方案，该方案对流行度不同的文件采用不同等级的加密措施。在云存储空间中，如果一个文件的用户数量多，则说明该文件流行度高，对其机密性保护的要求较低，那么只需要采用收敛加密（CE）机制对文件加密即可，同时实现密文去重，有效节约存储空间和带宽资源；如果一个文件的用户数量少，则说明该文件流行度低，对其机密性保护的要求高，在 CE 的基础上，还需要再进行一次加密。一方面，外层加密保护数据的机密性；另一方面，当文件的流行度超过流行度阈值时，在存储空间中将文件外层加密剥离，然后实现密文去重。外层加密可以采用认证测试中心（CTC）加密机制。

（4）双粒度去重

与文件级密文去重相比，数据块级密文去重能够更有效地节约存储空间。例如，两份文件之间只有一位不同，如果采用文件级密文去重加密机制，两个文件将加密为完全不同的密文；而如果采用数据块级密文去重，两份文件的密文将只有一个数据块不同，因而能够有效地节约存储空间。然而，数据块级密文去重所需要的计算资源和存储资源更多。

为了实现更高效的密文去重，Chen 等[14]提出了 DLSB（Dual-Level Source-Based Deduplication）机制，由用户端实现去重。在 DLSB 机制中，用户在上传文件时，将文件分割成数据块，并将数据块加密，同时，生成文件标签和数据块标签，并将文件标签上传给服务器进行文件冗余检查。如果即将上传的文件在服务器中已经存在，服务器会通过工作量证明（PoW）协议向用户证明确实拥有文件；如果即将上传的文件与服务器现有的文件没有重复，用户需要将所有数据块的标签上传给服务器，服务器进行数据块密文相等性检测。随后，用户上传服务器中没有的数据块，服务器进行数据块标签与数据块密文一致性验证，验证通过后，服务器将数据块存储起来。当用户需要下载相关文档时，可以通过数据块标签获得文件的密钥，对下载的数据块解密，获得明文信息。DLSB 机制同时实现了文件级密文去重和数据块级密文去重，既能有效提升计算效率，又能有效节约存储空间和带宽资源。

2015 年，Chen 等[14]提出了 DLSB 的一种实现机制——BL-MLE（Block-Level Message Locked Encryption）。BL-MLE 机制中包含双粒度去重技术、块密钥管理策略和文件所有者证明技术。

3.3　云数据安全搜索

云数据安全搜索是云计算领域中的一项关键技术，它专注于在云环境中实现高效、安全的数据检索。随着云计算的广泛应用，云数据安全搜索的重要性日益凸显，它不仅能够提升数据检索的效率，还能够保障数据的安全性和隐私性。

云数据安全搜索的核心在于建立一个安全、可靠的搜索机制，使用户能够在海量数据中快速定位到所需信息。通过先进的加密算法和访问控制技术，云数据安全搜索能够确保数据在传输和存储过程中的机密性、完整性和可用性。同时，它还能够有效防止未经授权的访问和数据泄露，保护用户的隐私权益。在实际应用中，云数据安全搜索具有广泛的应用场景。例如，在金融行业，金融机构可以利用云数据安全搜索技术快速检索和分析用户数据，以支持风险评估、信用评级等业务决策；在医疗领域，医疗机构可以利用该技术快速检索病历、影像资料等敏感信息，以支持诊断和治疗工作。此外，在政务、教育、科研等领域，云数据安全搜索也发挥着重要作用。

本节将详细介绍在不同加密算法背景下的云数据安全搜索技术。

3.3.1　云数据安全搜索概述

本节将结合国内外相关研究，简要阐述云数据安全搜索及其发展历程，为后续的技术介绍做铺垫。

（1）基本模型

云数据的安全搜索问题源于 Song 等[8]的研究，假设用户 Alice 试图将一组个人文件存放到一个诚实的但具有好奇心的云服务器上，以节省本地的存储开销。例如，Alice 是一个移动用户，她的电子邮件将被存储在一个不可信的邮件服务器上。因为云服务器是不可信的，所以 Alice 为了保证数据的机密性，希望加密她的文件并且在云服务器上仅存储密文。从每个文件中提取出若干个关键字；根据感兴趣的应用域，关键字可以是一个英文单词、一个句子，或者一些其他的信息。因为 Alice 连接到云服务器的网络带宽较低，所以她希望只检索出包含关键字 W 的文件。为此，云服务器需要对密文进行一定的计算之后，以某种概率确定文件是否包含 W 这个关键字且不学习其他任何信息。

一种方法是使用传统的加密方式，只有密钥的拥有者才能解密密文，这意味着 Alice 要基于关键字进行搜索操作的时候，不得不下载所有已上传的加密文件，然后在本地完全解密再进行搜索。显而易见，上述处理方式存在两个问题：一是如果 Alice 已经在云服务器上存储了大量的文件，每次搜索都要全部重新下载，这会带来大量的通信开销，甚至可能造成服务器堵塞；二是在本地对数据进行解密再搜索，会占用大量的本地存储和计算资源，而且效率很低。另一种方法是将密钥和关键字发给云服务器，让云服务器自行解密以及执行搜索操作。这种做法将云数据重新曝光于云服务器和非法用户的视线之下，严重威胁到云数据的安全。为了有效地解决云数据的安全搜索问题，可搜索加密应运而生，并在近几年得到了广泛的研究和发展。

（2）安全性与功能性需求

云数据安全搜索具有以下基本的安全性与功能性需求。

① 可证明安全：仅提供密文时不可信的服务器无法学习到任何关于明文的信息。

② 可控搜索：不可信的服务器在没有用户授权的情况下无法进行关键字搜索。

③ 隐藏查询：用户请求不可信的服务器检索包含加密关键字的文件，而不泄露关键字的信息给服务器。

④ 查询隔离：不可信的服务器只能知道关于明文的搜索结果而无法学习到更多的信息。

⑤ 易扩展：云数据安全搜索算法是灵活的，可以很容易地扩展支持更高级的搜索，如布尔查询、近似查询、短语搜索、正则表达式查询等。

⑥ 高效实用：云数据安全搜索算法是简单快速的，并且具有较小的存储与通信开销。

3.3.2　公钥体制/对称体制下的可搜索云数据加密

（1）公钥体制下的可搜索云数据加密

可搜索公钥加密技术在工业应用中面临挑战，一个主要的原因是它的检索效率太低。大部分具有语义安全的可搜索公钥加密方案的检索时间与所有密文的数量线性相关，这导致其很难应用于数据规模较大的场景。为了解决这个问题，Xu等[15]提出了一个具有隐藏结构的可搜索公钥加密（SPCHS）方案，在没有牺牲加密关键字语义安全性的情况下大幅降低检索复杂度，在一定程度上有效解决了可搜索公钥加密领域的检索效率问题。在该方案中，所有关键字的可搜索密文通过隐藏的结构组织起来；当服务器接收到某关键字检索陷门时，相关的隐藏结构会显现出来，并引导服务器尽快找到满足条件的可搜索密文，与该陷门不相关的隐藏结构并不会泄露。

该方案通过隐藏的结构将关键字的可搜索密文巧妙地组织起来，形成了一个星形结构，如图 3-3 所示。在图 3-3 中，虚线箭头表示隐藏关系，$\mathrm{Enc}(W_i)$ 表示关键字 W_i 的可搜索密文。具体而言，相同关键字的所有密文通过相关联的隐藏关系组成一条链，同时，公共头部和每条链的第一个密文也存在一个隐藏关系。通过公共头部、关键字搜索陷门和头部与可搜索密文间的隐藏关系，服务器能够快速寻找到第一个匹配的密文；通过第一个匹配的密文，下一个隐藏关系也会显现出来，并指引服务器找到下一个满足条件的密文；依次类推，服务器可以快速找到所有满足条件的密文。很明显，该方案的搜索时间取决于满足条件的可搜索密文的数量，而不是所有密文的数量。

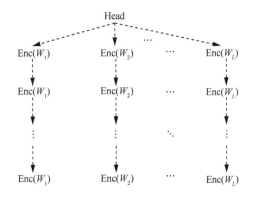

图 3-3　由关键字的可搜索密文组成的隐藏星形结构

直观来看，SPCHS 方案中的隐藏结构形式为 $(C, \text{Pri}, \text{Pub})$，其中 C 代表所有密文的集合，Pri 代表密文之间的隐藏关系，Pub 代表公共头部。理论上密文 C 中的隐藏结构不止一个，因此可以进一步将其形式化为 $(C, (\text{Pri}_1, \text{Pub}_1), \cdots, (\text{Pri}_N, \text{Pub}_N))$。在安全性方面，为了保证隐藏结构的保密性，可以直观描述为：对于给定的 $(C, \text{Pub}_1, \cdots, \text{Pub}_N)$ 以及 $(\text{Pri}_i, \cdots, \text{Pri}_N)$（除了 Pri_i 和 Pub_k，其中 $i \neq k$），攻击者无法知道关于 Pri_i 和 Pri_k 的任何信息，同时也不知道密文 C 是否和 Pub_i 或者 Pub_k 有关。

在 SPCHS 中，加密算法有两个功能：一个是加密一个关键字；另一个是生成一个隐藏关系，将生成的密文与已有隐藏结构关联起来。令 (Pri, Pub) 代表隐藏结构，因为 Pub 不会包含任何的隐藏关系，那么加密算法必须以 Pri 输入，否则隐藏关系无法生成。在加密过程的最后，会用新生成的隐藏关系更新 Pri。除此之外，SPCHS 需要一个算法初始化 (Pri, Pub)，该算法运行在第一次生成可搜索密文之前。通过一个关键字的搜索陷门，SPCHS 的搜索算法可以计算出部分隐藏结构并用于引导搜索，从而找到所有包含该查询关键字的密文。

在 SPCHS 的应用中，一个接收者通过运行 SystemSetup 算法来创建 SPCHS。每一个发送者分别通过 StructureInitialization 算法和 StructuredEncryption 算法上传自己的隐藏结构的公共部分和关键字的可搜索密文。Trapdoor 算法允许接收者将一个关键字的搜索陷门分发给服务器。然后，服务器通过运行 StructuredSearch 算法找到所有包含查询关键字的可搜索密文。值得注意的是，在 SPCHS 方案中，每一个发送者需要保持自己的私有信息 Pri。每个发送者可以将 Pri 加密存储在一个服务器，每次需要更新 Pri 的时候，从服务器中取回再重新加密，与之相似的做法在文献[16]中有介绍。

（2）对称体制下的可搜索云数据加密

DSSE[17]是一种能够在密文数据上执行关键字检索的密码学工具，同时支持对密文数据进行动态的添加与删除。目前，大部分关于 DSSE 的研究都专注于实现前后向安全性及其实用性能[18]。然而，当前还没有一个 DSSE 方案能够同时实现前后向安全性、高性能与物理删除。在 DSSE 领域，物理删除是一个尚未被广泛关注的重要性质。只有实现了物理删除，DSSE 方案才能保证《通用数据保护条例》（GDPR）[19]中要求的被遗忘权。

为了解决这个问题，Chen 等[20]提出了一个全新的具有前后向安全性的 DSSE 方案——Bestie。Bestie 的构造中仅使用了传统的哈希函数、伪随机函数，以及对称加密算法，因此其代码具有非常高的实用性。同时，Bestie 也实现了非交互式的物理删除，这使得客户端避免在检索阶段执行清理操作。非交互式的物理删除特性使得 Bestie 既满足了 GDPR 的要求，又具有管理大规模数据集的能力。Bestie 同时也减少了客户端的计算开销与通信开销。最后，实验比较了 Bestie 与 5 个已有 DSSE 方案的性能表现，证明了 Bestie 在大多数性能指标上都取得了领先的成绩。例如，Bestie 平均仅需要 3.66μs 便能找到一个符合条件的可搜索密文。这个速度比 Mitra[21]与 Diana_del 快了两倍多，比 Fides 快了 1032 倍，比 Janus++[22]快了 38332 倍。与 Mitra 相比，在检索阶段，Bestie 减少了至少 80%的客户端计算开销。

DSSE 允许客户端在远程服务器的加密数据库（EDB）上执行安全的关键字检索，同时 DSSE 还能够对该加密数据库执行动态的数据添加与删除。如图 3-4 所示，一个典型的 DSSE 方案包含 3 个协议：Setup 协议、Update 协议与 Search 协议。Setup 协议为客户端初始化私钥 K_Σ 与私有状态 σ，并在服务器上初始化加密数据库。在 Update 协议中，客户端输入私钥、私有状态、操作类型 op、关键字 w 与文件标识符 id，向服务器中的加密数据库添加（op=add）或删除（op=del）记录(w,id)。当客户端想要在加密数据库上执行密文检索时，输入私钥、私有状态以及要检索的关键字，并执行 Search 协议。DSSE 的基本安全性质要求，在上述 3 个协议的执行过程中，客户端所更新或检索的关键字不能泄露。然而，除了具体的关键字，这 3 个协议在运行过程中很有可能泄露其他的信息，例如在 Update 协议运行时，服务器可能会知道用户的操作类型是添加还是删除，又如在 Search 协议的运行过程中，服务器可能会知道检索过程中有哪些密文是满足检索条件的。泄露对 DSSE 的安全性具有很大的影响，其中，适应性的文件注入攻击是一种 Search 协议泄露而导致的严重攻击。

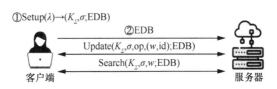

图 3-4　DSSE 应用模型

前向安全性因为能够帮助 DSSE 方案抵抗适应性的文件注入攻击，因此受到了 DSSE 研究者的极大关注。从本质上来说，前向安全性通过限制 Search 协议的泄露，使服务器无法将客户端执行 Update 协议所生成的密文与以前所执行的 Search 协议联系起来。2017 年，Bost 等[18]又形式化地定义了 DSSE 的后向安全性。后向安全性限制了 Search 协议在运行时所泄露的关于被删除的可搜索密文的信息。根据泄露量的不同，DSSE 的后向安全性被分为 Type-I、Type-II和 Type-III

3 种。Type-I 的后向安全性是最强的，只允许泄露加密数据库中满足条件的可搜索密文的总数；Type-II 的安全性较弱，允许泄露满足条件的密文被上传的时间；Type-III 的安全性最弱，允许泄露删除的添加请求以及执行该操作的删除请求。

Bestie 的核心思路有以下 3 点。

① 为了实现高检索性能，Bestie 利用了计数器技术来生成可搜索密文，并且将所有已经检索过的密文保存在一个单独的数据库中。这种对偶数据库的设计避免了未来的检索请求对已经被检索过的可搜索密文执行冗余的计算。

② 为了在确保泄露不扩大的前提下实现非交互式物理删除，Bestie 采用了逻辑删除与物理删除相结合的思想，即当客户端执行 Update 协议删除某条记录时，Bestie 生成一个包含所要删除密文索引的新的可搜索密文到服务器上。

③ 为了实现前向安全性，Bestie 在每一次检索后都会为所检索的关键字生成一个新的密钥。该密文的生成与更新是通过检索计数器 $c^{\wedge}srch\_w$ 实现的。检索计数器 $c^{\wedge}srch\_w$ 避免了客户端存储大量的历史密钥，并且上述用于保存历史检索密文的数据库的使用也避免了客户端在每次检索时都将历史密钥上传到服务器中。

最后，通过对比实验，Chen 等[20]证明了 Bestie 相较于已有方案的高效性。在有删除请求存在时，Bestie 的总时间开销是非常低且非常稳定的，带宽开销也较低。Bestie 实现了非交互式的物理删除，且具有更高的检索性能，是非常实用的具有前后向安全性的 DSSE 方案。

3.3.3 密态云数据库核心技术

密态云数据库是一种数据库管理系统，其核心技术在于将数据以加密形态进行存储和管理，确保数据在存储、计算、检索和管理过程中均保持密文形态。这种数据库管理系统是数据库系统与加密技术及数学算法深度结合的产物，其核心任务是保护数据全生命周期的安全，并支持密态数据的检索和计算。

具体来说，密态云数据库可以实现对数据库表中的敏感数据列进行加密，使得这些列中的敏感数据以密文形式进行传输、计算和存储。这种加密方式可以防止数据拥有者以外的任何人接触明文数据，不仅能避免云端数据发生泄露，还能防止内部人员窃取数据、无惧数据库账号泄露。同时，密态云数据库还可以让用户将密钥掌握在自己手中，同时将密态计算能力共享给合作伙伴，实现了数据的可用不可见。与传统的数据库管理系统相比，密态云数据库更强调数据的安全性和隐私保护。

因此，密文检索与密态云数据库在保护数据安全性和隐私性方面有着共同的目标。密文检索技术的应用使得在密态云数据库中实现高效、准确的数据检索成为可能，而密态云数据库则为密文检索提供了安全、可靠的存储和管理环境。本节分析了国内外云存储环境下面临的安全问题，对现有的密文全文检索技术进行了研究，介绍了一种安全高效的基于多安全级云端数据库的密文全文检索系统。

（1）全文检索技术

全文检索技术是指计算机按照一定的搜索算法以某种搜索顺序搜索处理对象，并将搜索结果返回给用户的检索技术[23]。为了实现快速检索，通常需要对检索内容建立索引，索引性能的优劣对检索效率有非常大的影响。

全文检索技术的发展极大地方便了检索查询过程，使用户能在海量数据中快速查询所需信息[24]。国内外对全文检索技术的研究比较广泛，其中英文全文检索技术发展相对完善，并已成为国外文字检索技术的主流[25]。目前也存在很多开源的全文检索技术实现，如 Apache Jakarta 的 Lucene 引擎工具包[26]。全文检索技术的核心是对文档创建索引、存储索引和查询索引。图 3-5 是全文检索系统的结构示意图，其中全文检索引擎是全文检索系统的核心。

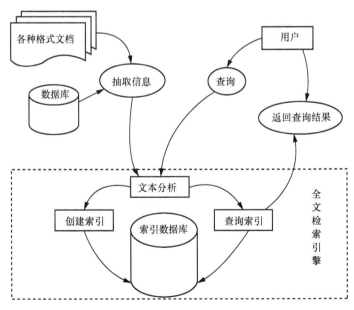

图 3-5　全文检索系统的结构示意图

在全文检索系统中，对文档创建索引之前先要进行文本分析，文本的信息来源有不同的形式，根据文本分析的结果创建索引并将索引存储于数据库中。检索时首先查询数据库中的索引表，根据索引信息进行查询并将查询结果返回。

（2）布尔模型

布尔模型是一种基于集合论和布尔代数的简单的检索模型，用于查询使查询条件为"真"的文档。在布尔模型中，系统使用逻辑运算符 AND、NOT、OR 等将用户的检索词拼接成一个布尔表达式。布尔模型的主要优点是实现清楚简单、运算速度比较快，但在布尔模型中，检索策略基于二元判定标准，未考虑检索词在文档中出现的位置、频率等信息。在现实应用环境下，有时很难把一句话准确地表示为布尔表达式的形式。为了解决这种缺陷，向量空间模型（VSM）应运而生。

（3）向量空间模型

向量空间模型由 Salton 等[27]于 20 世纪 70 年代提出，旨在把文本内容的处理简化为向量空间中向量的计算。在向量空间模型中，文档被表示为由关键字形成的多次元向量空间[28]。检索时，检索词也被向量化。文档和检索词的相关程度由文档向量和检索词向量的夹角偏差程度表示。向量之间夹角的余弦值可以表示夹角的偏差程度且计算方便，所以可用向量夹角的余弦值表示文档向量和检索词向量的相关度。

假设所有的文档只包含"云存储""密文""检索""向量"4 个关键字，那么文档可以用一个 4 维向量表示，每个维度分别表示这个关键字在文档中出现的次数。例如，一篇文档只含有一个关键字"云存储"，则该文档被向量化为<1,0,0,0>。检索词被向量化后称为检索向量。计算两个向量夹角的余弦的表达式为

$$\cos\alpha = \frac{\boldsymbol{a} \times \boldsymbol{b}}{|\boldsymbol{a}| \times |\boldsymbol{b}|}$$

由于向量计算的复杂度比布尔运算的复杂度高，因此向量空间模型的检索效率低于布尔模型。但在返回结果上向量空间模型可以根据文档和检索词之间的相关度进行排序，检索结果的准确度更高，返回的结果更符合用户的需求。

（4）基于多安全级云端数据库的密文全文检索系统

基于前文对多安全级云端数据库密文全文检索系统所涉及技术的深入分析和研究，下面将重点介绍一个实际应用的系统。该系统充分利用了密文倒排索引结构和索引动态维护机制，并结合了基于文档安全级别的分级密钥管理策略，以实现高效且安全的密文全文检索功能。该系统主要分为 4 部分：搜索服务器、本地服务器、密钥管理服务器和云端服务器。系统整体框架如图 3-6 所示。

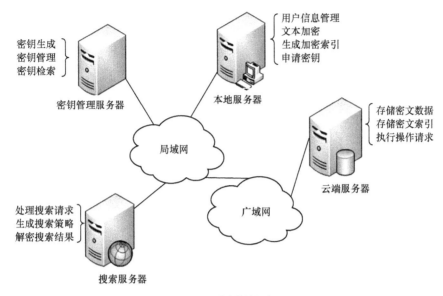

密钥生成
密钥管理
密钥检索

密钥管理服务器

用户信息管理
文本加密
生成加密索引
申请密钥

本地服务器

存储密文数据
存储密文索引
执行操作请求

云端服务器

局域网

广域网

处理搜索请求
生成搜索策略
解密搜索结果

搜索服务器

图 3-6　系统整体框架

① 搜索服务器作为系统核心组件，主要负责处理搜索请求，接收用户输入的关键词，快速在海量数据中检索匹配结果。它能根据用户意图生成智能搜索策略，如模糊匹配、同义词扩展等，提升搜索精准度。同时，搜索服务器还具备解密功能，确保搜索结果在传输和存储过程中的安全性，保障用户隐私和数据安全。

② 本地服务器主要负责用户信息管理，包括用户注册、认证和权限分配。它支持对敏感文本进行加密处理，确保数据安全。同时，本地服务器能够生成加密索引，提升搜索效率，且支持密钥申请功能，为用户提供更多安全保障。

③ 密钥管理服务器执行密钥管理模块功能，在基于云端的数据库密文全文检索系统中有效保证了密钥的安全性。密钥管理模块负责密钥生命周期的管理，包括密钥的生成、管理和检索。在基于多安全级的系统中，不同安全等级的文档使用不同的密钥加密，对于创建索引的关键字也采用不同的密钥计算其HMAC值。

④ 云端服务器负责存储密文数据和密文索引，执行来自本地的操作请求，对搜索结果按照一定的规则进行排序并返回密文结果等。

该系统可以防范网络数据包截获、抵御恶意云端管理员的攻击，在受到攻击时仅会有少量信息泄露。

3.4 云数据安全计算

云数据安全计算是指在云计算环境中，保护和管理云数据安全性和可靠性的一种安全机制。它涉及云计算中的各种数据类型，包括存储在云上的数据、云上运行的应用程序和处理的数据等。云数据安全计算不仅关注数据的机密性、完整性和可用性，还需要确保数据的合规性和隐私性。云数据安全计算的实现依赖于一系列的策略、技术，旨在确保数据在传输、存储和处理过程中的安全性。这些措施包括数据加密、访问控制、安全审计、身份认证和授权等。通过这些手段，云数据安全计算可以有效地防止数据泄露、篡改和非法访问等安全威胁。

本节将综合国内外相关研究成果，简要介绍实现云数据安全计算的基本策略以及重要的实现方法，并对部分重要实现方法进行深刻描述。

3.4.1 云数据安全计算概述

云计算使用户数据的所有权与控制权分离，在带来便利的同时也对数据安全提出了挑战。加强访问控制、数据加密、安全审计是保障数据安全的必要措施。云数据安全计算仍复杂艰巨，须持续研究新技术，保护用户隐私与数据安全，发挥云计算优势。

本节将简要阐述 4 种常见的云数据安全计算策略，并在此基础上重点描述 4 种实现云环境安全计算的重要实现方法，为后续内容做铺垫。

1. 云数据安全计算基本策略

（1）数据隔离

数据隔离是云计算应用中备受关注的问题。由于云计算的核心技术——虚拟化，不同用户的数据可能存储在同一个物理存储设备上。云计算系统在处理用户数据时，可采用共享存储或单独存储两种方式。共享存储方式通过存储映射等安全措施确保数据隔离性，实现存储空间的有效利用和统一管理，降低管理成本。而单独存储方式则从物理层面隔离数据，虽然能有效保护用户数据安全，但牺牲了存储效率。沙箱是实现数据隔离的一种有效手段。沙箱是一种程序隔离运行机制，旨在限制不可信进程的权限。它常用于执行未经测试或不可信的客户程序，通过为这些程序提供虚拟化的磁盘、内存和网络资源，确保它们在沙箱内的操作不会影响其他程序。沙箱技术的虚拟化手段对客户程序透明，有效限制了不可信程序在沙箱内的恶意行为，从而保障了数据安全。

（2）数据加密

数据加密的核心目的是确保数据在传输和存储过程中不被窃取或滥用。在云计算环境中，虽然数据隔离机制能够防止其他用户的非法访问，但数据加密的主要作用在于防范内部人员（服务提供者）的潜在窃取风险。为此，用户端使用密钥对数据进行加密，随后上传至云计算环境，仅在需要使用时才实时解密，确保解密后的数据不会长时间或永久地存储在物理介质上，从而大大增强了数据的安全性。在云计算环境中，数据加密常常与数据切分技术结合使用。数据切分是指在客户端将数据打散，对其加密后分散存储在多个不同的云服务上。这样，任何单一的服务提供商都无法获取完整的数据，即便他们尝试使用暴力破解手段，也无法获取数据内容。这种双重防护措施不仅增强了数据的保密性，还降低了数据泄露或被盗用的风险，为云计算用户提供了更为坚实的安全保障。

（3）数据保护

云计算平台的数据保护安全措施致力于为客户所有类型（结构化、非结构化、半结构化）的数据提供全方位的保护。这些措施能够发现、归类、保护和监控存储在不同格式中的数据，并特别关注对关键知识产权和企业敏感信息的保护，确保数据的完整性和机密性。针对存储在云计算平台中的数据，平台采用了快照、备份和容灾等核心保护手段。这些措施能够有效应对各种安全风险，无论是病毒等逻辑层面的攻击，还是地震、火灾等物理层面的灾害。通过这些手段，即使在极端情况下，客户数据也能得到最大限度的保护。在数据备份方面，云计算平台可以利用企业级备份软件或存储备份功能来实现。用户可以根据自己的需求制定备份策略，平台将按照这些策略自动对文件和数据库进行备份（包括在线备份和离线备份）及恢复操作，确保数据的可靠性和可用性。通过这些措施，云计算平台能够为客户提供安全、可靠的数据存储和访问服务，满足各种业务需求。

（4）数据残留

数据残留是数据被擦除后残留在存储介质上的物理痕迹，这些痕迹可能使数据得以重建，从而带来安全隐患。在云计算环境中，数据残留问题尤为突出，因为残留的数据可能会无意中泄露敏感信息。因此，云服务提供商在释放或重新分配存储空间前，必须确保用户数据得到完全清除，无论是存储在硬盘上还是内存中。

2. 云数据安全计算重要实现方法

接下来将简要阐述函数加密技术以及同态加密（HE）技术，更具体的内容将在第 3.4.2 节和第 3.4.3 节详细介绍。

（1）函数加密技术

基于函数加密的云数据安全计算是一项创新的云数据保护技术，该技术深度融合了函数加密与云计算的双重优势，为云环境中的数据安全提供了坚实的保障。具体而言，这种技术通过在云计算平台上应用函数加密，确保了数据在云端处理时能够维持极高的安全性。

函数加密又称功能加密，是一种前沿的加密原语[29-30]。它允许用户在不泄露原始数据内容的前提下对加密数据进行特定计算，从而在保障数据机密性的同时保留数据的可用性。在函数加密中，密钥 skf 与函数 f 相对应，而密文 Ct 则与 f 定义域中的特定输入 x 相对应。当用户持有密钥 skf 和密文 Ct 时，可以解密得到函数值 f(x)，而无法获取关于 x 的任何其他信息。这种特性使得函数加密在保护数据安全方面具有显著优势。

在基于函数加密的云数据安全计算中，数据在上传至云端之前会经过加密处理。云端服务提供者只能根据授权执行特定的函数计算，而无法获取数据的实际内容。这种机制有效地防范了数据泄露，并确保了数据的完整性和可用性。

此外，基于函数加密的云数据安全计算还具备出色的灵活性和可扩展性。用户可以根据实际需求定义不同的函数，以适应各种复杂的数据处理场景。同时，随着云计算资源的不断扩充，基于函数加密的安全计算能力也能够得到相应的扩展，满足大规模数据处理的需求。这种特性使得基于函数加密的云数据安全计算成为一种高效、可靠且适应性强的数据安全解决方案。

（2）同态加密技术

同态加密主要以全同态加密（FHE）为主。全同态加密是一种前沿的可计算加密技术，它允许直接对密文进行操作，从而在不暴露原始数据的情况下执行计算。这种技术的核心在于，云服务提供商能够基于密文完成计算任务，用户解密后得到的结果便是对应明文的运算结果。

2009 年，IBM 公司的 Gentry[31]在全同态加密领域取得了里程碑式的突破。他基于理想格的计算复杂性理论，成功构造出首个语义安全的全同态加密算法，该算法同时支持加法同态和乘法同态。然而，由于实现复杂且加解密效率低下，这一算法在实际应用中面临诸多挑战。此后，学者们在 Gentry 的工作基础上不断完善同态加密算法，致力于寻找性能优化的有效途径。这些研究主要围绕不同的应用需求展开，不断探索更加高效和实用的同态加密方案。2011—2012 年，Brakerski 等[32-33]提出了基于纠错学习假设的同态加密方案，这一方案通过结合密钥交换技术和模交换技术，有效降低密文噪声，从而提高算法效率，极大地推动同态加密技术的快速发展。

3.4.2　基于函数加密的云数据安全计算

函数加密是公钥密码学领域的一个新发展，是对身份基加密、属性基加密和谓词加密等一系列概念的延伸。函数加密的解密密钥允许用户得到加密数据的特定函数，同时不泄露任何其他信息。也就是说，其密钥能实现对密文的"部分解密"。在函数加密体制下，数据的访问控制与加解密过程是合二为一的，也就是说，采用函数加密，对给定密文，可以在不同密钥作用下直接获得关于密文的特定函数。与传统公钥算法相比，函数加密在实现细粒度访问控制、对密文数据进行直接检索、保护隐私的条件下在对大数据集进行数据挖掘等方面都具有较强的优势，传统的公钥加密可被看作函数加密的一个特例。本节将介绍一种基于 Binary LWE 的多输入函数加密方案。

在传统的函数加密中，函数对应单输入函数 $f(x)$，若将 f 扩展为 n 元函数 $f(x_1, \cdots, x_n)$，则称其为多输入函数加密。多输入函数加密可以同时对多个消息 x 进行运算，在特定场景下具有更高的效率。目前关于多输入函数加密方案的研究较少，已有的研究主要是利用不可区分混淆（IO）实现的，其中基于格的较少。本节将前文所述的方案转化为多输入函数加密，进而得到基于 Binary LWE 的多输入函数加密方案。

（1）形式化定义

与单输入函数加密相比，多输入函数加密能得到多个密文的函数处理结果，它能被用于对加密数据的安全搜索等场景，显然，其能支持更灵活的运算，并能更好地实现对明文数据的保护。

根据多输入函数加密方案的概念，可以得到一个关于 F 的多输入函数加密方案，主要由 (FE.Setup, FE.Enc, FE.Keygen, FE.Dec) 组成，其为 4 个概率多项式时间（PPT）算法，具体形式如下。

① FE.Setup：$(EK_1, \cdots, EK_n, MSK) \leftarrow FE.Setup(1^k, n)$，其输入为安全参数 k 和函数的元数 n，输出为 n 个公钥（即加密密钥 $EK_1, \cdots, EK_n$）和主私钥 MSK。

② FE.Enc：$CT \leftarrow FE.Enc(EK_i, x_i)$，其输入为一个加密密钥 $EK_i \in (EK_1, \cdots,$

EK_n) 和明文 $x_i \in \chi_k$，输出为加密后的密文。

③ FE.Keygen：$SK_f \leftarrow FE.Keygen(MSK, f)$，其输入为主私钥 MSK 和 n 元函数 $f \in F_k$，输出为与 MSK 关联的密钥 SK_f。

④ FE.Dec：$y \leftarrow FE.Dec(SK_f, CT_1, \cdots, CT_n)$，其为确定性算法，输入为密钥 SK_f 和 n 个密文 $CT_1, \cdots, CT_n$，输出为解密结果 $y \in Y_k$。

⑤ 正确性：要求 $FE.Dec(SK_f, FE.Enc(EK_1, x_1), \cdots, FE.Enc(EK_n, x_n)) = f(x_1, \cdots, x_n)$ 对任意 $f \in F_k$，$(x_1, \cdots, x_n) \in \chi_k^n$ 成立，即解密结果为明文的函数。由形式化定义可以看出，在多输入函数加密中，加密密钥和同时处理的密文数据被拓展成多个，由主私钥 MSK 生成的 SK_f 能从 n 个密文 $c_1, \cdots, c_n$ 中计算 $f(x_1, \cdots, x_n)$，其中 $c_1, \cdots, c_n$ 分别为 $x_1, \cdots, x_n$ 对应的密文，且其分别经不同 EK_i 加密得到。

（2）方案构造

多输入函数加密方案的构造主要利用了非交互式零知识（NIZK）证明系统与 IO，首先在初始化阶段生成两对初始公私钥，然后利用 NIZK 的相应结构将生成的公钥与 i 个随机数打包，进而得到 i 个加密密钥 EK_i，同时选择其中的一个私钥构造出主私钥 MSK，在密钥生成阶段，则主要利用 IO 的相应性质，即其能构造出与原始方案效果相同且不可区分的相应实现，进而安全地生成 SK_f 并可正确实现解密，最终完成构造。该方案的缺点在于，当函数的元数增加时，IO 的实现难度也随着增加，从而使方案的实现效率受到一定影响。多输入函数加密方案构造思路示意图如图 3-7 所示。

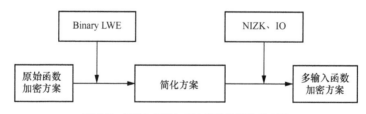

图 3-7　多输入函数加密方案构造思路示意图

在 LWE 问题中，如果密钥取自 $\{0,1\}^n$ 或者 $\{-1,0,1\}^n$，则称其为 Binary LWE（二进制容错学习）问题。相应地，Binary LWE 问题也分为搜索问题和判定问题。

根据 Brakerski 等[32-33]的证明，若 LWE 问题在高斯分布维度参数选取为 n 时是安全的，则 Binary LWE 问题在参数选取为 $n\log n$ 时也是安全的。也就是说，可以在安全性不变的前提下，使用参数规模为 $O(n\log n)$ 的 Binary LWE 问题代替 LWE 问题，以提高其效率。因此该简化方案是可行的。

将基于 LWE 的困难问题转化为 Binary LWE 问题可以有效减小参数和缩短密钥长度，以换取效率的提高。对基础方案进行简化，主要流程相似，但在一些参数的选取和实现细节上需要对原始方案进行简化，其中，在原始方案中，初始向量是均匀选取并加到 LWE 的一些随机选取的样本中的，简化方案则是从一些高斯错误中进行选取并加到从高斯分布中选取的一些 LWE 样本中的，这降低了 LWE 样本数。此外，由于密钥从 $\{0,1\}^n$ 上选取，一些相应的计算维度降低了，计算量也进一步减少了，且 Binary LWE 问题仍能有效保证方案的安全性。

（3）方案分析

多输入函数加密方案的安全性是评估其可靠性的重要指标。安全性分析通常涉及对方案的保密性、正确性和不可区分性等方面的评估。保密性要求加密的密文不能泄露明文数据的任何信息，即使攻击者拥有解密密钥以外的其他信息。正确性要求解密阶段能够正确地恢复出与明文数据。不可区分性要求攻击者无法区分不同明文数据生成的密文。

由于 NIZK 证明系统和 IO 存在，故该方案可正确实现，且根据 SK_f 与 IO 的定义，将各参数代入计算，可恢复出明文数据，即满足正确性。方案的效率受 NIZK 证明系统、IO、简化方案影响，由于前两者的存在性，且简化方案具有可接受的效率，故该方案的效率可接受。

传统的函数加密主要关注单输入函数的加密，即加密单个数据并允许以特定函数计算加密结果。然而，在实际应用中，经常需要对多个加密数据进行联合计算。多输入函数加密方案是对传统函数加密的扩展，它允许加密多个数据，并授权用户以特定函数计算这些加密数据的联合结果。

3.4.3 基于同态加密的云数据安全计算

同态加密（HP）源于隐私同态，从诞生到现在已有 30 多年，但尚未有统一的分类标准。按照发展阶段、支持密文运算的种类和次数，可将其分为部分同态（PHE）加密、类同态加密（SHE）以及全同态加密（FHE）。部分同态加密仅支持单一类型（加法或乘法同态）的密文域同态运算；类同态加密能够支持密文域有限次数的加法和乘法同态运算；全同态加密能够实现密文域任意次数的加法和乘法同态运算。同态加密技术对于云计算环境中的数据存储、密文检索和可信计算都有着很好的应用前景。用户隐私数据在云端始终以密文形式存储，服务商无法知悉数据内容，从而避免其在非法盗用、篡改用户数据的情况下对用户隐私进行挖掘，为用户充分利用云计算资源进行海量数据分析与处理提供了安全基础，尤其是可以与安全多方计算协议相结合，较好地解决用户外包计算服务中的隐私安全问题。

1. PHE 方案

对于加密算法 ε 和明文域 P_ε 上的运算 $(+,\times)$，若 $\forall p_1, p_1, \cdots, p_n \in P_\varepsilon$ 仅满足加法或乘法运算，则称加密算法 ε 为部分同态加密算法。

1978 年，Rivest 等[34]提出了基于公钥密码体制的经典加密方案——Unpadded RSA，并在 *On Data Banks and Privacy Homomorphisms* 一书[35]中首次提出同态加密的思想。RSA 算法针对数值型数据进行加密，在加密时无须将明文扩展至与公钥一致的长度，能够支持乘法同态运算，不支持加法，密钥的产生过程也较为复杂，其安全性假设基于大数因式分解，加解密运算代价过高，由于其是确定性加密算法，在密钥一定的情况下加密明文会产生固定密文，难以做到一次一密，因此安全性受到影响。Elgamal[36]提出了基于离散对数困难问题的 ElGamal 算法，该算法在加密时引入了随机数，具有语义安全性，满足了乘法同态的性质，但是解密过程要对离散对数进行计算，在实现上较为困难。ElGamal 加密方案的安全性基于有限群上的离散对数问题的困难性。由于离散对数问题在现有计算资源下难以解决，因此 ElGamal 加密方案能够提供较高的安全性。此外，ElGamal 加密方案还具有加法同态性，即密文的乘积对应于明文的乘积。这使得它在某些特定的应用场景下非常有用，如云计算中的安全计算和数据聚合等。Chen 等[37]对 ElGamal 的算法进行改进，提出了 NHE 方法，该方法能够抵抗已知明文攻击和选择密文攻击。在对称型类同态加密体制方面，Goldwasser-Micali[38]算法于 1984 年被提出，它以合数为模的二次剩余困难性假设为基础，能够实现异或运算的同态性，但是只能逐位进行加密，效率较低。Benaloh 等[39]提出了第一种支持对密文进行有限次加法操作的公钥密码体制，之后许多学者相继提出了不少支持密文加法运算的同态加密方案。应用最为广泛的是 Paillier[40]加密方案。PHE 方案由于构造简单、执行效率较高，应用比较成熟。

2. SHE 方案

对于加密算法 ε 和明文域 P_ε 上的运算 $(+,\times)$，若 $\forall p_1, p_1, \cdots, p_n \in P_\varepsilon$ 同时满足加法和乘法运算，但是仅能进行有限次的同态运算，则称加密算法 ε 为类同态加密算法。

一个类同态加密方案能够同时支持在密文域上进行加法和乘法同态运算，但是由于要降低密文产生时的噪声，不得不限制某一类运算的操作次数以完成解密过程，通常情况下，同态加密算法在密文计算后的新密文中会伴有随机误差向量，即噪声，在解密时要尽可能地将噪声控制在安全参数允许范围内，这个限制是为了使密码系统在模糊同态操作后可以正确解密密文，换言之，类同态加密方案一般只能够对特定的数据集进行密文计算，仅适用于现实中的特定应用场景，如医学数据[41]、基因组和生物信息学数据[42-44]、无线传感器数据[45]、SQL 数据[46]以及整型数据。不少研究对现有类同态加密方案进行了改进，使其服务于自定义数据集计算，如预测分析[42]、回归分析[47]、统计分析[48]等。

3. BGN 加密方案

BGN 加密方案是一种具有全同态性质的公钥加密体制，由 Boneh 等[49]在 2005 年提出。该方案以其独特的数学结构和同态性质在密码学领域引起了广泛关注。基于双线性对的 BGN 加密方案能够实现一次乘法同态运算。双线性对是密码学中的一个重要概念，它允许在不解密的情况下，对密文进行特定的数学运算，并得到与明文运算结果相对应的密文。

在加密过程中，明文首先被转换为适合加密的形式，并使用公钥进行加密。BGN 加密方案利用双线性对的性质，将明文信息嵌入密文中，使密文不仅包含明文的信息，还保留同态运算的能力。

同态性是 BGN 加密方案的核心特性。与传统的仅能支持单同态的加密方案（如 ElGamal 和 Paillier）不同，BGN 加密方案能够同时支持加法同态和一次乘法同态运算。这意味着可以在不解密的情况下，对密文进行加法和乘法运算，这样得到的结果与对明文进行相同运算后再加密的结果相同。这一特性使得 BGN 加密方案在云计算、大数据分析和隐私保护等领域具有广泛的应用前景。

4. FHE 方案

全同态加密是当前同态加密领域研究的前沿，它允许对密文进行任意次数的加法和乘法同态运算，并且得到的结果与对明文进行相同运算后再加密的结果相同。到目前为止，学术界尚未形成统一的定义来描述全同态加密。现有的 FHE 方案主要通过电路来构造，一个 FHE 方案的核心在于其密文计算算法 $Cal_\varepsilon(pk, C_\varepsilon, c_1, \cdots, c_n)$ 可以用电路来理解，这里 C_ε 是一个电路集合，可以等价于一个函数或功能；公钥 pk 用于密文计算；解密算法 $Dec_\varepsilon(c_1, \cdots, c_n) = (m_1, \cdots, m_n)$ 对密文进行运算后的解密结果要对应明文直接运算结果，所以需要有正确性保证。

FHE 作为同态加密中的最高级别，提供了最强的计算功能，但也是最复杂的形式。它利用复杂的数学结构和算法，如双线性对和格密码等，来实现全同态性。这种方案能够为任何需要的功能构建程序，这些功能可以在加密输入上运行以产生加密结果。由于这样的程序永远不需要解密其输入，因此它可以由不受信任的一方运行，而不会泄露其输入和内部状态。

Gentry[31]首次基于理想格构造了全同态加密方案，该方案在语义上具备安全性，但是只能进行简单的密文运算，复杂密文运算经过编码后会形成较深的电路深度（噪声问题），导致其解密算法无法正确得出明文。Smart 等[42]改用整数和多项式实现全同态加密，缩短了密钥和密文长度，该方案的加解密过程实现简易，但是生成密钥的过程过于复杂。Chen 等[50]基于 Binary LWE 设计了一个公钥和私钥更短的 FHE 方案，其张量密文也短于 Bra12 方案。Gentry 等[51-53]对全同态加密算法中的自举技术、加密算法的解密循环分解技术、方案实现手段等方面进行了改进，在一定程度上降低了方案的复杂性，但是由于自举在实现过程方面仍然十分复杂，即使在安全性要求较低的情况下，完成一次自举也要耗时 30s 左右，因此，这些加密方法在实用性上都比较受限。2010 年，Dijk 等[54]研究了整数环上的全同态加密算法，即 DGHV 方案，从同态操作与性能上看，该方案与基于理想格的构造方案非常相似，均保持密文长度的紧凑性——密文长度完全不依赖加密函数的复杂性，但是从概念性上看，DGHV 方案不是基于格理论或对 Gentry 初始方案进行改进，而是基于基本的模运算进行构造。相较于基于理想格的构造方案，DGHV方案的安全性和确定性基于近似最大公约数问题，不过该方案同样使用了 Gentry 的自举技术，许多研究[33]通过改进自举技术和减小公钥的大小来提升其执行效率，但是这些方案并没有完全解决 FHE 方案的噪声问题。之后，Brakerski 等[33,43]基于错误学习、环上错误学习（RLWE）构造出不需要自举的全同态加密方法[55-56]。

（1）DGHV 加密方案

DGHV 加密方案首先需要构造一个 SHE 方案，再将其转换为 FHE 方案。为了将 SHE 方案转换为 FHE 方案，DGHV 加密方案采用了自举技术。自举是 FHE 中的一个关键概念，它允许将部分同态的密文转换为全同态的密文。通过自举过程，DGHV 加密方案能够扩展 SHE 方案的能力，使其支持任意次数的加法和乘法同态运算，从而实现全同态加密。

在 DGHV 加密方案中，自举技术的实现涉及复杂的数学运算和代数结构。首先，需要对 SHE 方案中的密文进行特定的处理，以便它们能够被自举过程所利用。这个过程可能包括一系列的加法和乘法运算，以及对密文的重新编码或表示。自举过程的核心在于将处理后的密文转换为一个新的、全同态的密文形式。这个转换过程通常涉及对密文进行复杂的数学变换，利用模运算、多项式插值等数学工具来实现。通过这些变换，可以将部分同态的密文转换为一个可以支持任意次数加法和乘法运算的全同态密文。

（2）BV11 加密方案

BV11 加密方案是一种高效的层次型 FHE 方案，采用密钥交换技术与模交换技术来控制密文膨胀。BV11 加密方案首先使用密钥交换技术将经过乘法运算膨胀的密文乘积 $c = c_1 c_2$ 转化成与 c_1 和 c_2 维数相同的新密文 c'，进入下一层电路后使用模交换技术控制噪声。

现有的 FHE 方案在实现上仍然较为复杂且计算模型复杂度较高。构造一个 FHE 方案时自举过程的耗时较长，在计算模型中，程序需要以布尔电路形式编码，由于要进行乘法运算，一般的应用程序编码后对应层数很深的布尔电路，为了保证语义安全，阻止攻击者获取任何与明文数据相关的信息，方案所基于的安全假设问题带来的计算开销也很可观。另外，几乎现有的 FHE 方案都不能直接进行浮点数的运算，需要转换为两个整数相除的形式。这些是现有的 FHE 方案还无法适用于大型云服务应用的主要原因。尽管大部分现有的 FHE 方案在执行效率上还无法满足大范围实际应用的需求，但是全同态加密算法的研究从理论上使得在密文域进行各种运算操作成为可能，这也是密码学研究领域的一个重大突破。

5. 对称与非对称同态加密方案

与传统加密方法类似，同态加密算法也使用相同的一对密钥（对称加密方案）或不同的一对密钥（非对称加密方案）来加密数据，大多数现有的同态加密算法都基于非对称加密体制（公钥加密系统），少数是对称同态加密方案，这主要是由于现行对称同态加密方案的实现效率不高，而且密钥管理较为复杂，在实际应用中部署并不现实。此外，大多数对称同态加密方案由于算法设计[57]还存在安全漏洞，从理论上还不能完全证明其安全性。不过，基于非对称加密体制的同态加密方案也存在明显的瓶颈，由于方案的实现往往需要巨大的计算开销，因而不能满足云环境中诸如外包计算等的服务要求，Wang 等[58]通过降低加密方案的计算开销来构造轻量化的密文计算方案，但是仍无法满足云环境中海量数据的外包计算要求。

参考文献

[1] 国务院. 国务院关于印发"十四五"数字经济发展规划的通知[EB]. 2022.

[2] BLAZE M, BLEUMER G, STRAUSS M. Divertible protocols and atomic proxy cryptography[C]//Proceedings of the Advances in Cryptology-EUROCRYPT'98. Heidelberg: Springer,

1998: 127-144.

[3] ATENIESE G, FU K, GREEN M, et al. Improved proxy re-encryption schemes with applications to secure distributed storage[J]. ACM Transactions on Information and System Security, 2006, 9(1): 1-30.

[4] YU S, WANG C, REN K, et al. Achieving secure, scalable, and fine-grained data access control in cloud computing[C]//Proceedings of the 2010 IEEE INFOCOM. Piscataway: IEEE Press, 2010: 1-9.

[5] SAHAI A, WATERS B. Fuzzy identity-based encryption[C]//Proceedings of Advances in Cryptology-EUROCRYPT. Heidelberg: Springer, 2005: 457-473.

[6] GOYAL V, PANDEY O, SAHAI A, et al. Attribute-based encryption for fine-grained access control of encrypted data[C]//Proceedings of the 13th ACM Conference on Computer and Communications Security. New York: ACM Press, 2006: 89-98.

[7] BETHENCOURT J, SAHAI A, WATERS B. Ciphertext-policy attribute-based encryption[C]//Proceedings of the 2000 IEEE Symposium on Security and Privacy. Piscataway: IEEE Press, 2007: 321-334.

[8] SONG D X, WAGNER D, PERRIG A. Practical techniques for searches on encrypted data[C]//Proceedings of the 2000 IEEE Symposium on Security and Privacy. Piscataway: IEEE Press, 2000: 44-55.

[9] BONEH D, CRESCENZO G D, OSTROVSKY R, et al. Public key encryption with keyword search[C]//Proceedings of the International Conference on the Theory and Applications of Cryptographic Techniques. Heidelberg: Springer, 2004: 506-522.

[10] CHEN T Y, XU P, PICEK S, et al. The power of Bamboo: on the post-compromise security for searchable symmetric encryption[C]//Proceedings of the 2023 Network and Distributed System Security Symposium. Reston: Internet Society, 2023.

[11] XU P, SUSILO W, WANG W, et al. ROSE: robust searchable encryption with forward and backward security[J]. IEEE Transactions on Information Forensics and Security, 2022, 17: 1115-1130.

[12] LI J W, QIN C, LEE P P C, et al. Rekeying for encrypted deduplication storage[C]//Proceedings of the 2016 46th Annual IEEE/IFIP International Conference on Dependable Systems and Networks (DSN). Piscataway: IEEE Press, 2016: 618-629.

[13] STANEK J, SORNIOTTI A, ANDROULAKI E, et al. A secure data deduplication scheme for cloud storage[C]//Proceedings of the 2014 International Conference on Financial Cryptography and Data Security (FC 2014). Heidelberg: Springer, 2014: 99-118.

[14] CHEN R M, MU Y, YANG G M, et al. BL-MLE: block-level message-locked encryption for secure large file deduplication[J]. IEEE Transactions on Information Forensics and Security, 2015, 10(12): 2643-2652.

[15] XU P, WU Q H, WANG W, et al. Generating searchable public-key ciphertexts with hidden

structures for fast keyword search[J]. IEEE Transactions on Information Forensics and Security, 2015, 10(9): 1993-2006.

[16] CASH D, JAEGER J, JARECKI S, et al. Dynamic searchable encryption in very-large databases: data structures and implementation[C]//Proceedings of the 2014 Network and Distributed System Security Symposium. Reston: Internet Society, 2014: 853.

[17] KAMARA S, PAPAMANTHOU C, ROEDER T. Dynamic searchable symmetric encryption[C]//Proceedings of the 2012 ACM Conference on Computer and Communications Security. New York: ACM Press, 2012: 965-976.

[18] BOST R, MINAUD B, OHRIMENKO O. Forward and backward private searchable encryption from constrained cryptographic primitives[C]//Proceedings of the 2017 ACM SIGSAC Conference on Computer and Communications Security. New York: ACM Press, 2017: 1465-1482.

[19] European Union. General data protection regulation[Z]. 2016.

[20] CHEN T Y, XU P, WANG W, et al. Bestie: Very practical searchable encryption with forward and backward security [C]// Proceedings of the European Symposium on Research in Computer Security. Cham: Springer International Publishing, 2021: 3-23.

[21] CHAMANI J G, PAPADOPOULOS D, PAPAMANTHOU C, et al. New constructions for forward and backward private symmetric searchable encryption[C]//Proceedings of the 2018 ACM SIGSAC Conference on Computer and Communications Security. New York: ACM Press, 2018: 1038-1055.

[22] SUN S F, YUAN X L, LIU J K, et al. Practical backward-secure searchable encryption from symmetric puncturable encryption[C]//Proceedings of the 2018 ACM SIGSAC Conference on Computer and Communications Security. New York: ACM Press, 2018: 763-780.

[23] 王腾飞. 基于 Solr 的分布式实时全文检索系统的设计与实现[D]. 昆明: 云南大学, 2012.

[24] ZHAO L. Modeling and solving term mismatch for full-text retrieval[J]. ACM SIGIR Forum, 2012, 46(2): 117-118.

[25] CHANG Y S, HO M H, YUAN S M. A unified interface for integrating information retrieval[J]. Computer Standards & Interfaces, 2001, 23(4): 325-340.

[26] FREEMAN M, JAYASOORIYA T. A hardware IP-core for information retrieval[C]//Proceedings of the 9th EUROMICRO Conference on Digital System Design (DSD'06). Piscataway: IEEE Press, 2006: 115-122.

[27] SALTON G, WONG A, YANG C S. A vector space model for automatic indexing[J]. Communications of the ACM, 1975, 18(11): 613-620.

[28] 杨小平, 丁浩, 黄都培. 基于向量空间模型的中文信息检索技术研究[J]. 计算机工程与应用, 2003, 39(15): 109-111.

[29] BONEH D, SAHAI A, WATERS B. Functional encryption: definitions and challeng-

es[C]//Proceedings of the 8th Theory of Cryptography Conference. Berlin: Springer, 2011: 253-273.

[30] O'NEILL A. Definitional issues in functional encryption[EB]. 2010.

[31] GENTRY C. Fully homomorphic encryption using ideal lattices[C]//Proceedings of the 41st ACM Symposium on Theory of Computing (STOC 2009). New York: ACM Press, 2009: 169-178.

[32] BRAKERSKI Z, VAIKUNTANATHAN V. Efficient fully homomorphic encryption from (standard) LWE[C]//Proceedings of the 52nd IEEE Symposium on Foundations of Computer Science (FOCS 2011). Washington: IEEE Computer Society, 2011: 97-106.

[33] BRAKERSKI Z, GENTRY C, VAIKUNTANATHAN V. (Leveled) fully homomorphic encryption without bootstrapping[C]//Proceedings of the 3rd Innovations in Theoretical Computer Science Conference. New York: ACM Press, 2012: 309-325.

[34] RIVEST R L, SHAMIR A, ADLEMAN L. A method for obtaining digital signatures and public-key cryptosystems[J]. Communications of the ACM, 1978, 21(2): 120-126.

[35] RIVEST R L, ADLEMAN L, DERTOUZOS M L. On data banks and privacy homomorphisms[M]. Sea Harbor Drive Orlando: Academic Press, 1978: 169-179.

[36] ELGAMAL T. A public key cryptosystem and a signature scheme based on discrete logarithms[C]//Advances in Cryptology. Heidelberg: Springer, 1985: 10-18.

[37] CHEN L, XU Y, FANG W D, et al. A new ElGamal-based algebraic homomorphism and its application[C]//Proceedings of the 2008 ISECS International Colloquium on Computing, Communication, Control, and Management. Piscataway: IEEE Press, 2008: 643-648.

[38] GOLDWASSER S, MICALI S. Probabilistic encryption[J]. Journal of Computer Security, 1984, 28(2): 270-299.

[39] BENALOH J, CHASE M, HORVITZ E, et al. Patient controlled encryption: ensuring privacy of electronic medical records[C]//Proceedings of the ACM Cloud Computing Security Workshop. New York: ACM Press, 2009: 103-114.

[40] PAILLIER P. Public-key cryptosystems based on composite degree residuosity classes[C]//Proceedings of the 17th International Conference on Theory and Application of Cryptographic Techniques. New York: ACM Press, 1999: 223-238.

[41] BELLARE M, BOLDYREVA A, O'NEILL A. Deterministic and efficiently searchable encryption[C]//Advances in Cryptology-CRYPTO 2007. Heidelberg: Springer, 2007: 535-552.

[42] SMART N P, VERCAUTEREN F. Fully homomorphic encryption with relatively small key and ciphertext sizes[C]//Proceedings of the International Workshop on Public Key Cryptography. Heidelberg: Springer, 2010: 420-443.

[43] BRAKERSKI Z, VAIKUNTANATHAN V. Fully homomorphic encryption from ring-LWE and security for key dependent messages[C]//Proceedings of the 31st Annual Conference on Advances in Cryptology. New York: ACM Press, 2011: 505-524.

[44] BELLARE M, FISCHLIN M, O'NEILL A, et al. Deterministic encryption: definitional equivalences and constructions without random oracles[C]//Proceedings of the Conference on Cryptology: Advances in Cryptology. Heidelberg: Springer, 2008: 360-378.

[45] CAMENISCH J, KOHLWEISS M, RIAL A, et al. Blind and anonymous identity-based encryption and authorised private searches on public key encrypted data[C]//Proceedings of the International Workshop on Public Key Cryptography. Heidelberg: Springer, 2009: 196-214.

[46] BALLARD L, KAMARA S, MONROSE F. Achieving efficient conjunctive keyword searches over encrypted data[C]// Proceedings of the 7th International Conference on Information and Communications Security. Heidelberg: Springer, 2005: 414-426.

[47] BOST R. $\sum o\varphi o\varsigma$: forward secure searchable encryption[C]//Proceedings of the 2016 ACM SIGSAC Conference on Computer and Communications Security. New York: ACM Press, 2016: 1143-1154.

[48] GOLLE P, STADDON J, WATERS B. Secure conjunctive keyword search over encrypted data[C]//Proceedings of the International Conference on Applied Cryptography and Network Security. Heidelberg: Springer, 2004: 31-45.

[49] BONEH D, GOH E J, NISSIM K. Evaluating 2-DNF formulas on ciphertexts[C]// Proceedings of the 2nd Annual Theory of Cryptography Conference. Heidelberg: Springer, 2005: 325-341.

[50] CHEN Z G, WANG J, ZHANG Z N, et al. A fully homomorphic encryption scheme with better key size[J]. China Communications, 2014, 11(9): 82-92.

[51] GENTRY C, HALEVI S. Fully homomorphic encryption without squashing using depth-3 arithmetic circuits[C]//Proceedings of the 2011 IEEE 52nd Annual Symposium on Foundations of Computer Science. New York: ACM Press, 2011: 107-109.

[52] GENTRY C, HALEVI S, SMART N P. Better bootstrapping in fully homomorphic encryption[C]// Proceedings of the International Workshop on Public Key Cryptography. Heidelberg: Springer, 2012: 1-16.

[53] GENTRY C, HALEVI S. Implementing Gentry's fully-homomorphic encryption scheme[C]//Proceedings of the Annual International Conference on the Theory and Applications of Cryptographic Techniques. Heidelberg: Springer, 2011: 129-148.

[54] DIJK M, GENTRY C, HALEVI S, et al. Fully homomorphic encryption over the integers[C]//Proceedings of the 29th Annual International Conference on Theory and Applications of Cryptographic Techniques. New York: ACM Press, 2010: 24-43.

[55] DOWLIN N, GILAD-BACHRACH R, LAINE K, et al. Manual for using homomorphic encryption for bioinformatics[J]. Proceedings of the IEEE, 2017, 105(3): 552-567.

[56] CASTELLUCCIA C, CHAN A C F, MYKLETUN E, et al. Efficient and provably secure aggregation of encrypted data in wireless sensor networks[J]. ACM Transactions on Sensor

Networks, 2009, 5(3): 1-36.

[57] BOGDANOV A, LEE C H. Homomorphic encryption from codes[Z]. 2011.

[58] WANG C, REN K, WANG J. Secure optimization computation outsourcing in cloud compu-ting: a case study of linear programming[J]. IEEE Transactions on Computers, 2016, 65(1): 216-229.

云原生安全

4.1　容器概述

随着云计算技术的不断创新与发展，云计算模式的核心从传统"资源编排与分配"转变为"服务编排与调度"。然而基于传统技术栈构建的云服务难以适应此类转变，其复杂的业务逻辑和开发模式严重制约了云计算环境的灵活性与效率。在这种背景下，"云原生"应运而生，以容器（一种轻量级服务虚拟化技术）、微服务（一种面向服务的软件架构）、DevOps（一种强调自动化和协作的服务开发模式）等为代表的关键技术在公有云、私有云及混合云中得到广泛应用，旨在构建能够弹性伸缩的应用程序，以提升云服务的敏捷性与快速迭代能力。

4.1.1　容器技术概述

虚拟机技术为云服务创建了具备强隔离性的运行环境，但其引入的资源与性能开销却难以被忽视，限制了云计算平台生产力的释放。虚拟机作为一种典型的硬件级虚拟化技术，其实例需要运行一套完整的操作系统以支撑云服务的运行。但虚拟机技术在云服务中有两个较为关键的问题：① 在云服务需要大规模部署时，虚拟机实例中操作系统将占用大量系统资源，而其繁杂的启动流程将极大延长云服务的上线时间，造成资源与性能的双重损耗；② 由于云服务开发、测试与部署流程彼此独立，其运行环境的配置与管理往往具有不同程度的差异，通常需要消耗大量人力协调各流程中虚拟机实例的配置，才能保证云服务的正常运行，极大阻碍了云服务从开发环境向部署环境的高效迁移。随着云服务的迭代更新日益频繁，运行实例数量激增，加之对灵活多样的配置需求的不断增长，传统的虚拟机技术已逐渐暴露出其适应性上的不足。因此，为应对这些挑战，容器技术应运而生，旨在提供一种更加高效和灵活的解决方案。

在过去十几年间，研究人员持续探索更加轻量级的虚拟化技术，旨在充分发挥云计算的灵活性和敏捷性。chroot 机制作为容器的奠基技术首次出现于 1979 年发布的第七版 UNIX 操作系统，用于隔离进程的文件系统视图，并可被视作最早的操作系统级虚拟化方案。该系统调用旨在将进程的根目录更改为指定的目录，使此进程只能访问该目录及其子目录下的文件和资源。chroot 机制早期主要用于构建安全沙箱或测试环境，以将不可信程序或测试程序运行在一个隔离的环境中，避免其影响系统的其他部分。此后，FreeBSD 操作系统于 1999 年引入了 jail 机制，该机制在 chroot 机制原有功能的基础上增加了网络隔离功能。2004 年，Google 工程师开发了 VServer，开启了容器技术的序幕。

随着技术的迭代与演进，Linux 容器（LXC）项目作为一种基于操作系统的轻量级虚拟化方案，自 2008 年起被整合进 Linux 内核，标志着现代容器技术的正式诞生。LXC 通过在 chroot 机制的基础上引入命名空间和控制组等机制，实现了更加完备的操作系统资源虚拟化。命名空间机制旨在对操作系统的全局资源进行抽象，并为不同的进程组提供独立且隔离的资源视图，而各容器实例即坐落于命名空间机制所划分隔离环境中的一组进程。目前 Linux 内核共提供 8 类命名空间，对包括进程号、主机名、网络设备、进程间通信、文件系统、用户权限和时钟等系统资源进行隔离。控制组则是 Linux 内核提供的一种资源管理机制，用于统计、调控与限制容器中 CPU、内存、磁盘 I/O 以及网络等物理资源的使用。

2011 年，Docker 项目的发布是容器技术发展的重要里程碑。Docker 将镜像、仓库等概念引入容器技术，使得容器的构建、部署和管理更加方便高效，进一步推动了容器技术在各类云计算环境中的应用。2014 年，Kubernetes 项目的发布为容器技术的应用提供了更加强大的平台。Kubernetes 支持容器的自动化部署、动态扩展、故障恢复等功能，是目前最流行的容器编排工具之一。2015 年，云原生计算基金会（CNCF）的成立推动了容器技术的标准化和规范化建设，为容器技术的健康发展提供了重要的平台。时至今日，容器技术被广泛应用于华为云、百度云、阿里云、AWS、Azure、Google Cloud 等主流云平台。与此同时，云服务的容器化也进一步促进 DevOps 与微服务等理念的发展与实践,大幅释放了云计算模式的敏捷性与灵活性。

相较于虚拟机技术,容器技术在云计算环境中的优势主要体现在 3 个方面。首先,容器实例的启动时间更短、资源利用率更高。由于各容器实例与宿主机共享操作系统内核,容器实例占用系统资源较之虚拟机要更少,且节省了虚拟机实例中操作系统的启动时间,运行相同云服务时容器实例启动更加快速。其次,得益于容器镜像技术,容器实例能为云服务提供一致的开发与部署环境,有助于减少开发、测试和生产环境之间的差异。最后,随着容器技术的不断完善,诸如 Docker、Kubernetes 等工具可以高效编排、管理与运维容器实例,最大限度地释放云计算的效能。

4.1.2　容器技术安全现状

容器技术作为现代软件开发和部署的基石,极大提高了应用程序的可移植性和可伸缩性。然而,随着容器的广泛应用,其相关的安全问题也逐渐凸显,如容器技术本身的安全问题,以及以容器作为基础设施的微服务、Serverless、DevOps 等应用场景中的安全问题。

针对容器技术本身的安全问题,腾讯安全 2022 年发布的《容器安全在野攻击调查》将其归纳为两类:① 针对容器镜像供应链的攻击,大量经伪装的恶意镜像正随供应链被多方复用,传播最广的恶意镜像已有超过 1.5 亿次下载,同时恶意镜像的种类与数量均呈快速增长态势,其中恶意行为的隐蔽性极高,现有安全技术无法有效检测;② 针对容器运行时的攻击,其攻击强度呈快速增长趋势,随着攻防对抗愈发激烈,恶意行为的实施方式与防御规避策略均在快速演化,其生存能力持续增强,并有超过 87% 的恶意行为会进行容器逃逸,而约 40% 的逃逸无法被有效检测与隔离。由此可知,容器镜像与容器运行时的安全性至关重要,直接关系到容器化应用的稳定性和安全性。

容器镜像的安全性是当前容器技术领域备受关注的核心问题之一,其安全隐患主要来源于所包含的漏洞和恶意组件。容器镜像作为容器运行的基础单元,其中所包含的软件环境、库和应用程序的漏洞或恶意组件都可能被攻击者利用,引发容器内部的安全风险。因此,除了加强对容器镜像的安全检测与审计外,确保容器镜像来源、构建过程、存储环境的安全、可靠、可信也格外重要。在实际应用中,容器镜像可能来自公共镜像仓库、私有镜像库或直接由 DevOps 平台构建,因此需要对各类来源以及构建过程实施监管，以确保容器镜像的合法性、真实性和来源的可信度，避免引入恶意代码或潜在的安全威胁。

容器运行时的安全性同样是当前容器技术领域备受关注的关键议题之一。容器运行时是指容器实际运行的环境，包括容器的进程隔离、资源管理、权限控制等方面。容器技术通过命名空间和控制组等机制实现进程隔离，然而层出不穷的漏洞证明容器运行时现有的隔离并不完善，容器与容器之间、容器与宿主机之间可能相互影响。例如，恶意容器能引发资源竞争而导致宿主机拒绝服务，或者攻击者可利用隔离缺陷从容器环境逃逸。因此，加强容器运行时的进程隔离机制对于保障容器环境的安全性至关重要。此外，容器运行时的监控和审计机制也是保障容器环境安全不可或缺的组成部分，它通过实时监控容器的运行状态，检测异常活动并记录审计日志以及时发现潜在的安全威胁，包括对容器的系统调用、文件系统访问等进行监控，以提高容器运行时的安全性。

4.2 容器镜像安全

Docker 公司凭借"容器镜像"这个巧妙的创新成功解决了"应用交付"所面临的最关键的技术问题。但在如何定义和管理应用这个更为上层的问题上，容器技术并不是"银弹"。在"应用"这个与开发者息息相关的领域里，从来就少不了复杂性和灵活性的诉求。

4.2.1 容器镜像概述

容器镜像是一种文件系统级的快照，它包含启动一个运行中的系统实例（容器）所需的所有文件，一般可以通过编写一个名为 Dockerfile 的文本文件实现对容器镜像的构建。本节将结合 Dockerfile 的指令介绍容器镜像的分层架构，再介绍容器镜像采用的文件系统技术和容器的启动方法，最后介绍存储和管理容器镜像的镜像仓库。

通过编写 Dockerfile 构建容器镜像的过程称为构建。容器镜像是具有分层架构的，它支持通过扩展现有的镜像创建新的镜像。容器镜像的分层架构由底至上分别为内核层、基础镜像层、新增镜像层和可读写执行层。① 内核层。高级多层统一文件系统（AUFS）、LXC、Bootfs 组成了该层的镜像，为容器提供内核支持。

AUFS 是一种联合文件系统，它使用同一个 Linux host 上的多个目录，逐个堆叠起来，对外呈现出一个统一的文件系统，后面将进行更详细的解释。Bootfs 负责与内核交互，主要是引导加载内核，它处于 Docker 镜像的最底层。② 基础镜像层。构建镜像运行的操作系统环境，如 Ubuntu、CentOS 等。③ 新增镜像层。RUN 指令运行的镜像层，每一个 RUN 指令均使用镜像封装，如 Nginx 镜像的 yum 安装模块或者 Nginx 编译安装的指令等。当某一镜像层失效时，该镜像层以及之后的所有层都会失效。④ 可读写执行层。在没有写入文件时是空的，一旦做出了写的操作，新的修改内容就会以增量的方式出现在这一层。当容器启动时，一个新的可写层被加载到镜像的顶部。这一层通常被称作容器层，容器层之下的都叫镜像层。所有对容器的改动（无论添加、删除，还是修改文件）都只会发生在容器层中。只有容器层是可写的，容器层下面的所有镜像层都是只读的。

Dockerfile 是由一组指令组成的文件，其中的每条指令都对应 Linux 中的一条命令，而 Docker 程序将从 Dockerfile 中按照指令的先后顺序生成指定镜像。Dockerfile 的第一条非注释指令一定是 FROM 指令，它指定的镜像名称一定是已经存在的镜像，由 Dockerfile 构建的容器镜像将以此镜像为基础镜像。

MAINTAINER 指令一般位于 FROM 指令后，用于指定本次构建的容器镜像包含镜像所有者和联系人在内的作者信息。

RUN 指令用于指定构建镜像时运行的指令，它有两种运行模式：① shell 模式，该模式下 RUN 后面直接使用 Linux 指令格式，如 RUN <command>；② exec 模式，该模式下将指令作为参数传入并可以使用不同的 shell 来运行命令，如 RUN ["executable", "param1", "param2"]。每一条 RUN 指令都会在原镜像层的基础上新增一层，将多条 RUN 指令合并可以减少新增镜像层的生成。

CMD 指令用于提供容器运行的默认指令，它仅会在 docker run 未指定运行命令时被执行。CMD 和 RUN 的指令格式类似，但是 CMD 除了 shell 模式和 exec 模式还多了一个指定 ENTRYPOINT 默认参数的格式，如 CMD ["param1", "param2"]。注意，一份 Dockerfille 中仅有最后一条 CMD 指令是有效指令，之前的 CMD 指令均为无效指令。

ENTRYPOINT 指令用于指定容器启动时的操作，它可以被 docker run 的 --entrypoint 选项覆盖，如果 docker run 未使用该选项，则 ENTRYPOINT 指令不会被覆盖。它的指令格式与 RUN 指令格式类似，有 shell 模式与 exec 模式两种。

ADD 指令与 COPY 指令类似，二者的作用均为将文件或目录复制到由 Dockerfile 构建的容器镜像中，它们的源文件路径使用 Dockerfile 相对路径，而目标路径则使用绝对路径。但是二者并不相同，ADD 指令有解压功能（自动解压识别到的压缩文件）和提供 URL 支持（可从 URL 添加文件），而 COPY 指令只会单纯复制文件且语义更为清晰。

Dockerfile 其余指令还有 VOLUME、WORKDIR、ENV、USER 和 ONBUILD 等。VOLUME 指令用于向容器中添加卷，该卷有持久化存储数据的功能且可被容器使用或共享给其他容器或主机使用。容器关闭后，卷内数据会保持。WORKDIR 指令用于切换目录，可指定本指令之后的 RUN、CMD 和 ENTRYPOINT 指令的执行目录。ENV 指令用于设置镜像环境变量，可被 docker run --env 指令覆盖。USER 指令用于设置启动容器的用户，未设置时默认为 root。ONBUILD 指令在本 Dockerfile 构建的容器镜像基础上继续构建的子镜像中执行，当本容器镜像被用作子镜像的基础镜像时，该指令被触发并执行 Linux 指令。

容器镜像被 Dockerfile 构建并启动后，容器的可读写执行层会被添加至之前最上层的新增镜像层之上。可读写执行层（容器层）是唯一可写的，其下所有镜像层均仅可读。镜像层可能会有很多，而所有的这些联合在一起组成一个统一的文件系统。容器采用了 AUFS 使得容器对外呈现统一的文件系统。联合文件系统（UFS）是在 2004 年初提出的一种分层、轻量化且高性能的文件系统，它支持将每一次对文件系统的修改作为一次提交来层层叠加，并且也支持将不同目录挂载到同一虚拟文件系统下。UFS 用到了一个重要的资源管理技术，即写时复制（CoW），也叫隐式共享，是一种提高资源使用效率的资源管理技术。它的思想是：如果一个资源是重复的，在对资源做出修改前，并不需要立即复制出一个新的资源实例，这个资源被不同的所有者共享使用。当任何一个所有者要对该资源做出修改时，复制出一个新的资源实例给该所有者进行修改，修改后的资源成为该所有者的私有资源。这种资源共享方式可以显著地减少复制相同资源带来的消耗，但是这也会在进行资源的修改时增加一部分开销。除 UFS 外，AUFS 与叠加文件系统（Overlay FS）也常被用于容器镜像中。

用户不必每一个容器都自己编写 Dockerfile 来进行解释和创建，而是可以使用其他用户创建好的容器镜像来创建容器，提供集中存放管理容器镜像的中心被称为镜像仓库。镜像仓库是集中存储和分发镜像的地方，一般被称作 Repository。而镜像仓库服务器（Registry）是运行镜像仓库的平台，它既可以是公共的也可以是私有的。Registry 是一个存储和内容交付系统，持有命名的 Docker 镜像，有不同的标签版本。用户通过使用 Docker push 和 pull 命令与注册表进行交互。存储本身被委托给驱动程序。默认的存储驱动是本地 posix 文件系统，适用于开发或小型部

署。其他基于云的存储驱动，如 S3、微软 Azure、OpenStack Swift 和阿里云 OSS
也可以支持。希望使用其他存储后端的人可以通过编写他们自己的存储 API 的驱
动程序来实现。Registry 原生支持传输层安全协议（TLS）和基本认证，以确保镜
像仓库的安全。最后，Registry 提供了一个强大的通知系统，在活动中调用 webhooks
及广泛的日志和报告，对于想要收集指标的大型安装来说非常有用。用户可以从
镜像仓库（如 Docker Hub）中拉取镜像或者向镜像仓库推送镜像。

　　镜像的元信息和 Docker 文件可以通过检查命令或 Docker 的 REST API 来获
取，镜像仓库一般还有标签和版本管理、访问控制、网络传输、搜索发现与版本
回溯等功能。标签和版本管理指镜像可以有多个标签，通常包括版本号、构建标
识或其他描述性信息。标签用于区分不同版本的镜像，使用户可以选择特定版本
的镜像进行下载。访问控制指镜像仓库提供用户认证和访问控制机制，确保只有
授权用户才能上传或下载镜像。网络传输指镜像仓库通常提供 HTTP/HTTPS 的支
持，用于在客户端和服务器之间传输镜像数据。搜索发现指用户可以通过关键字
搜索感兴趣的镜像，镜像仓库提供推荐和发现机制，帮助用户发现新的或者流行
的镜像。一些镜像仓库还支持其他传输协议，如 rsync 协议等。版本回溯指用户可
以查看镜像的历史版本，并在需要时回退到旧版本。以 Docker Hub 为例，Docker
Hub 上的一个镜像仓库包含多个具有不同标签的镜像，这些标签通常用于注释版
本。Docker Hub 上的镜像由仓库名称和标签来识别，例如，Ubuntu:16.04 是指 Ubuntu
仓库中带有 16.04 标签的镜像。所有的标签，连同仓库的其他相关数据（如描述、
维护者及更新时间）都可以通过 Docker 的 REST API 进行查询。镜像仓库可以根
据关键字进行搜索。尽管 Docker Hub 没有提供全部的镜像仓库列表，但是使用基
于字典的搜索方法依旧可以收集到 Docker Hub 上绝大多数公共库。

4.2.2　容器镜像安全分析

　　目前，大多数的容器用户都会使用公共的容器镜像仓库进行容器镜像的快速
分享和部署。安全漏洞广泛存在于官方和社区镜像中。过时的软件包中的漏洞
可能会暴露在各种类型的攻击中（如拒绝服务、获得特权、执行代码），并且
由于镜像之间的依赖关系，漏洞可能会传播。因此，安全已经成为用户在生产
环境中使用容器镜像的首要关注点之一[1]。漏洞的来源多样，主要包括以下 5 个
方面。

　　① 基础镜像不够安全。这导致基于基础镜像的所有容器都会受到影响。Shu

等[2]于 2017 年自动化分析了 Docker Hub 镜像仓库中 85000 个不同种类的镜像后，发现 Docker 官方与社区提供的镜像中平均包含超过 180 个漏洞，80%的镜像中至少存在一个高危漏洞并长期缺乏更新与维护，导致其中漏洞持续积累并随着镜像二次开发扩散到新镜像中。随时间推移，Docker Hub 中镜像的种类与规模均在持续上涨，镜像的安全问题也引发了更为普遍的关注。

② 配置不当。这可能会暴露不必要的端口，或者使用默认密码，从而增加安全风险。Tak 等[3-4]于 2017—2018 年连续两年对 Docker Hub 中镜像进行分析，发现 90%的镜像中仍包含高危漏洞且存在诸多违反安全规则的行为，由于大量镜像之间存在复杂的继承关系，镜像在分发和重用过程中会因多方开发者之间安全设置的冲突而意外引入安全风险或漏洞。

③ 软件依赖和库不够安全。这些若不经过充分审查可能会引入安全漏洞，且随时间推移，即使是最初安全的软件也可能会被发现新的漏洞。Zerouali 等[5]于 2019 年更加深入地分析了 7380 个流行镜像中系统软件包的更新状态与其中漏洞数量间的关系，发现几乎所有镜像中的系统软件包均未被维护至最新版本，且包含数量不等、影响程度不同的漏洞。作为对该工作的补充，同年他们还对镜像中第三方软件包所包含的漏洞进行了抽样研究，通过对 961 个镜像中的 JavaScript 软件包进行分析，发现第三方软件包过期所导致的漏洞问题同样严重，其中漏洞的数量也会随着软件包过期时间的推移而大幅增加。Wist 等[6]于 2021 年从漏洞数量、漏洞引入渠道和漏洞所在程序包等多个维度研究了容器镜像的安全现状，发现 Docker Hub 中新引入镜像的漏洞数量依旧在急剧增加，其中较严重的漏洞通常由 Python 和 JavaScript 两种脚本引入。

④ 攻击者的恶意注入。2020 年，Liu 等[7]从 Docker Hub 中收集并分析 2227244 个镜像，首次发现除漏洞问题外，部分镜像中还隐藏着种类多样的恶意行为，这些恶意行为可以帮助攻击者实施远程连接或是植入恶意软件进行攻击，甚至一些镜像开发者所建议的实例化参数会导致宿主机中信息被泄露或引发宿主机拒绝服务。

⑤ 攻击者针对供应链的攻击。镜像仓库作为供应链的一环受影响极为普遍。Liu 等[8]于 2022 年进一步研究了各大云厂商提供的镜像仓库，发现攻击者可以在镜像仓库中遵照 Typosquatting 规则创建与流行镜像名字相似的镜像，当潜在的受害用户输入镜像名出错后，则可能下载到攻击者预先创建的恶意镜像，进一步证明了镜像检测技术的重要性。

恶意镜像通常包含带有后门的镜像、含有恶意软件的镜像、漏洞利用镜像、数据泄露镜像、资源耗尽镜像以及伪装镜像。带有后门的镜像中包含可以被攻击者远程利用的后门，允许未经授权地访问或控制容器。在含有恶意软件的镜像中，恶意软件（如病毒、木马、勒索软件等）可能被嵌入镜像内，一旦镜像被运行，就会对宿主系统或网络造成损害。漏洞利用镜像利用已知的软件漏洞，一旦部署，就可能被攻击者利用来进行进一步的攻击。数据泄露镜像可能会因为配置不当，使得如配置文件、密钥、密码等敏感数据被泄露。资源耗尽镜像可能会设计成消耗大量的计算资源（如 CPU、内存、磁盘 I/O 等），导致 DoS 攻击。伪装镜像可能看起来是合法的，但实际上包含恶意代码或意图。攻击者可能会将恶意镜像伪装成常用的软件或工具来诱骗用户下载和使用。

镜像仓库是存储和分发软件镜像的地方，尤其在容器化技术（如 Docker）中，它们扮演着至关重要的角色。镜像仓库的安全问题不容忽视，因为它们可能成为恶意软件和漏洞传播的途径。安全问题主要包括以下 6 个方面。① 恶意软件和漏洞。镜像仓库中的镜像可能包含已知或未知的恶意软件和安全漏洞。如果镜像未经彻底审查，这些问题可能被传播到使用这些镜像的系统中。② 不安全的镜像构建环境。构建镜像的环境如果没有得到适当的保护，可能会被攻击者利用来注入恶意代码。③ 未授权的镜像访问和分发。如果镜像仓库的访问控制不当，未授权用户可能会上传恶意镜像，或者下载并运行这些镜像。④ 镜像篡改。镜像在传输过程中可能会被篡改，特别是在不安全的网络环境下。⑤ 镜像信任和签名。缺乏有效的镜像签名和验证机制可能导致用户无法确认镜像的真实性和完整性。⑥ 镜像版本管理。镜像的版本控制不当可能导致旧版本的镜像包含过时的软件和漏洞，用户可能会使用这些旧版本。

4.2.3　容器镜像安全检测

面对容器镜像中日趋严重的安全问题，Anchore、Clair、Dagda 和 Trivy 等开源镜像扫描工具相继上线，并逐步被各大商业云平台集成到 DevOps 工作流中，在云服务构建、更新和测试等多个阶段对容器镜像进行安全检测。此类工具的工作流程基本类似，首先提取容器镜像中各类文件并将其与漏洞、恶意软件数据库进行特征匹配，进而生成镜像安全报告；区别在于各类工具中的数据库均由开发者独立维护与更新，其中数据库的丰富程度决定了各类工具的检测效果[9-11]。除了基于特征数据库的检测方法，Anchore、OpenSCAP 等检测工具还允许用户自定义检测规则，虽然用户甚至安全专家人工定义的规则可扩大检测范围，但依旧存在规则不完善导致的高漏报与高误报问题。

镜像的安全扫描方案主要分为静态扫描、动态扫描和静态与动态扫描结合 3 种。① 静态扫描可扫描 Docker 镜像，将检测到的软件包及其版本与远程通用漏洞披露（CVE）数据库进行匹配。② 动态扫描可以在实际运行环境中进行检测以发现潜在的安全问题，并且受到不规范文件信息的影响更小。③ 静态与动态扫描结合的方法结合了两者的优点，可以更全面地发现安全漏洞和编码问题，但是成本和复杂度相对更高且需要良好地协调与管理两种扫描方式。

静态扫描一般能全面地检查镜像文件中的内容，并因无须运行容器而快速地发现安全问题，但是这样的精确度可能会受到一些不规范的文件信息影响而低于预期。Clair 采用了静态扫描方法，它首先通过与容器镜像库交互获取容器镜像的元数据和文件系统层的信息，之后使用已知漏洞数据库中的漏洞特征描述与容器镜像中出现的软件包和库等进行匹配以获取漏洞信息。图 4-1 显示了 Clair 的结构。Clair 的静态分析主要分为 3 个部分：索引、匹配和反馈，其中索引和匹配如图 4-2 所示。

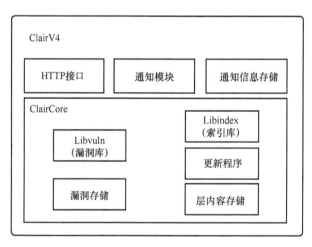

图 4-1　Clair 的结构

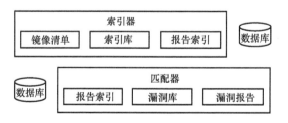

图 4-2　Clair 的索引和匹配

① 索引。当提交镜像清单（Manifest）至 Clair 后，Clair 将会获取容器每一层信息，并扫描内容提交到索引库（Libindex），Libindex 会索引组成部分并最后返回报告索引（IndexReport）。Clair 对 Manifest 进行扫描并索引，为避免后续重复工作，Clair 会使用 IndexReport 固化 Manifest，IndexReport 将被存储至数据库中。

② 匹配。Clair 会不断地收集最新的漏洞数据并存储至漏洞库（Libvuln）中，Libvuln 会被用于与 IndexReport 进行比较以获取漏洞信息。

③ 反馈。在发现新漏洞时，Clair 会匹配 Manifest 以发现是否会有新的影响并根据配置采取行动。

Trivy 的扫描流程与 Clair 类似，不过 Trivy 使用的是开源漏洞库（如 NVD 等）获取漏洞信息，而 Clair 使用的则是预先配置的镜像信息和漏洞数据。此外，Trivy 更专注于容器镜像的扫描，并且在该方面采取了更高效的扫描算法和缓存机制，因此速度比 Clair 更快。Dagda 是一个静态分析容器镜像和容器中的已知漏洞的开源工具，对木马、恶意软件、病毒等具有较好的防护能力，使用 ClamAV 反病毒引擎来检测此类漏洞。它首先从 CVE、RHSA、RHBA、Bugtraq IDs、Offensive 等安全数据库中导入所有已知的漏洞到 MongoDB，然后根据导入的漏洞，对镜像和容器进行分析，分析结果也被存储在 MongoDB 中。

动态扫描的方法会尝试运行容器，并且收集相关信息（如容器进程监控信息、网络监控信息、日志分析信息、文件监控信息和资源监控信息等）来判断是否存在攻击风险。其中容器进程监控会监控容器内运行的进程，分析进程的行为和执行过程；网络监控则监控容器的网络流量，分析网络连接和数据传输；日志分析则是收集和分析容器的日志文件，包括系统日志、应用程序日志等；文件监控会监控容器内的文件系统，分析文件的创建、修改、删除等操作；资源监控会监控容器的资源使用情况，如 CPU、内存、磁盘等的使用情况。将这些不同方面监控得到的结果与正常的结果进行比较以发现潜在的安全风险和恶意行为。动态扫描并不是没有缺陷，它需要实际运行容器，相较于静态扫描，它无法实现大规模和快速的容器镜像检测。执行动态扫描的工具有 Falco，它是一个 Kubernetes 的威胁检测引擎，用于检测在 Kubernetes 上运行的主机和容器的异常活动。它可以检测到应用程序中的任何意外行为，并在运行时对检测到的威胁发出警报。

在静态与动态扫描结合的方法中，静态扫描可以发现潜在的代码漏洞和配置问题，动态扫描则可以发现实际运行时的安全风险和威胁，从而实现对容器镜像更全面的安全评估并提供更准确的修复建议和警告。Anchore 结合了静态扫描和动态扫描，首先，Anchore 使用静态扫描检查镜像中的软件包、配置文件和其他组件，并与已知的安全漏洞数据库进行匹配。如果发现任何已知的安全漏洞或恶意软件，Anchore 会生成相应的报告并发出警告。其次，在容器运行时 Anchore 还会进行动态扫描。它会监控容器的行为，包括进程、网络连接、文件访问等。通过实时分析这些行为，Anchore 可以发现异常行为和潜在的安全风险。如果检测到任何可疑活动，Anchore 会立即发出警告，并提供相应的修复建议。最后，Anchore 会将静态扫描和动态扫描的结果进行整合，为用户提供全面的容器镜像安全性评估报告。报告中会列出发现的安全漏洞、风险和威胁，以及相应的修复建议和警告。用户可以根据报告中的信息采取相应的措施来提高容器镜像的安全性。

4.3 容器运行时安全

本节首先介绍容器的两种隔离机制以及分别存在的安全问题，其次介绍针对隔离机制的安全增强，再次介绍安全容器与可信容器的概念，最后介绍容器安全迁移。

4.3.1 容器隔离安全分析

容器隔离是一种轻量级的虚拟化技术，它允许在同一宿主机上运行多个相互隔离的容器。从内核的角度看，容器主要有两种隔离机制，分别是使用 Linux 命名空间（Namespace）实现容器之间的相互隔离和使用控制组（cgroups）实现容器资源控制。根据相关调查，容器逃逸是用户最关注的容器安全问题，也是业务场景中遇到最多的安全问题。据统计，2021 年涉及容器运行时的攻击事件中，容器逃逸约有 84 万次，是各种攻击方法中数量最多的一个。容器逃逸已经成为容器运行时安全的重大问题和主攻方向。容器逃逸是指被攻击者控制的容器尝试突破容器运行时的环境隔离，借助各种方法获取容器所在的主机、主机上的其他容器或者集群内其他主机、其他容器的访问权、控制权等权限，以进行可用性攻击或越权访问攻击等。严重的容器逃逸可以造成容器节点被完全攻破，导致整个集群失效并泄密。

Namespace 用于隔离进程的视图，包括网络栈、进程 ID、文件系统等。容器逃逸可能涉及突破这些隔离，例如，通过创建具有特殊能力的进程来访问宿主机网络或文件系统。cgroups 用于限制、记录和隔离进程组使用的物理资源（如 CPU、内存、磁盘 I/O 等）。容器逃逸可能包括绕过 cgroups 限制以获得更多资源或访问受限资源。

　　Namespace 是 Linux 内核级别的环境隔离机制，由 Linux 操作系统的 chroot 系统调用派生而来。chroot 提供了一种简单的隔离形式，即限制内部的文件系统不能访问外部的文件。Namespace 隔离示意图如图 4-3 所示，Namespace 通过对应用程序进程编号进行修改，从而改变了容器应用程序的可见范围，应用程序仅能见到被指定的内容。Namespace 提供了对应用程序不同程度的隔离，为 Mount、IPC、Network、PID、User 和 UTS 等分别提供隔离机制。接下来将分别介绍这几种隔离机制。

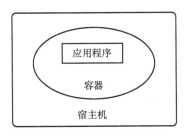

图 4-3　Namespace 隔离示意图

　　① Mount Namespace。容器的挂载点是指容器内部的文件系统上挂载主机文件系统的目录。挂载点可以将主机上的目录或文件挂载到容器内部的某个目录下，使容器可以访问和操作主机上的文件或目录。挂载点具有持久化存储、挂载灵活和可自动创建等特点。Mount Namespace 实现了对挂载点的隔离，使得每个 Namespace 的挂载点列表和挂载环境互相独立不受影响。

　　② IPC Namespace。容器使用进程间通信（IPC）机制实现容器内进程之间的通信。为了避免不同容器之间的通信相互干扰，并增加安全性，需要对进程间通信所需的资源（如消息队列、信号量等）进行隔离。IPC Namespace 实现了对进程通信资源的隔离。

　　③ Net Namespace。Net Namespace 是 Linux 内核提供的隔离机制之一，它实现了对网络协议栈资源的隔离，这些资源包括网络设备、IP 地址和端口等。Net Namespace 可以实现隔离网络设备、IP 地址和端口、路由以及防火墙和简化网络配置等功能。

　　④ PID Namespace。容器的进程需要满足具有独立标识、可独立地自由调用、能简化管理和增强安全性等特点。独立标识使容器内的进程 ID 不会与宿主机或其

他容器的进程 ID 混淆。简化管理的特点使管理员和用户能更清楚地看到容器内进程运行情况，与其他进程进行区分。安全性方面则需要能尽可能保证容器内的恶意进程或应用程序无法对其他容器或宿主机进行不当的干扰或攻击。

⑤ User Namespace。容器的用户权限需要与宿主机以及其他容器保持隔离以提高系统安全性。一般容器需要有 root 用户，但是直接在宿主机或者其他容器上以 root 的权限去使用这个容器上的 root 用户会为其他的系统带来安全风险。User Namespace 容器内的根用户与主机上的非特权用户之间建立了一个映射，实现了用户 ID 和组 ID、根目录、keyrings 及 capabilities 的隔离。

⑥ UTS Namespace。UTS Namespace 允许每个容器有自己的主机名和域名，因此一个容器可以被视为一个独立的节点[12]。UTS Namespace 提供两个系统标识符的隔离：主机名和 NIS 域名。

cgroup 是 Linux 内核提供的一种可以限制、记录、隔离进程组所使用的物理资源的机制。通过使用 cgroup，系统管理员可以在分配、排序、拒绝、管理和监控系统资源等方面进行精细化控制。cgroup 的层级允许控制组群进行层级式分组、标记，并对其可用资源进行限制。对于 Docker 来说，其会自动为每种类型的资源创建 cgroup，可以通过查看 cgroup 下名叫"docker"的文件夹来验证。

在 cgroup 的层级结构中，任意一组 cgroup 以树的结构组织在一起。每一个任务（如进程等）仅能与一个层级结构中的一个特定 cgroup 关联，但是该任务可以是多个不同层级结构中 cgroup 的成员。每个层级结构都有一个或多个附加的子系统，这样资源控制器便可以将每个 cgroup 的限制应用到特定子系统的资源中。cgroup 可以通过这种层级结构限制进程的资源总量。cgroup 的控制器包括 CPU 控制器、cpusets 控制器、blkio 控制器和 pid 控制器等。CPU 控制器通过利用 CFS（完全公平的调度器，在 Linux 2.6.23 中引入）调度 CPU，使 CPU 成为可管理的资源；cpusets 控制器提供了一种用于将一组任务约束到特定的 CPU 和内存节点的机制；blkio 控制器通过应用 I/O 操作来控制和限制对指定块设备的访问；pid 控制器用于对容器的任务数量进行一定的限制。

此外，cgroup 还包含以下子系统：cpuacct 子系统，可以统计 cgroup 中进程的 CPU 使用情况报告；memory 子系统，可以限制进程的内存使用量；devices 子系统，可以控制进程能够访问哪些设备；net_cls 子系统，可以标记 cgroup 中进程的网络数据包，然后可以使用流量控制模块对数据包进行控制；freezer 子系统，可以挂起或者恢复 cgroup 中的进程；ns 子系统，可以使不同 cgroup 中的进程使用不同的 Namespace。cgroup Namespace 虚拟了 cgroup 资源，每个进程只能通过

cgroupfs mount 和/proc/self/cgroup 文件拥有一个容器化的 cgroup 视图。

和虚拟机相比，容器运行时的安全防护更加脆弱。容器的安全性强依赖于主机系统内核，容易受到曝光的内核漏洞影响。容器技术在系统层面通过 Namespace 与 cgroup 等实现了内核中多种资源的隔离与限制，但并不是完全安全的。

在 Namespace 方面，Linux 上的 Namespace 隔离机制并不能覆盖全部的内核组件，而未覆盖的组件则成为潜在的攻击面。Linux 为从用户空间到内核的通信提供了两种方式：系统调用和基于内存的伪文件系统。系统调用主要为用户进程请求内核服务而设计，其对公共接口有严格的定义，并且通常向后兼容。相比之下，基于内存的伪文件系统在扩展内核功能（如 ioctl）、访问内核数据（如 procfs）和调整内核参数（如 sysctl）方面更加灵活。此外，这样的伪文件系统可以通过普通的文件 I/O 操作来操作内核数据。Linux 下有许多基于内存的伪文件系统（如 procfs、sysfs、devfs、securityfs、debugfs 等），可用于服务内核的不同操作目的。这些伪文件系统中，procfs 和 sysfs 被用于在容器运行时挂载软件。容器中进程还可以通过一些渠道检索性能统计数据。例如，容器可以通过运行平均功率限制（RAPL）sysfs 接口获取硬件传感器数据（如果这些传感器在物理机中可用），例如，每个封装、内核和动态随机存储器（DRAM）的功耗，以及通过数字传输流（DTS）sysfs 接口获取每个内核的温度。此外，处理器、内存和磁盘 I/O 的使用情况也暴露在容器中。虽然泄露这样的信息乍一看无害，但这类信息可能会被攻击者利用来发起攻击。

容器可以使用上述泄露通道读取宿主信息，根据这些信息，容器用户甚至可以推断不同容器是否存在于同一机器上。然而云环境中的高噪声会导致一般通道的效果较差，要使判断结果最准确，通道需要尽可能满足唯一性、变异性和操纵性 3 个特性。唯一性表示通道能否包括可唯一标识一台主机的特征数据，变异性表示数据是否会随时间变化，操纵性表示容器用户是否可以操纵数据。其他不具有这 3 个特性的通道则很难被利用。例如，云数据中心中的大多数服务器可能安装具有相同模块列表的相同 OS 发行版。虽然/proc/modules 会泄露主机上加载模块的信息，但很难利用这个通道来推断同驻容器。具有操纵性的通道可以被进一步用来构建容器之间的隐蔽通道，这些信息泄露通道中的动态标识符和性能数据都可以被滥用以传输信息。接下来将以基于唯一动态标识符的隐蔽通道和基于性能数据变化的隐蔽通道为例，更详细地说明攻击者可以如何绕过 Namespace 隔离机制并传输信息。

① 基于唯一动态标识符的隐蔽通道。以/proc/locks 为例，通道/proc/locks 概述

了 OS 中所有锁的信息，包括锁类型、相应的进程以及 inode 号。不幸的是，该通道中的数据没有命名空间保护。容器可以获得主机服务器上所有锁的信息。这种泄露破坏了 pid 命名空间，使得所有锁的全局 pid 被泄露。

② 基于性能数据变化的隐蔽通道。在信息泄露的情况下，容器用户可以获取到主机服务器系统范围内的性能统计数据。例如，/proc/meminfo 报告了大量有价值的系统内存使用信息，包括可用内存总量、系统剩余未使用的物理 RAM 总量、脏内存总量等。在未运行计算密集型工作负载的情况下，可以通过控制值在一定范围的波动来传递信息。

根据 Gao 等[13]的研究，基于锁的隐蔽通道可以在保持高数据传输率的同时保持低误码率，而基于内存的隐蔽通道也能保持低误码率。值得注意的是，建立在信息泄露通道上的隐蔽通道可以在两个容器位于同一物理服务器上时工作，而不管相同的 CPU 包或内核如何。相反，基于最后一级缓存的通道仅在两个实例共享相同的 CPU 包时才有效。热隐蔽通道只能在两个核相距较近的情况下工作。

因 Namespace 隔离机制对容器文件系统的不完全隔离，路径解析错误（Pamir）类型漏洞成为普遍存在的一种容器逃逸漏洞，图 4-4 列举了各类容器工具中出现的 Pamir 类型漏洞及其出现时间。在主机和容器交互期间，各种容器工具会以宿主机进程的上下文访问容器文件系统，容器中的恶意进程通过诱导宿主机进程访问容器中的恶意文件，进而实现宿主机信息泄露、特权升级、任意文件操作等攻击。Pamir 类型漏洞的利用方式包括以下两种：① 符号链接解析欺骗，符号链接是在主机上下文中解析的，而不是在容器上下文中解析的，恶意容器中的复杂符号链接可以欺骗容器工具导航到容器文件系统之外，并访问主机上的敏感位置（如 /etc/passwd）；② 诱导非法文件执行，除了被读或写，容器中的文件还可以在主机-容器交互期间由主机的进程（如容器工具）执行，然而这种执行方式可能会导致容器中的恶意有效载荷在主机上下文中起作用。

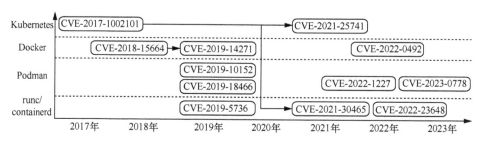

图 4-4　Pamir 类型漏洞及其出现时间

4.3.2　容器隔离安全增强

容器运行时存在许多安全问题，因此需要利用各种方法加强安全防护。在容器隔离安全增强方面，主要有两种思路，分别是系统级别的安全机制和强访问控制。基于这两种思路，本节首先分别介绍安全增强型 Linux（SELinux）、AppArmor和 Seccomp，其次介绍一种基于 Seccomp 的安全增强机制，最后介绍针对容器原本隔离机制的安全增强方法。

SELinux 由美国国家安全局（NSA）发起，安全计算公司（SCC）和 MITRE 直接参与并利用 Linux 安全模块（LSM）开发而成。它既有系统级别的安全限制，也实现了强访问控制，可为每一个进程和系统资源提供 SELinux 上下文标签（又称 SELinux 标签）。SELinux 标签是一种提取系统级别细节并专注于实体安全属性的标识符，它不仅提供了 SELinux 策略中引用对象的一致方法，还消除了存在于其他身份识别系统中可能存在的模糊性。SELinux 策略在一系列定义进程和进程、进程和系统资源进行交互的规则中使用 SELinux 标签。默认情况下除非规则允许，SELinux 策略不允许任何交互。注意，对 SELinux 策略规则的检查晚于对 Linux 操作系统中自主访问控制（DAC）的检查。若 DAC 规则已阻止交互，则不会使用SELinux 策略规则。

与 SELinux 的默认限制所有访问并仅向提供适当凭证的用户授予访问权限不同的是，AppArmor 采用强访问控制，它先授予权限再根据安全配置文件限制权限。AppArmor 通过在封闭状态下运行进程来保护系统不受不安全或不信任的进程的影响，允许它们在有强制性限制的情况下与系统的其他部分共享文件并与其他进程进行通信。这些强制性限制不受身份、成员或对象所有权的约束。这些限制也适用于以超级用户权限运行的进程。目前，AppArmor 有两种类型的资源：文件和POSIX.1e capability。通过控制对这些资源的访问，AppArmor 可以有效地防止被限制的进程以不需要的方式访问文件，执行它们不应该执行的二进制文件，以及行使特权，如代表另一个用户行事（传统上只限于超级用户）。这种保护的一个用例是网络守护程序，即使守护程序被侵入，AppArmor 施加的额外限制将防止攻击者获得超出守护程序通常允许的额外权限。由于 AppArmor 控制一个进程可以用何种方式访问哪些文件，直至单个文件级别，因此潜在的损害是非常有限的。

Seccomp 也是 Linux 中的一种安全增强机制，它的设计初衷是通过减少进程可以执行的操作来减少潜在的攻击面。它允许进程单向过渡到受限状态，在该状态中，它只能执行一组有限的系统调用。如果进程尝试任何其他系统调用，则会通过 sigkill() 信号终止该进程。在限制性最强的模式（Seccomp-strict）下，Seccomp 会阻止除 read()、write()、_exit() 和 sigreturn() 之外的所有系统调用。这将允许程序初始化，然后进入受限模式，在该模式下，它只能读取或写入已打开的文件。为了提高 Seccomp 的灵活度，Linux 引入了 Seccomp 的过滤模式（Seccomp -BPF），该模式下，Seccomp 可以根据策略对进程采取更多不同的操作。

在 Seccomp 的基础上，Lei 等[14]提出了一个名为 SPEAKER 的安全增强机制，它可以根据应用程序的启动阶段和运行阶段分别定制与划分进程所必需的系统调用集，扩展 Seccomp 的过滤器以便在应用程序从引导阶段到运行阶段间动态跟踪并更新可用的系统调用，从而显著减少对给定应用程序容器的可用系统调用的数量。根据 Lei 等[14]的实验结果，SPEAKER 可以通过动态更改 Seccomp 的过滤器来显著减少运行阶段的系统调用。SPEAKER 在带来很小的性能开销的同时减少了攻击面，有效地实现了对容器隔离的安全增强。

针对原有的容器隔离机制的补全也是容器隔离安全增强的一个热门研究方向。Li 等[15]在尝试缓解 Pamir 类型漏洞的防御问题时便采用了此类方法。针对 Pamir 类型漏洞的特点，Li 等[15]设计了一个利用 Linux 目录条目对象（dentry）、Linux 路径查找机制以及 Linux mnt 命名空间隔离机制进行隔离增强的系统——PATROL。PATROL 可以限制进程行为，防御利用 Pamir 类型漏洞的攻击。PATROL 将访问目标文件分为 3 类，即容器文件系统内的文件、在主机与（多个）容器之间共享的共享卷内文件和主机文件系统上的文件。PATROL 之后分别为这些文件对应的 dentry 赋予了不同的安全级别：容器内的为最高安全级别（严格），共享卷内的为中等安全级别（共享），主机文件则为最低安全级别（正常）。安全级别越低则越安全。PATROL 根据基于软件的故障隔离[16]概述中的数据访问和控制流策略设计的原则，在安全级别标记以及路径渲染的基础上实施了两种安全策略，即约束对象访问结果和约束控制转移行为。PATROL 兼容性很强，并且在为系统带来极小额外开销的同时有效地阻止了所有 Pamir 类型漏洞。

Gao 等[13]针对电力攻击的防御方案也采用了对原有的容器隔离机制补全的方法。在电力攻击中，由于 Namespace 缺乏对电力使用情况读取的限制，容器内的恶意用户可以轻易读取主机的实时功率值。借助该信息，恶意用户可以轻易找出主机处于功率峰值的时间段并在该时间段内运行功耗密集型工作负载，从而避免被服务器检测出功率不正常导致用户被封禁。为了解决这个问题，Gao 等[13]提出了 Power Namespace 作为对 Namespace 隔离机制的补充，该命名空间使用基于软件的功耗建模并计算每个容器的准确功耗情况，并在几乎不产生额外开销的情况下使容器内应用程序仅能获取 Power Namespace 内的功耗变化，杜绝了恶意用户监测和跟踪主机功率变化的可能。

目前的容器隔离安全依旧是研究的重点，还需要更多研究推进容器隔离向更稳健的方向发展。

4.3.3　安全容器与可信容器

容器技术带来了快捷高效的虚拟化，大幅提高了资源利用效率和生产力。随着容器上部署的服务越来越多，如何保障服务容器的安全也成了越来越重要的课题。然而由于同一台主机上的容器共用内核，其安全性存在严重的缺陷，可见的攻击面相当大。常见的安全问题包括容器逃逸和侧信道攻击等，这些安全隐患直接影响服务基础设施的保密性、完整性和可用性。后续为容器提供的安全方案则由于配置复杂、部署难度高，而难以大范围使用。为解决容器的安全隔离问题同时保证一定的易用性，安全容器和可信容器的概念被提出并在近年来得到广泛应用。本节首先介绍安全容器的常见架构，然后介绍可信容器中为保证容器可信的可信硬件。

安全容器是一种运行时技术，可为容器应用提供一个完整的操作系统执行环境，且会将应用的执行与宿主机操作系统隔离开，避免应用直接访问主机资源，从而可以在容器主机之间或容器之间提供额外的保护。安全容器是虚拟化技术和容器技术的有机结合，相比普通 Linux 容器，安全容器具有更好的隔离性。安全容器的实现目前主要有 3 种思路：第一种思路是将容器与基于硬件的虚拟化隔离技术融合，第二种思路是使用用户态隔离，第三种思路是使用 Xen 的半虚拟化技术[17]。接下来分别介绍这 3 种思路。

（1）将容器与基于硬件的虚拟化隔离技术融合

在虚拟化技术中，运行在不同虚拟机中的程序和内核都是相互隔离的，硬件资源则通过各种硬件手段进行划分。这种强隔离性使恶意用户很难突破虚拟化的限制而达到攻击物理主机或其他虚拟机的目的。容器比虚拟机启动速度更快且管理更为简单，但是安全性较为不足。为了增强容器的安全性，Clear Container、Kata Container 和 Hyper-V Container 等安全沙箱均使用基于硬件的虚拟化隔离技术对容器进行安全隔离。

Clear Container 由 Intel 于 2015 年提出，可将虚拟机启动时大多数的启动探测和初期虚拟机相关的系统设置全部剥离，使启动更加接近容器过程。2016 年，国内的 HyperHQ 团队推出了一款基于虚拟化技术的容器运行时引擎 runV，并完成了与 Docker 的集成。再后来，整合了 Intel Clear Container 项目和 runV 项目的 Kata Containers 项目出现了，该项目由 OpenStack 基金会管理，并且独立于 OpenStack 项目，旨在为用户提供在性能和资源利用上接近容器且拥有类似于虚拟机的安全性和隔离性的安全容器。

Kata Container 主要由 Kata Container Runtime 与一个兼容容器运行时接口（CRI）的 shim 部件组成[18]。Kata Container Runtime 严格按照开放容器标准（OCI）运行时规范设计，因此能够被 Docker 引擎管理，作为 Docker 引擎的一个运行时插件。Kata 实现了符合 Kubernetes 的 CRI 规范的基于容器的 CRI 插件，因此可以在 Kubernetes 中使用 Kata，还可以在默认的 Runtime runC 和 Kata Container Runtime 之间切换，而对容器内应用透明。

Hyper-V Container 是针对 Windows 的容器项目，Hyper-V Container 与 Kata Container 类似，也是利用虚拟硬件模拟一台裁剪过的虚拟机，并在该虚拟机内运行容器，并提供了更好的隔离性。

基于硬件虚拟化对容器进行安全隔离的技术虽然完整保留了容器对各类云服务的兼容性并提供了近似虚拟机的安全隔离性，但是其性能损耗不容忽视。此外，基于硬件虚拟化的安全隔离技术也无法抵御系统调用接口缺陷以及硬件缺陷导致的安全问题。为方便程序使用，操作系统一般会实现一组系统调用并将接口暴露出来，如 Windows 的 win32.dll 或者 ntdll.dll。但是这些接口中的一些安全缺陷，如逻辑错误、竞态条件漏洞等仍然可能被恶意程序利用。例如，著名的 CVE-2016-5195 "dirty cow" 漏洞，就是一个典型的利用系统调用接口竞态缺陷的漏洞，从而实现了对系统的完全控制。此外，硬件侧信道也可能被系统上运行的代码利用，并且在容器的虚拟化环境中仍然有效。

（2）使用用户态隔离

用户态隔离也是实现安全容器的一种思路。gVisor 是 Google[19]在 2018 年公布的开源项目，它的主要设计目标就是通过多层防御将系统 API 的攻击载体降到最低。gVisor 用 Go 语言模拟一个运行在用户态的操作系统内核，通过这个模拟的内核代替容器进程向宿主机发起有限的、可控的系统调用。模拟的内核类似于 Linux 的 Guest kernel，实现了用户态的隔离。

gVisor 的核心思路是通过实现一个称作 Sentry 的进程为传统操作系统内核提供执行系统调用和用户程序的功能。实质上，Sentry 是一个模拟内核的系统组件，实现了应用程序需要的所有内核功能，包括系统调用、信号传递、内存管理和页面故障逻辑、线程模型等。当应用程序进行系统调用时，平台会将调用重定向到Sentry，Sentry 会做必要的工作进行响应。gVisor 通过牺牲一定的性能以获得安全，但是由于 gVisor 是系统调用层面的独立实现，许多子系统或特定的调用还没有被优化，性能和兼容性和原生容器有较大差距。

（3）使用 Xen 的半虚拟化架构

Manco 等[17]通过 Xen 半虚拟化架构实施容器安全隔离，虽然完整保留了容器的可移植性和兼容性，但依旧没有解决隔离带来的性能损耗。

为了保证容器安全，上述的安全容器为容器安全提供了一系列的安全机制增强思路，这些安全容器极大地增强了容器抵御攻击的能力，但是它们无法保证系统的可靠性。为了更好地提供可靠的信息系统并有效地提供服务，可信容器也是目前人们最关注的研究方向之一。

可信执行环境是一种具有运算和存储功能并可以提供安全性和完整性保护的独立处理环境。目前较为常见的可信执行环境方案有 Intel 处理器特有的 SGX 以及AMD 处理器特有的 TrustZone。Intel SGX 将合法软件的安全操作封装在飞地中，保护其不受恶意软件的攻击。其中，飞地必须保证一部分代码是可信的可信计算基（TCB），如果用 SGX 来保护进程，那么必须保证 SGX 中的代码是安全的，TCB 越小，安全问题就会越小，所以需要让 TCB 很小。特权或者非特权的软件都无法访问飞地，也就是说即便操作系统或者虚拟机管理器被攻破，也无法影响飞地里面的代码和数据。Intel SGX 只信任自己和 Intel CPU，属于是硬件级别的可信。软件层面或者操作系统层级的攻击都无法威胁 SGX 创造的可信环境。与 Intel SGX一个 CPU 中可以有多个安全飞地不同，TrustZone 可以生成多个完全封装的安全飞地，它将一个 CPU 划分为两个平行且隔离的处理环境，一个环境为普通运行环境，另一个环境为可信运行环境。因为两个环境被隔离，所以很难跨环境共享代码及资源。

在可信容器的研究方面，SCONE[20]和 Teaclave[21-22]利用 Intel SGX 或者 ARMTrustZone 构建安全隔离环境，以在提供可信执行环境的同时增强容器隔离。这些方案使用基于可信硬件的功能对容器内的内存进行加密，同时使用不同处理器模式对容器内外运行的指令进行分隔从而大幅提升容器间的隔离强度。

SCONE 使用 Intel SGX 保证容器可信，但直接使用 SGX 的额外性能开销较大。因此 SCONE 首先最小化了每一块飞地中的 TCB 的大小，其次实现了异步系统调用，最后优化了对客户端的透明 TLS 加密。通过 3 个方面的优化，SCONE 在利用

Intel SGX 可信环境的同时尽可能地保证了容器的性能。

Teaclave 是一个隐私安全计算平台,旨在为隐私数据计算赋能。基于硬件安全能力,Wang 等[21]提出了 Rust-SGX,他们使用更为高效且具有内存安全性的 Rust 语言实现了比 Intel SGX 开销更小的可信环境,同时解决了 Intel SGX 中飞地存在的内存损坏的问题;Wan 等[22]则提出了 RusTEE,该可信环境类似 ARM TrustZone。由于 Rust 具有内存安全的特点,RusTEE 的内存更为安全且性能也接近 C 语言实现的可信环境的性能。Rust-SGX 和 RusTEE 为可信容器提供了更优的可信环境方案。

4.3.4　容器安全迁移

容器迁移主要有两种方式:离线迁移和在线迁移。离线迁移方式的优点是操作简单且易于实现,如 Google Compute Engine 就采用这种容器迁移方式。然而离线迁移会造成业务长时间中断,并且迁移后的服务会丢失迁移前的执行状态,进程恢复后只能从头开始运行。因此离线迁移往往只适用于对实时性要求较低的迁移场景。在线迁移通常会将应用程序的运行时状态完整保存下来,并在另一个节点恢复进程的运行。在线迁移造成的服务宕机时间相对较短,因此具有更好的用户体验。

在大规模部署和使用容器中,存在主机节点负载不均衡、当前服务节点需要维护或更换时就必须宕机等问题。目前虚拟机的在线迁移方案(如 Xen 和 VMware)已较为成熟[23],但是这些方案无法直接应用至容器的在线迁移上,尤其是有状态的应用程序的在线迁移,如 Web 应用程序、状态协调服务、数据库和在线游戏等,这些有状态应用程序的在线迁移问题有待解决。本节将介绍一种基于 CRIU、Rsync 和 HAProxy 等技术的多容器 Web 应用程序迁移方案[24],该方案为 Web 应用程序的容器在线迁移提供了一种可行的思路。

CRIU(Checkpoint/Restore In Userspace)是一个在用户空间实现的检查点/恢复工具,主要用于 Linux 操作系统。它允许用户在不重启系统或中断服务的情况下,将运行中的进程及其内存状态保存到磁盘上,并在需要时恢复进程的执行。Rsync 则是一种快速、灵活的远程数据同步工具,主要用于 Linux 操作系统和 UNIX 操作系统。它可以通过 LAN/WLAN 快速同步多台主机间的文件和目录,并利用 Rsync 算法(差分编码)以减少数据的传输。Rsync 算法并不是每一次都整份传输,而是只传输两个文件的不同部分,因此其传输速度相当快。

HAProxy 是一款具备高可用性、负载均衡以及基于 TCP 和 HTTP 的应用程序代理开源软件，是一种基于 CRIU、Rsync 等技术的多容器 Web 应用程序迁移方案[24]。其运行在当前的硬件上，可以支持数以万计的并发连接，并且能够保护用户的 Web 服务器不被暴露到网络上。HAProxy 实现了一种事件驱动、单一进程的架构模型。HAProxy 分为预迁移、迁移、恢复 3 个阶段，通过分层传输、动态重载、负载均衡以及重定向并配合私有容器镜像仓库的方法，不仅减少了容器迁移所需数据量和缩短了容器迁移所需时间，还保证了容器在线迁移的安全性。

4.4　微服务与 Serverless 安全

4.4.1　微服务架构

微服务是一种开发软件的架构和组织方法，由通过明确定义的 API 进行通信的小型独立服务组成。它将一个应用程序安排为松散耦合的、细粒度的服务集合，通过轻量级协议进行通信。它的目标之一是减少代码库中的依赖关系，使软件开发团队可以独立开发和部署他们的服务，允许软件开发人员在用户限制下发展他们的服务，让用户不需要面对软件的复杂度问题。这样一来，软件开发团队不仅能够开发用户数量快速增长和规模较大的软件，而且可以使用现成服务，沟通的要求也会随之降低。但是，这些优势是以维护良好的模块解耦为代价的，因此在接口处需要更加严格的设计，需要将其作为一个公共 API 处理。微服务要求同一个服务上有多个接口，或者同一个服务有多个版本，这样才能做到对现有用户最大限度的兼容。

随着研究的深入，产业界已经对微服务的优点形成了比较一致的观点：微服务可以使用不同的编程语言、数据库、硬件环境和软件环境来实现，根据业务场景和要求灵活选择技术栈；微服务规模小，支持消息传递，以环境为界限自主开发，可独立分散部署，以自动化流程构建和发布，从而降低开发、部署和运维的难度；微服务适用于持续交付（CD）的软件开发，如果用户需要对应用程序的一小部分进行修改，只需要重建或重新部署一个或几个服务；微服务具有扩增便捷的特点，当业务资源不足时，单体服务程序往往需要扩增所有服务资源以满足程序的需求，而微服务架构仅仅需要扩增不足的服务资源，从而大幅度减少资源开销，提高有限的计算或者网络资源的利用率，带来成本的优化。

微服务架构是一个分布式的应用程序，其中的所有模块都是微服务。假设提供一个绘制函数图的功能，有两个微服务存在：计算和显示。第一个是用于计算的业务微服务；第二个用于渲染和显示镜像。为了实现目标，可以引入一个新的微服务，称为 Plotter，用于协调计算引擎来计算图形的几何数据，并调用显示微服务来渲染图形的形状。上述架构的开发者可以专注于实现基本的微服务功能，即计算和显示。可以用 Plotter 实现分布式应用：首先接收用户给出的函数，然后与计算引擎交互来计算图形的几何数据，最后通过显示微服务将结果显示给用户。微服务架构示例如图 4-5 所示。

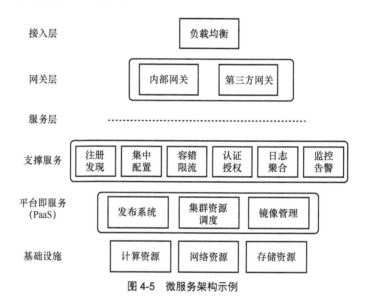

图 4-5　微服务架构示例

微服务架构并不赞成或禁止任何特定的编程范式。它提供一个指导原则，可以将分布式应用的组件划分为独立的实体，每个实体解决一个关注点。只要微服务通过消息传递提供其功能，就可以用本节开头引用的任何主流语言来实现。微服务架构的原则可以很好地帮助项目经理和开发人员进行工作，它为分布式应用的设计和实现提供了一个指导原则。遵循这一原则，开发人员可以专注于实现和测试少数功能。这也适用于更高层次的微服务，它们关注的是协调其他微服务的功能。

微服务架构能让系统在整个生命周期中不断发展并提供一定水平的服务。在软件工程中，微服务架构关注的是在系统功能和系统必须满足的质量属性要求之间提供一个桥梁。在过去的几十年里，软件架构被深入研究，软件工程师们想出了很多不同的方法来组成系统，以提供更多的功能来满足广泛的要求。

相较于传统的中心化架构，微服务有以下 5 点优势。

① 微服务规模较小。相较于典型的面向服务的体系结构（SOA），微服务规模相对较小，这反映了微服务的理念之一：系统架构设计高度依赖于生产该系统的组织结构设计。微服务架构的习惯性使用表明，如果一个服务太大，就应该把它分割成两个或多个服务，从而减小粒度并保持其只提供单一业务能力的重点。这能给服务的可维护性和可扩展性带来很大的好处。

② 微服务的服务具有独立性。微服务架构中的每个服务在操作上都是独立于其他服务的，服务之间的唯一通信形式是通过它们发布的接口。一个微服务的异常不会导致其他微服务的异常。采用隔离和熔断等技术可以很大程度地提升微服务的可靠性。

③ 微服务的部署和修改具有灵活性。在单体系统中，只要修改一行代码，整个系统就需要进行重建、测试，然后重新部署。微服务架构通过部署一个微服务系统就能够跟上不断变化的商业环境，而且能够支持所有的系统修改，这一点对于一个组织保持市场竞争力是非常必要的。

④ 微服务具有模块性。在微服务架构中，现有微服务可以出于功能重用的目的进行组合。整个系统由相互独立的组件组成，每个组件都对整个系统的行为有贡献，而不是由一个单一的组件来提供全部功能。一个组件只负责一个明确的业务微服务，在逻辑上肯定比一个复杂的系统更容易理解，逻辑上的清晰性带来了微服务的可维护性。当对微服务进行修改时，可以更容易地分析出修改将会产生的影响，从而通过完整的测试确保修改后的质量。

⑤ 微服务具有可扩展性。一个良好的系统应该保持其可维护性，同时可以不断演进并增加新的功能。对于需要扩大规模的业务，规模扩大通常在水平方向或垂直方向进行。其中，水平方向通常用于分布式系统。不同的功能面临不同的负载变化，与单体系统相比，微服务系统具有更好的可扩展性。

4.4.2　微服务安全

安全性始终是任何分布式系统首要考虑的问题。微服务与 SOA 都面临着安全漏洞的挑战。由于微服务主要依赖 REST 机制，并使用 XML、JSON 等作为数据交换格式，因此必须特别关注传输数据的安全性。这意味着系统需要增加额外的加密功能，从而产生了额外的开销。同时，微服务促进了服务的重用，特别是当系统包含第三方服务时，必须确保与这些服务的认证机制的安全性及发送数据的存储安全。因此，实施额外的安全机制以提供这些额外的安全功能变得至关重要，但同时也对微服务的安全性产生了显著影响。

在云原生环境中，应用正在从传统的单体架构转向微服务架构，而云计算模式也正朝着函数即服务（FaaS）的方向发展。这种架构和计算模式的变革带来了新的安全风险。例如，云原生应用架构的变化导致 API 交互增加，大部分交互已从 Web 请求/响应转向各类 API 请求/响应，如 RESTful/HTTP、gRPC 等。此外，由于应用架构的变革，云原生应用遵循面向微服务的设计原则，导致功能组件化、服务 API 数量和东西向流量激增，以及配置复杂性提高等问题。这为攻击者提供了新的机会，例如，利用某个服务 API 的漏洞在内部容器网络中进行横向移动，可能导致数据泄露。同时，无服务器计算作为一种新的云计算模式，在提高开发效率的同时，也引入了新的安全风险，如拒绝钱包（DoW）服务攻击和函数滥用等。

微服务范式给用户带来了信任和安全方面的新挑战。尽管这些问题以前也存在，但在微服务的背景下，它们变得更加复杂和更具挑战性。在整体架构中，应用进程主要通过内部数据结构或内部通信进行交互，攻击面通常被限制在单个操作系统内。然而，在微服务范式中，应用程序被分解为多个服务，这些服务通过暴露在网络上的 API 进行交互。这些 API 是独立于机器架构和编程语言的，因此与大型应用程序的传统子程序或功能相比，它们面临更多的潜在攻击。此外，微服务可以从外部访问，这扩大了整个应用程序的攻击面。

微服务的目标是创建许多相互交互的小型独立应用，这导致了更复杂的网络活动，从而增加了保护基于微服务的整体应用安全性的难度。当一个应用程序被分解时，可以轻松地创建出数百个微服务，这种内在的复杂性使得应用程序在进行调试、监控、审计和取证分析时面临更大的挑战。攻击者可以利用这种复杂性对应用程序发起攻击。在微服务发展的早期阶段，它们通常被设计为完全可信任的。然而，这种假设是极其不安全的，恶意的对手在攻击和控制单个微服务时，不仅会对该微服务造成损害，还可能使整个应用程序瘫痪。

微服务范式将分布式系统的异质性发挥到极致，基于微服务的系统具有以下特点：大量不一定事先知道的自主实体；大量不同的管理安全域在不同服务提供者之间产生竞争；大量不同域之间的互动（通过 API）；没有共同的安全基础设施（不同的可信计算主机）；没有统一的系统来执行规则。目前的研究尚未充分解决上述安全问题，尽管已经取得了一些初步成果，但建立安全和可信任的基于微服务的系统仍然面临挑战。

微服务具有多个入口点，每个入口点都需要得到保护。在单体架构中，程序的入口点通常较少，因此较容易设置安全机制来审查输入。然而，在微服务架构中，每个微服务都暴露了多个入口点，随着系统入口点数量的增加，攻击面也相应扩大。攻击者可以选择任何一个有潜在缺陷的入口点进行攻击。因此，微服务的每个入口点都需要得到同等强度的保护。这与只有少数入口点的单体架构相比，基于微服务的架构在安全设计方面面临更大的挑战。

随着微服务部署规模的不断扩大，其安全验证和管理也变得更加复杂。例如，Capital One 在 2019 年 7 月宣布其微服务部署涉及数千个容器和微服务，以及数千个亚马逊 EC2 实例；英国的金融机构 Monzo 也透露其微服务部署中运行着超过 1500 个服务。这些大规模微服务部署的案例凸显了管理的挑战性。如果没有容器技术的支持，微服务的应用可能会受到很大限制。容器技术为微服务的快速部署和扩展提供了有力支持，二者形成了良好的互补关系。然而，容器的编排和管理本身也是一项复杂的任务。以微服务间的通信为例，每个信道都需要得到安全保障。在采用公私钥证书进行信道保护的情况下，每个微服务都必须配置相应的证书和私钥。在服务交互过程中，微服务需要利用这些证书进行身份验证，同时接收方微服务也需要验证调用方微服务证书的有效性。因此，管理者需要建立一种信任机制来协调微服务间的安全交互，并具备撤销证书和定期轮换证书的能力以应对安全风险。目前，实现这些目标的自动化手段仍然有限。

在微服务架构中，生成和审计活动日志也变得更加困难。日志、指标和跟踪是观察系统行为的三大核心要素。日志可以作为审计线索，记录微服务处理请求的全过程，例如，订单处理微服务在特定时间代表用户访问库存微服务以更新库存信息。指标能够反映系统的实时状态，如每小时的平均无效访问请求数可以作为评估系统安全性的指标。当某个微服务的无效访问请求数超过预设阈值时，系统可以触发警报以响应潜在的安全威胁。跟踪则依赖于日志信息，提供对系统行为的深入洞察。然而，在微服务部署中，一个请求可能涉及多个微服务的协同处理，这使得跟踪请求的完整路径成为一项挑战。管理员需要借助分布式跟踪系统（如 Jaeger、Zipkin）来跟踪请求在微服务间的流动轨迹。

微服务架构中的另一个安全挑战来源于技术栈的多样性。在微服务部署中，服务之间通过网络接口进行通信，它们不依赖具体的服务实现细节而依赖标准的服务接口。这种松耦合的特性允许每个微服务选择适合自己的编程语言和技术栈进行实现。在多团队开发环境中，这种灵活性进一步得到体现，每个团队可以独立选择技术栈以满足其特定需求。这种多元化架构虽然带来了技术上的优势，但也提高了安全管理的复杂性。由于不同的团队可能使用不同的技术栈进行开发，每个团队都需要具备相应的安全专业知识和工具来进行安全防护，包括定义安全最佳实践、研究针对特定技术栈的安全工具以及将这些工具集成到开发流程中。因此原本集中的安全团队职责现在被分散到各个开发团队中。在大多数情况下，组织会采用混合安全团队模式，既保留集中的安全团队，也要求每个开发团队中有注重安全的工程师参与。

综上所述，在分布式系统中，安全性至关重要。微服务面临安全挑战，特别是数据传输安全和第三方服务的认证机制。云原生环境和无服务器计算带来了新的安全风险。微服务范式扩大了攻击面，增加潜在的攻击，需要采取额外的安全措施。大规模微服务部署和管理的挑战性更高，组织通常采用混合安全团队模式。微服务的安全性设计是一项复杂且具有挑战性的工作，需要综合考虑架构、计算模式、管理等方面的因素。在实际应用中，应充分认识微服务的安全风险，采取有效的安全措施，确保系统的安全稳定运行。同时，也需要不断探索新的安全技术和方法，以应对不断变化的安全威胁和挑战。

微服务的特性使其产生了许多特殊的安全问题。微服务安全防护的目的是明确的，使用最小特权原则作为客观规则来建立信任边界，识别和最小化攻击的传播表面，尽可能地控制并减少权限。为了最大限度地改善微服务系统的安全性并保证微服务的正常运作，开发团队和运维团队应该考虑使用业界成熟的安全实践思想进行开发、部署和运维。安全实践主要从如下几类进行。

① 容器安全使用。在大多数情况下，微服务基于容器技术，而容器的安全问题在很大程度上来源于镜像，因此需要通过定时扫描和其他安全措施来确保所使用镜像的安全性。此外，容器在内部和外部均存在相当大的攻击面，防护这些攻击面的关键方法之一是使用最小特权原则。例如，将程序权限设置为满足运行需求的最低值，不默认使用根权限运行程序，严格限制程序申请使用可用资源，不在容器上存储敏感数据以及谨慎配置安全策略等。

② 用户身份验证与授权。用户身份验证过程是确认给定主体是所声称的那个人的过程，授权包含在对给定人员进行分类并允许该人员在每个系统中执行操作的机制中。这在单体应用程序中不那么复杂，因为应用程序本身处理身份验证和授权是常见的。但是在微服务中，如果按照单体应用程序的授权流程，不同的用户在不同的系统可能需要分别进行授权，而每个系统的账户又不一样。这时，最好能部署并使用具有单一身份的系统且始终以可信的方式进行认证。

③ 服务到服务的身份验证与授权。在微服务中，服务必须以隐式方式相互通

信，并且容易受到中间人攻击。建议使用 HTTPS 而不是 HTTP 进行基本身份验证，HTTPS 不但能保护加密用户和密码信息，还可以保证给定的客户端与其想要的人进行通信，从而提供额外的保护，防止人们窃听客户机—服务器之间的通信或干扰有效负载。这种方法是安全的，但是比较复杂且有风险。服务器需要管理 SSL 证书，这在多机器场景中是复杂的，需要处理复杂和有风险的颁发过程，并且一些证书很难撤销，如自签名证书。反向代理通过 SSL 缓存流量是不可能的，如果强制这样做，需要使用服务器、客户端或负载均衡器来加载缓存。在微服务中，一个可靠的、正确的、适当的解决方案是使用单点登录实现。OpenID、OAuth2.0 和 SAML 也同样适用于服务到服务的安全验证。

④ 静态数据保护。对于静态数据，应当避免采用个人或不知名的加密算法进行加密，这可能会出现错误并且难以及时地修复或更新。可以采用安全加密算法（如 AES-256）在可见的情况（如数据备份）下对数据进行加密，并仅在需要使用这些数据的时候对加密数据进行解密。

⑤ 纵深防御。应用程序中包含敏感数据的服务应该具备多层防御。就算攻击者可以利用应用程序中的其他服务，也无法获得核心业务的权限。纵深防御可以结合各种安全机制，如防病毒软件、防火墙和补丁管理，保护网络和数据的保密性、完整性和可用性。纵深防御方法有 3 个主要层次：物理控制，在物理上限制用户对 IT 系统的访问；技术控制，用于保护系统和资源的软件和硬件；管理控制，通过各种策略和程序确保关键基础设施的网络安全。纵深防御是确保微服务安全的重要原则之一，因为它创造了多层次的安全防护来抵御攻击。

⑥ 网络与子网安全。网络隔离应用程序利用微服务的安全优势，跨网络或子网传播且使用微服务时数据会经过防火墙和地址表。通过对防火墙等的适当配置来保护微服务。

⑦ 服务溯源。跟踪微服务为哪些用户或其他应用程序做了什么是十分必要的。可以使用良好的日志系统对微服务的行为进行跟踪记录，并通过对日志的安全分析对可能的异常行为发出警报以及时止损。

4.4.3　Serverless 架构

从 IaaS 到 PaaS，再到 SaaS，云计算去服务器化的趋势愈发明显。Serverless 架构更趋近于云原生的发展方向，它是一种在容器技术和当前的服务模式基础之上发展起来的且更强调后端服务和函数服务相结合的无服务器架构，允许开发者构建和运行应用程序，而无须关心服务器的运维和管理。这种架构在技术方面、团队协作方面和成本方面均有巨大优势。在技术方面，应用程序的后端逻辑运行在无状态的计算容器中，这些容器由第三方云服务提供商完全管理，开发者只需要关注自己的业务逻辑，而无须担心服务器的部署、配置、扩展和维护等问题。在团队协作方面，Serverless 架构使得团队无须在架构和技术方面花费过多精力，每位工程师都可以全栈参与。在成本方面，Serverless 架构下的业务只有在执行时才需要为使用的资源付费，未执行时平台无须为其储备流量等资源。Serverless 架构的实现方式主要有两种，一种是后端即服务（BaaS），另一种是函数即服务（FaaS）。

BaaS 起源于应用程序的开发需求，随着智能设备的普及和虚拟应用的爆炸式增长，开发者面临着快速构建、扩展和管理应用程序后端的挑战。为了解决这个问题，云服务提供商开始提供 BaaS，将后端服务功能抽象为 API 和 Web 界面，使开发者可以通过简单调用和操作就能实现复杂的功能。BaaS 目前被广泛应用于移动应用、Web 应用、物联网应用和游戏开发等领域，它也在不断地引进新技术和提供新功能以满足开发者不断变化的需求。

BaaS 有许多优势，对于开发者来说有很高的价值。它具有支持应用快速构建和迭代、降低应用开发成本与风险、提高应用可扩展性和灵活性，以及促进应用创新和差异化的特点。BaaS 一般会提供诸如用户管理、数据存储查询、文件存储分发、可扩展 API 和互联网集成之类的核心功能。BaaS 尽管为开发者带来了许多便利和价值，但也存在诸多安全问题。① BaaS 的依赖性问题。开发者需要信任 BaaS 提供商能够持续、稳定地提供服务。如果服务提供商出现故障或安全问题，可能会对开发者的应用程序造成严重影响。因此，在选择 BaaS 平台时，开发者需要仔细评估其可靠性、稳定性和安全性等因素。② 数据隐私和安全性问题。由于 BaaS 平台通常涉及用户数据存储和处理，因此保护用户数据的隐私和安全性至关重要。开发者需要确保 BaaS 提供商具有严格的数据保护措施和安全机制，以防止数据泄露和滥用。

未来，随着技术的不断发展和创新，BaaS 将朝着更智能化、更自动化的方向发展。例如，利用人工智能和机器学习技术来优化资源分配、提高安全性等；引入更多的自动化工具和流程来简化开发者的工作；加强与其他云服务的集成和互联互通等。同时，随着 5G、边缘计算等技术的应用推广，BaaS 有望在更多领域发挥更大的作用。

随着云计算与服务器虚拟化技术的不断发展，传统的云计算模式（如 IaaS 和

PaaS）虽然提供了灵活的计算资源，但是在处理短暂且无状态的工作负载时，仍存在资源利用率低、管理复杂的问题。在这种情况下，FaaS 应运而生。FaaS 将应用程序拆分成一系列独立的、无状态的函数，这些函数可以在云端按需执行，无须管理底层服务器基础设施。这种模型使开发者能够专注于业务逻辑的实现，而无须关心服务器的运维、扩容、缩容等问题。FaaS 具有无服务器服务、高速响应、弹性收缩和易于扩展等特点，采用按需付费模式，开发者只需要为实际执行的函数付费。这意味着在没有函数调用时，不会产生任何费用。这种付费模式使得 FaaS 成为一种极具成本效益的计算模型，特别适用于流量波动较大的应用场景。

FaaS 的应用范围很广，目前常被用于 Web 和移动应用开发、实时数据处理分析场景、定时任务和批处理场景以及机器学习和人工智能开发场景等。FaaS 尽管具有许多优势和应用场景，在实际应用中也面临一些问题。

① 冷启动问题。由于 FaaS 平台在需要时才运行函数实例，因此当一个新的请求到达时，可能需要一些时间来启动和运行实例。这可能导致时延增高和用户体验感下降。为了解决这个问题，开发者可以考虑使用预热实例或保持实例处于空闲状态的功能（如果平台支持）。此外，还可以优化函数的启动时间和执行效率，以降低冷启动对性能的影响。例如，可以将函数的依赖项和配置信息提前加载到内存中，以缩短启动时的加载时间。

② 长时间运行任务问题。FaaS 通常适用于执行短时间运行的任务。对于需要长时间运行的任务（如复杂的计算或大数据处理），FaaS 可能不是最佳选择。长时间运行的任务可能会导致函数执行超时或被平台强制终止。在这种情况下，开发者可以考虑将任务拆分成多个小任务或使用其他云计算模式（如容器服务或虚拟机）来处理。此外，一些 FaaS 平台也提供了对长时间运行任务的支持，开发者可以根据具体需求选择合适的解决方案。

③ 调试和监控问题。由于 FaaS 中的函数是无状态且可以独立运行的，因此对它们进行调试和监控可能比传统的应用程序更复杂。为了解决这个问题，开发者可以利用 FaaS 平台提供的日志、指标和跟踪工具来诊断问题并优化性能。这些工具可以帮助开发者了解函数的执行情况、性能瓶颈及潜在的错误。此外，还可以采用分布式跟踪技术来跟踪函数的执行路径和性能数据，以便更好地分析和优化应用程序。

④ 安全性问题。FaaS 中的函数可以通过互联网访问，并且可能会处理敏感数据，因此安全性是其重要的考虑因素。开发者需要确保他们的函数代码是安全的，并且遵循最佳的安全实践。例如，对输入数据进行验证和过滤以防止注入攻击；

使用加密技术来保护数据传输和存储的安全性；限制对敏感数据的访问权限等。此外，他们还需要利用 FaaS 平台提供的安全功能（如身份验证、访问控制和加密）来保护他们的应用程序和数据。为了防止潜在的安全威胁，开发者还应定期对函数进行安全审计和漏洞扫描，及时发现并修复潜在的安全问题。

随着云计算技术的不断发展和创新，FaaS 将迎来更多的发展机遇和应用场景。首先，随着 5G、物联网等技术的普及和发展，将有更多的设备和应用程序接入云端，这会带来海量的数据和计算需求，并为 FaaS 提供巨大的市场空间和发展机遇。其次，随着人工智能和机器学习技术的不断进步和应用深化，越来越多的智能化应用场景涌现，这些应用场景需要处理大量的数据和执行复杂的计算任务，FaaS 正好可以满足这些需求。最后，随着容器技术和微服务架构等云计算技术的不断演进和完善，FaaS 将与这些技术更加紧密地结合起来，形成更加强大和灵活的云计算能力，为开发者提供更加便捷、高效和灵活的开发体验。

4.4.4　Serverless 安全

相较于传统的云计算架构，Serverless 架构面临的主要挑战是云服务提供商仅负责云安全性而不负责云中安全性。这使得 Serverless 不仅面临传统应用程序的风险和漏洞（如跨站脚本、数据库注入、敏感数据泄露和访问控制不当等），还面临 Serverless 架构引入的新安全威胁。

首先，Serverless 架构本身引入了新的攻击面。在 Serverless 架构中，函数通常被设计为可响应各种事件源，这些事件源包括 HTTP API 请求、云存储事件通知、IoT 设备连接信息以及消息队列中的消息等。这种设计使 Serverless 函数可以灵活处理各种场景下的业务需求，但同时也带来了安全挑战。由于输入数据来自多个不同的可能包含不受信任的消息格式的源头，这些源头中的消息可能被篡改、伪造甚至合并。面对如此多样化的输入源，传统的应用程序层安全防护措施（如输入验证和过滤消毒等）无法提供足够的保护，攻击者会利用这些输入源中的漏洞绕过标准安全检查机制对 Serverless 函数发动攻击。此外，如果用于获取和处理输入数据的连接细节、通信协议或函数逻辑被泄露，攻击者就可能利用这些信息发动针对性攻击。

其次，Serverless 内的应用程序和函数服务也容易因云服务提供商提供的设置和功能配置不安全而出现漏洞并遭受攻击。以 Serverless 应用程序遭受的所有攻击中较为常见的 DoS 攻击为例，该类攻击发生的最主要原因是函数与主机间的超时设置配置不当。当低并发限制被用作攻击点时，恶意攻击者可能会利用这一漏洞发动 DoS 攻击，使得 Serverless 应用程序无法正常处理合法的请求。此外，攻击者还可能通过插入额外的函数调用来利用函数链接机制，故意延长函数事件的执行时间，使其远远超出预期。这种攻击不仅会影响应用程序的性能，还会导致 Serverless 函数的成本激增，给云服务用户带来沉重的经济负担。

最后，Serverless 架构融入微服务时也存在安全问题。由于 Serverless 应用程序的无状态特性，在 Serverless 架构中融入微服务时，可能会使独立函数的迁移部分面临身份验证失效的潜在风险。例如，在包含数百个 Serverless 函数的应用程序中，只要其中一个函数的身份验证存在疏漏，就可能对整个应用程序的安全性构成威胁。攻击者可能会针对这一薄弱环节，采用诸如自动化暴力破解等手段，通过该函数访问系统进而危及整个应用程序的安全。因此在构建 Serverless 应用程序时，必须高度重视每个函数的身份验证机制，确保它们都能够有效地抵御潜在的攻击。

Serverless 可以从增强外部防护、合理配置自定义函数权限、安全开发及安全运维等方面进行安全实践和防护增强。

① 增强外部防护。Serverless 安全不能过度依赖 Web 应用防火墙（WAF）。虽然 WAF 对保护 Serverless 应用程序至关重要，但它的覆盖范围有限，并不能作为防护的唯一防线，过度依赖 WAF 可能会导致安全漏洞出现。WAF 主要用于检查和过滤 HTTP 流量，对保护由 API 网关触发的函数非常有效。然而，Serverless 应用程序的函数可能由多种不同的事件源触发，而 WAF 不能为这些事件源提供保护。例如，当函数由物联网设备通知、短消息、电子邮件、代码修改、数据库更改、流数据处理或云存储事件等触发时，WAF 将无法发挥作用。这些非 HTTP 事件源可能包含恶意输入或未经授权的访问尝试，但由于 WAF 的限制，它们将无法被有效拦截。因此，仅仅依靠 WAF 来保护 Serverless 应用程序是完全不够的。为了确保全面的安全性，必须采用多层次的安全策略。除了 WAF，开发者可以考虑实施其他安全措施，如输入验证、权限管理、加密以及日志和监控等。此外，与云服务提供商紧密合作也是至关重要的，因为这可以确保云平台本身的安全性和提供的安全服务得到充分利用。

② 合理配置自定义函数权限。在 Serverless 应用程序中，权限管理是一项至关重要的任务。事实上，超过 90% 的 Serverless 应用程序中的权限被过度授予，这导致了潜在的安全风险。一个常见的 Serverless 安全错误是设置过于宽松且功能过于强大的策略。这种做法不能最小化单个权限和功能角色，从而使攻击面变大。

攻击者可能会利用这些过度授予的权限来执行恶意操作，如数据泄露、篡改或拒绝服务攻击等。为了避免这种风险，开发者应该采用自定义函数权限的方法。采用自定义函数权限意味着为每个函数分配最小且必要的权限，以确保它只能执行目标任务。仔细审查和限制每个函数的权限，可以减少潜在的安全漏洞，并提高应用程序的整体安全性。采用自定义函数权限需要开发者深入地了解应用程序的功能和需求。

③ 安全开发。首先在代码安全方面，Black Duck Software 近期针对 1700 多个应用程序代码库进行了一项深入的调查。结果显示，高达 96% 的应用程序代码库采用了开源代码，76% 为开源代码库[25]。这一数字证明了开源软件在现代软件开发中的普及程度和重要性。然而这些代码库中有 48% 包含高危漏洞，更为严重的是其中一些漏洞早就存在且有部分开源代码库已停止维护，另外还有部分代码库的授权已到期但仍在被使用。这种情况不仅暴露了企业在安全管理和漏洞修补方面的不足，更使代码所有权和真实性问题凸显出来，成为一项亟待解决的问题。特别是在 Serverless 计算环境中，由于单个函数可能包含来自多个不同外部源的数千行代码，这种安全风险被进一步放大。Serverless 函数的这种特性使得其更容易受到潜在的安全威胁，包括但不限于恶意代码注入、数据泄露和未经授权的访问等。因此，为了提升 Serverless 环境的安全性，执行代码安全审计变得至关重要。通过对函数代码进行全面、深入的安全审计，企业可以及时发现并修复潜在的安全漏洞，防止恶意攻击者利用这些漏洞进行破坏或窃取敏感信息。

④ 安全运维。在运维中，需要注意保护敏感数据。将敏感数据存储在安全的位置并控制好访问权限，每个组件、开发人员及开发项目都应该有定期轮换的单独密钥，同时也应该做好对敏感数据和环境变量的加密工作。此外，还需要注意将应用程序的管理与安全实践集成。

4.5 DevOps 安全

4.5.1 DevOps 架构

DevOps 是文化理念、实践和工具结合的产物，它提高了组织高速交付应用和服务的能力。与使用传统软件开发流程和基础设施管理流程的组织相比，DevOps 发展和改进产品的速度更快，这种速度让 DevOps 能够更好地服务于客户并在市场上更具竞争力。

在 DevOps 模式下，开发团队和运营团队不再是"孤立的"。有时，这两个团队会被合并成一个团队，工程师在整个应用程序生命周期中工作，从开发到测试再到部署和运营，发展一系列技能，但不局限于单一功能。在一些 DevOps 模式中，质量保证和安全团队可能会更加紧密地参与开发和运营甚至是应用程序的整个生命周期。关注安全的 DevOps 模型有时也被称为 DevSecOps。DevOps 具有以下特点和优势。

① DevOps 可以实现开发流程自动化。团队可以使用技术栈和工具来帮助他们快速、可靠地操作和发展应用程序。这些工具还帮助工程师独立完成通常需要其他团队帮助的任务（如部署代码或配置基础设施），这进一步提高了团队的效率。DevOps 模型使开发团队和运营团队能够实现效率的革新。例如，微服务和 CD 让团队掌握服务的所有权，然后更快地发布更新。

② DevOps 可以提高发布的频率和速度，以便更快地创新和改进产品。发布新功能和修复错误的速度更快，可以更快地响应客户的需求，形成竞争优势。从构建到部署，持续集成（CI）和 CD 是实现软件发布过程自动化的工作方式。

③ DevOps 可以确保应用程序更新和基础设施变化的质量。这样就能以更快的速度进行可靠的交付，同时为终端用户保持积极良好的体验。使用 CI 和 CD 等实践来测试每个变化的功能和安全性，还可以使用监测工具和记录工具帮助开发团队进行实时监控。

④ DevOps 的规模化运营可以高效管理基础设施和开发流程。自动化和一致性有助于有效地管理复杂或变化的系统，并降低风险。例如，基础设施即代码可以复用，并且支持使用更有效的方式来管理开发、测试和生产环境。

⑤ DevOps 强调所有权和问责制等价值观，可以使团队更加高效。开发团队和运营团队密切协作，共同分担责任，并结合工作流程进行开发。这既能提高开发效率，又节省时间（例如，编写代码时会考虑运行环境，可以缩短开发团队和运营团队之间的交接时间）。

微服务在促进 DevOps 方面发挥了关键作用，这种架构风格与 DevOps 文化和实践相辅相成。在 DevOps 中，微服务可以起到实现独立部署和扩展、简化 CI 和 CD、提高故障隔离和恢复能力以及促进团队合作沟通的作用，二者可相辅相成。

容器技术除了为云上微服务提供支持，也在促进 DevOps 方面发挥了重要作用，它使得 DevOps 服务更为标准化并保持一致性、实现轻量级与快速部署、增强隔离与安全性、更好地支持 CI/CD 和跨平台以及更好地监控管理。容器技术和微服务架构与 DevOps 相结合，使团队可以更高效地进行软件开发、测试和部署，在提高交付速度的同时提升产品质量。DevOps 常用工具及主要功能如图 4-6 所示。

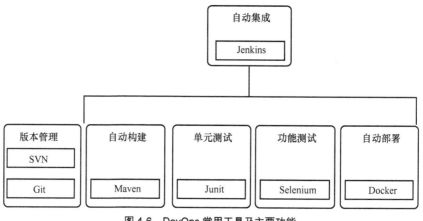

图 4-6　DevOps 常用工具及主要功能

CI/CD 工具可以自动测试源代码变更，通过缩短创建新功能所需的时间使应用程序开发流程更加现代化。目前有许多 CI/CD 工具，其中常用的工具之一是免费的开源工具 Jenkins，还有一些付费解决方案，如 GitLab CI、Bamboo、TeamCity、Concourse、Circle CI 和 Travis CI。此外，一些云服务提供商，特别是谷歌和亚马逊，也提供自己的 CI 和持续部署工具。

CI 是通过自动化工具对软件项目进行全自动或半自动的测试、打包、构建和发布，而持续部署是基于 CD 的工作成果将代码部署在生产环境中的行为。CI/CD 流水线是高度自动化。每个不同的工具可以负责其中的一道工序，但整体的软件集成部署链仍然需要人为地干预和维护。传统典型的开发团队通常由开发人员、测试人员、运维人员和运营人员组成，不同的分工保障了软件的高质量交付。CI/CD 是两个独立的过程，但也有联系，CI/CD 基本流程如图 4-7 所示。接下来将分别介绍流程中的代码提交、代码测试、代码构建、集成测试、CD 和部署测试 6 个阶段以及这些阶段中常用的工具。

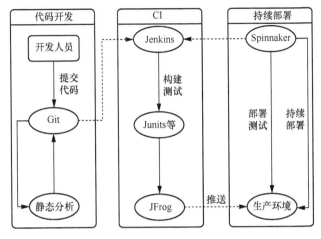

图 4-7　CI/CD 基本流程

1．代码提交

代码提交是开发人员将编写的代码提交到代码库的过程，也是软件开发的技术阶段的起点。提交的所有代码都会被存储在代码库中，有唯一的 commit tag 标识。开发人员编写完代码后将其提交并发起推送请求，经过代码质量控制团队的审查后，提交的代码将被合并到主分支中。该阶段起主要作用的工具是 Git 一类的代码版本控制工具。

2．代码测试

在开发人员将代码完整推送到代码库中后，就进入代码测试阶段，此阶段主要解决代码在提交阶段构建成功而在生产环境部署失败的问题。在生产环境中代码部署失败是相当危险的，因此需要尽量避免此类事件发生。该阶段主要通过检查代码的静态策略验证代码的可用性。静态应用程序安全测试（SAST）使用 SonarQube、Veracode、Appscan 等工具从内部检查代码，以确保软件的可用性和一定程度的安全性（如 SQL 注入等较容易通过静态分析发现的漏洞）。该阶段不会检查代码在运行时的错误，但此项检查会在后面的阶段补足。将足够的策略检查加入自动化流水线可以显著减少在之后的流程中发现的错误数量，从而缩短测试时间和降低程序复杂度。

3．代码构建

CI 的目标是将提交的代码持续构建为二进制文件或其他目标文件。通过集成检测新模块是否可以顺利运行、是否能与现有模块兼容，大幅缩短验证新模块的时间。构建工具可以基于源代码生成可执行文件或者包文件（如.exe、.dll、.jar）

等。此外，该阶段还可以生成脚本以与其他基础设施配置文件进行联合测试。理论上可以将一部分比较初级的测试流程，如冒烟测试、构建测试等视作代码构建阶段的一部分。

一旦构建完毕，代码的构建产物就会存储在 Artifactory 或 Repository 数据库中。随着构建版本的增多，管理这些构建产物也会变得越来越困难，因此可以将构建产物转移至专门的存储库进行管理，这类工具比较常用的有 JFrog 等。这类存储库可以存储如.rar、.war 等构建产物，以备后续测试阶段提取测试。

4. 集成测试

构建完成后，通过一系列自动或者手动的测试验证代码的准确性和可靠性。测试团队会基于软件的使用场景编写测试用例，并执行回归分析和压力测试来检查程序的正确性和可靠性。该阶段涉及的流程包括完整性测试、逻辑测试、压力测试等。在测试阶段，可以发现在代码编写阶段忽视的某些代码问题。

集成测试是使用 Cucumber、Selenium 等工具执行的。这些工具会将多个相关的模块集合在一起测试，以评估是否符合需求。集成测试相当耗时，但也是测试阶段中不可或缺的一部分。

5. CD

CD 是一种利用 DevOps 的方法，使开发团队能够以可持续的方式安全、快速地将新功能、实验等部署到生产中。CD 过程需要软件交付过程中的不同工作人员（如开发人员、运营人员和测试人员）相互协作。它通过消除人工编写的脚本和实现实时监控，简化软件更新过程。

6. 部署测试

这是团队优化整个 CI/CD 流程的一个关键阶段。尽管此前已经进行了相当多的测试，但这个环节依然是必不可少的。如果在部署测试阶段出现故障，团队必须尽快解决故障，以降低对客户的影响，此外，团队还必须考虑将这一阶段自动化。将程序部署到生产中是根据滚动更新等部署策略进行的，在部署阶段，需要对运行中的应用程序进行监控，以验证当前的部署是否正确以及是否需要回滚。

Spinnaker 是一个开源的、多云的 CD 平台，可以帮助开发团队高速度和高可靠性地发布软件更新。Spinnaker 提供应用管理和应用部署两套核心功能，此外，Spinnaker 还通过建立在上述功能之上的管理交付为开发团队提供更高层次的体验。凭借其丰富的集成生态，Spinnaker 可以自动化监管代码从提交到部署的全过程，还可以连接多种主流 CI/CD 程序进行协作。

4.5.2　DevOps 安全分析

DevOps 的鉴权流程是指在 DevOps 环境中管理和控制用户访问权限的一系列步骤。这个流程确保只有获得授权的用户才能访问和操作特定的资源，如代码库、部署环境、配置数据等，这有助于防止未经授权的访问、数据泄露和潜在的系统破坏。在 DevOps 环境中，鉴权流程通常与自动化工具和平台集成，如 CI/CD 管道、版本控制系统（如 Git）、容器编排平台（如 Kubernetes）及配置管理工具（如 Ansible、Puppet）。

鉴权流程通常包含身份认证、授权、权限检查、决策和响应及审计和日志记录等关键步骤。

① 身份认证：确认用户身份的过程，通常通过用户名和密码、多因素认证（MFA）、单点登录（SSO）或 API 令牌等方式进行。身份认证服务验证用户提供的凭证是否有效，并生成一个会话令牌或访问令牌，用于后续的授权检查。

② 授权：根据用户的身份和角色，确定用户是否有权执行请求的操作。一种方法是基于角色的访问控制（RBAC），其中用户被分配到一个或多个角色，每个角色具有一组预定义的权限。另一种方法是基于声明的访问控制（CBAC），其中用户的权限由一组声明（如用户属性、组成员资格等）决定。

③ 权限检查：当用户尝试执行某个操作（如拉取代码、部署应用、修改配置等）时，系统会检查用户的权限。这通常涉及检查用户会话中的访问令牌，并根据令牌中的信息（如角色、声明等）来确定用户是否被授权执行该操作。

④ 决策和响应：如果用户获得授权，系统会允许操作继续；如果用户没有获得授权，系统会拒绝操作并可能返回一个错误消息或提示用户进行额外的认证或授权步骤。

⑤ 审计和日志记录：记录所有鉴权活动，包括成功的和失败的尝试。这些日志可以用于监控、合规性检查、安全事件分析及故障排除。通过实施强大的鉴权流程，可以确保 DevOps 环境的完整性和安全性，同时提高团队协作和交付效率。

DevOps 中存在权力滥用的问题。具有高级别访问权限或特权的用户（如开发和运维人员、系统管理员等）不当地使用或者滥用权限，可能会对系统、数据或业务流程造成负面影响。团队职责和权限划分不当、自动化工具误用及团队态度问题都有可能导致权力滥用。

① 团队职责和权限划分不当：在 DevOps 环境下，开发和运维之间的界限变

得模糊，团队成员如果未能明确职责和权限范围，可能会出现未经授权的访问或系统修改不当。

② 自动化工具误用：DevOps 中大量采用自动化工具以提高效率和减少失误，但是这些工具在各自执行阶段均需要分配不同的权限，当权限分配不当时，可能会导致未授权操作被执行和安全控制失效。

③ 团队态度问题：团队在追求快速交付和 CI 的过程中过于强调速度而忽略了安全性和合规性，这会导致更容易出现安全问题并使组织的声誉和业务遭受不必要的负面影响。

此外，由于 DevOps 中对权力滥用的管理一般较为松散，许多网络犯罪分子将目光放在了公共 DevOps 平台上。DevOps 平台帮助开发人员构建、CI 和 CD 应用程序。在这些步骤中，CI 需要进行密集计算，以便将项目的 Dockerfile 构建为容器镜像并使用测试人员脚本进一步测试镜像。这种级别的计算支持使得 CI 步骤及其相关平台（如 TravisCI、CircleCI、Wercker）成为加密劫持的诱人目标，特别是在执行 RandomX 等挖掘算法（这些算法需要千兆字节的内存才能启动）时。然而，到目前为止，在系统地发现和分析这种加密劫持活动方面做得很少，更不用说任何为降低此类安全风险而付出的努力。Li 等[15]对 23 个流行的 CI 平台进行了加密劫持风险的系统分析，并在 CI 平台上发现了大量利用 CI 劫持攻击实施加密挖矿的非法行为。

CI 劫持攻击的工作流程如图 4-8 所示。首先攻击者在公共代码托管平台（如 GitHub、GitLab 或 Bitbucket）上创建代码库并授权 CI 平台可以访问该代码库。然后通过在代码库上创建配置文件并指定一组作业为该平台上运行的工作流。工作流中包含正常的、合法的工作（如容器镜像创建、源代码编译）和非法的工作（如加密挖掘等）。除了将加密挖掘作为工作流中的独立作业注入平台，攻击者还可以采用一种更为隐蔽的方式，将加密挖掘等非法的工作隐藏在合法的工作流后面，例如，在图 4-9 所示的恶意 Dockerfile 示例中，第 2～4 行是正常的项目构建进度，第 6 行插入了加密挖掘指令，且加密挖掘命令被隐藏到用于构建容器镜像的作业中，这些命令由容器构建并在构建过程中激活。劫持攻击总共涉及三方。第一方是攻击者，其针对 CI 平台计算资源的滥用，提供矿池和钱包信息并利用 CI 平台资源运行加密挖掘作业牟利。第二方是代码托管平台，其提供代码库并连接至 CI 平台，攻击者控制下的代码库包含挖掘工具或对应的脚本及部署到 CI 平台的配置文件。第三方是 CI 平台，其从代码库自动处理连接的项目并提交资源以构建容器镜像、测试代码，这个过程会被攻击者滥用以运行加密挖掘等非法任务，并且这种情况目前极为常见，绝大多数的 CI 平台被攻击者劫持并运行攻击者指定的恶意任务。CI 平台一般通过超时机制防止资源滥用，并阻止那些经常超时的任务或长时间没有任何输出的任务。此外，CI 平台也会进行文件扫描，对恶意脚本文件名进行比对，从而发现并阻止攻击者。但是这种防护远远不够，攻击者可以使用平台无法检测的远程脚本在超时前重启任务以避免触发超时机制，增加无意义输出以避免长时间无输出，以及修改文件名为无意义的字符串规避平台的文件扫描。同时，CI 平台一般没有标记与矿池连接信息相关的关键字（如域名等），这也给了攻击者可乘之机。

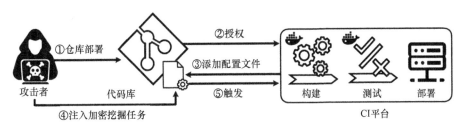

图 4-8　CI 劫持攻击的工作流程

```
1  FROM ubuntu:18.04 #Base Image
2  WORKDIR /
3  RUN apt install git make -y
4  RUN git clone <project> && make -j4
5  RUN wget <url:mining tool>
6  RUN ./<mining tool> -u <wallet id> -o <pool address>
7  ENTRYPOINT ./<project>
```

图 4-9　恶意 Dockerfile 示例

目前 DevOps 各环节的安全性较弱，攻击者的攻击手段和劫持手段层出不穷，因此增强针对 DevOps 的安全防护是非常必要的。

4.5.3　DevSecOps 安全实践

DevOps 通过合并开发和运维来提升团队的效率和产品的性能，并注重构建容易维护和易于自动运营的产品和服务的协作模式。然而 DevOps 的安全性考虑不足，DevOps 中的开发团队和安全团队是隔离的，这导致安全问题很有可能在开发后期甚至开发完成后才出现。另外，DevOps 强调 CI/CD，这个过程缺少持续的安全监控和测试，无法及时发现安全问题。DevSecOps 通过在开发过程中融入安全性，强调安全团队、开发团队和运维团队之间的紧密协作，共同实现了软件生命周期内的持续安全监控，确保了软件的安全性和质量。

GitLab 在 2022 年的全球 DevSecOps 调研报告[26]中提到，为了加强软件供应链安全，有 57%的安全团队所属的组织已实施或计划在 2023 年实施安全左移。安全左移中的左右指的是开发和测试的相对位置。如图 4-10 所示，在软件开发流程中，一般开发处于测试之前，而安全左移则指在开发流程中，尽量在代码提交阶段发现潜在的安全漏洞，而不是在测试或生产后才发现其安全漏洞。在安全左移中，有如下的问题需要关注。

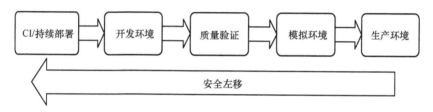

图 4-10　安全左移示例

首先是高效协同。软件开发人员和安全人员通常分别缺乏专业的安全知识和专业的软件开发知识，如何建立高效的沟通机制是 DevSecOps 实践中的一个关键问题。

其次是软件供应链以及法律的一致合规。现有的软件开发大都基于现有的开源库，而不同的开源库的协议不尽相同。如果采用协议较为严苛（如 GPL Licence）的开源库，开发完成后将代码闭源则会与 GPL 冲突，存在软件供应链安全问题。

最后还有成本和安全风险的问题。需要对软件进行较为全面的测试分析，如静态软件安全测试（SAST）、动态软件安全测试（DAST）和模糊测试等，同时也需要将安全测试工具整合进 CI/CD 的流程中。

DevSecOps 和安全左移在国际上已有较为成熟的应用。如图 4-11 所示，以 GitLab 中的 DevSecOps 解决方案为例，该方案将安全测试的流程融入 CI 中，同时 GitLab 平台也为软件提供安全支持。① 合规性扫描和敏感信息检测功能。在合规性扫描方面，GitLab 利用自身的许可证扫描工具进行许可证信息扫描，出具许可报告及标记源分支和目标分支之间的许可证信息，并判断变更代码的许可证信息是否合规。在敏感信息检测方面，GitLab 可以对提交的代码或者远程代码库按照默认或自定义的规则进行扫描。② 依赖扫描功能。GitLab 依赖扫描可以在开发和测试应用程序时自动查找软件依赖项中的安全漏洞，比较源分支和目标分支之间发现的漏洞并显示合并请求的信息。③ SAST、DAST、模糊测试和容器镜像扫描等功能。其中 SAST 检测代码，DAST 检测应用程序运行情况。这些功能均可以添加进 CI/CD 的流水线中，从而对软件开发进行安全增强。

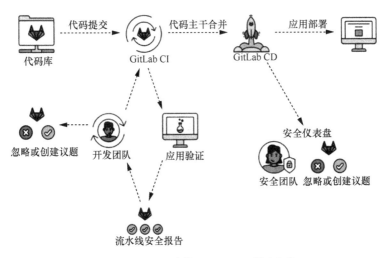

图 4-11 GitLab 中的 DevSecOps 解决方案

　　微软也在 Azure Kubernetes 服务（AKS）中提出了自己的 DevSecOps 解决方案，如图 4-12 所示。在该方案中，Azure Active Directory（现已改名为 Microsoft Entra ID）为开发人员提供多重身份验证服务以提升身份验证的安全性，开发人员则使用启用安全扩展的 Visual Studio 或 VS Code 分析代码是否存在安全漏洞。代码通过验证后被提交至组织管理的 GitHub Enterprise 存储库中，GitHub Enterprise 通过 GitHub Advanced Security 实现对代码的安全扫描检测。通过 GitHub Actions 从存储库中拉取代码并触发 CI 和自动测试，CI 工作流会存储到 Azure 容器注册表（Azure Container Pegistry）的 Docker 容器镜像中。其中，开发人员可以为特定环境引入手动审批并作为 GitHub Actions 中 CD 工作流的一部分。之后，GitHub 在 AKS 中启用 CD，并使用 GitHub Advanced Security 检测应用程序代码源和配置文件中的敏感信息。同时，Microsoft Defender 扫描 Azure 容器注册表、AKS 集群和 Azure Key Vault 是否存在漏洞。Azure Key Vault 用于在运行时将敏感信息安全地融入应用程序以将敏感信息和开发人员分隔。在 AKS 中，Network Policy 可以为其提供网络策略保护，Zed Attack Proxy（ZAP）等开源工具则用于对 Web 应用程序和服务执行渗透测试以发现潜在的威胁。Azure Monitor 和容器见解（Container Insights）则可以引入性能等指标并提供安全日志以供后续进一步的安全分析。Microsoft Sentinel 是微软推出的云原生安全信息和事件管理及安全编排自动化响应平台，它可以在 Azure Monitor 所生成的安全日志上进行安全分析并为用户提供安全服务。

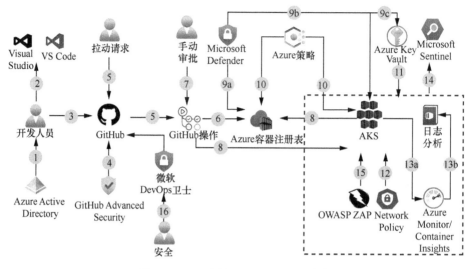

图 4-12　AKS 中的 DevSecOps 解决方案

如图 4-13 所示，微软将 DevSecOps 分为计划阶段、开发阶段、生成阶段、部署阶段和操作阶段，每个阶段都应当考虑安全问题。

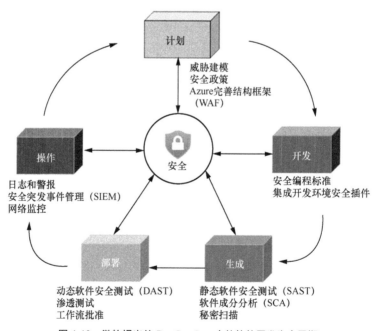

图 4-13　微软提出的 DevSecOps 中的软件开发生命周期

在计划阶段，自动化程度往往最低，然而，它却与安全性紧密相连，对 DevSecOps 后续的生命周期阶段产生深远影响。这一阶段要求安全、开发和操作团队之间紧密协作，以确保在设计和规划之初就充分考虑安全需求，并及时解决潜在的安全问题。在这一阶段引入安全利益关系人，可以为整个 DevSecOps 工作流程奠定坚实的安全基础。这里可以选择设计更安全的应用程序平台并将威胁模型（如 STRIDE 模型）生成至流程中。

在开发阶段中，安全左移是 DevSecOps 中的一个核心理念。在代码被提交至存储库并通过管道部署之前，这一过程便已开始。采用安全编码的最佳实践，并利用集成开发环境（IDE）的工具和插件进行代码分析，有助于在软件开发生命周期的早期阶段就解决安全问题。在这一阶段，安全问题的解决成本较低，解决效率也较高。这里首先可以强制实施安全编码标准以避免漏洞伤害或泄露敏感信息。同时，使用 IDE 工具和插件进行自动安全检测也是必要的，这样可以及时发现潜在的问题。另外，对源代码库和容器镜像也应做好保护，前者通过建立分支和审批等方式在发现安全问题时及时地阻止传播，后者可以减小整体的攻击区域。

在生成阶段，开发人员和与站点可靠性相关的工程师和安全团队紧密协作，将应用程序源代码的自动扫描无缝集成至 CI 生成管道中。基于预设配置，这些管道利用 CI/CD 平台的安全工具，以启用诸如 SAST、软件组成分析（SCA）以及机密信息扫描等关键安全实践，从而确保代码的安全性和可靠性。对于源代码，可以通过 SAST 查找潜在漏洞；对于存储库和代码库，可以执行机密扫描避免敏感内容泄露，然后使用 SCA 工具分析开源组件并检测依赖项中的漏洞；对于云原生，可以启用基础结构即代码（IaC）模板的安全扫描以尽可能减少错误配置，及时且完整地扫描容器注册表中的工作负载映像以识别已知漏洞。

在部署阶段，开发人员、应用程序操作员以及集群操作员应紧密合作，共同为持续部署管道建立恰当的安全控制机制。这一过程旨在确保代码能够以更加安全、自动化的方式顺利地部署至生产环境，从而提升整个部署流程的安全性和效率。这里可以设置规则控制和保护部署管道的访问以及工作流，并保护好部署凭据。此外，还应使用 DAST 查找正在运行的应用中可能存在的安全问题。最后应确保容器是通过受信任注册表部署的。

在操作阶段，执行操作监视和安全监视任务至关重要，这需要对潜在的安全事件进行主动监视、深入分析和及时报警。借助 Azure Monitor 和 Microsoft Sentinel 等强大的生产环境可观测性工具，能够全面监视系统状态并确保其始终符合企业的安全标准，为企业的安全运营提供坚实保障。

DevSecOps 的重要意义在于它将安全性和开发运维流程紧密结合，确保在整个开发过程中考虑并实现安全性和隐私保护。同时它通过自动化工具和流程，帮助团队在代码开发早期就发现和解决安全问题，从而降低后期解决成本，提高软件质量。当前，DevSecOps 已成为许多组织实现快速、安全和可靠的软件开发的重要实践，并在云原生和微服务中继 DevOps 后发挥重要作用。尽管实施 DevSecOps 时面临的团队协作等问题需要团队努力克服，但它依旧是应对日益严峻的安全威胁和满足快速变化的业务需求的很好的实践。

参考文献

[1] KWON S, LEE J H. DIVDS: Docker image vulnerability diagnostic system[J]. IEEE Access, 2020, 8: 42666-42673.

[2] SHU R, GU X H, ENCK W. A study of security vulnerabilities on Docker Hub[C]// Proceedings of the 7th ACM on Conference on Data and Application Security and Privacy. New York: ACM Press, 2017: 269-280.

[3] TAK B, ISCI C, DURI S, et al. Understanding security implications of using containers in the cloud[C]//Proceedings of the 2017 USENIX Annual Technical Conference. Berkeley: USENIX Association, 2017: 313-319.

[4] TAK B, KIM H, SUNEJA S, et al. Security analysis of container images using cloud analytics framework[C]//Proceedings of the 25th International Conference, Held as Part of the Services Conference Federation. Heidelberg: Springer, 2018: 116-133.

[5] ZEROUALI A, MENS T, ROBLES G, et al. On the relation between outdated docker containers, severity vulnerabilities, and bugs[C]//Proceedings of the 2019 IEEE 26th International Conference on Software Analysis, Evolution and Reengineering (SANER). Piscataway: IEEE Press, 2019: 491-501.

[6] WIST K, HELSEM M, GLIGOROSKI D. Vulnerability analysis of 2500 Docker Hub images[M]//Advances in Security, Networks, and Internet of Things. Switzerland: Springer Cham, 2021: 307-327.

[7] LIU P Y, JI S, FU L R, et al. Understanding the security risks of docker hub[C]//Proceedings of the 2020 European Symposium on Research in Computer Security. Heidelberg: Springer, 2020: 257-276.

[8] LIU G N, GAO X, WANG H N, et al. Exploring the unchartered space of container registry typo squatting[C]//Proceedings of the 31st USENIX Security Symposium. Berkeley: USENIX Association, 2022: 1-17.

[9] BERKOVICH S, KAM J, WURSTER G. UBCIS: ultimate benchmark for container image scanning[C]//Proceedings of the 13th USENIX Workshop on Cyber Security Experimentation and Test. Berkeley: USENIX Association, 2020.

[10] TUNDE-ONADELE O, HE J Z, DAI T, et al. A study on container vulnerability exploit detection[C]//Proceedings of the 2019 IEEE International Conference on Cloud Engineering. Piscataway: IEEE Press, 2019: 121-127.

[11] JAVED O, TOOR S. An evaluation of container security vulnerability detection tools[C]// Proceedings of the 2021 5th International Conference on Cloud and Big Data Computing. New York: ACM Press, 2021: 95-101.

[12] FLAUZAC O, MAUHOURAT F, NOLOT F. A review of native container security for running applications[J]. Procedia Computer Science, 2020, 175: 157-164.

[13] GAO X, STEENKAMER B, GU Z S, et al. A study on the security implications of information leakages in container clouds[J]. IEEE Transactions on Dependable and Secure Computing, 2021, 18(1): 174-191.

[14] LEI L G, SUN J H, SUN K, et al. SPEAKER: split-phase execution of application containers[C]// Proceedings of the 14 th International Conference on Detection of Intrusions and Malware, and Vulnerability Assessment. Cham: Springer, 2017: 230-251.

[15] LI Z, LIU W J, CHEN H B, et al. Robbery on DevOps: understanding and mitigating illicit cryptomining on continuous integration service platforms[C]//Proceedings of the 2022 IEEE Symposium on Security and Privacy (SP). Piscataway: IEEE Press, 2022: 2397-2412.

[16] TAN G. Principles and implementation techniques of software-based fault isolation[J]. Foundations and Trends® in Privacy and Security, 2017, 1(3): 137-198.

[17] MANCO F, LUPU C, SCHMIDT F, et al. My VM is lighter (and safer) than your container[C]//Proceedings of the 26th Symposium on Operating Systems Principles. New York: ACM Press, 2017: 218-233.

[18] 王旭. Kata Containers 创始人带你入门安全容器技术[EB]. 2020.

[19] DU D, YU T Y, XIA Y B, et al. Catalyzer: sub-millisecond startup for serverless computing with initialization-less booting[C]//Proceedings of the Twenty-Fifth International Conference on Architectural Support for Programming Languages and Operating Systems. New York: ACM Press, 2020: 467-481.

[20] ARNAUTOV S, TRACH B, GREGOR F, et al. SCONE: secure Linux containers with Intel SGX[C]//Proceedings of the 12th USENIX Symposium on Operating Systems Design and Implementation. Berkeley: USENIX Association, 2016: 689-703.

[21] WANG H B, WANG P, DING Y, et al. Towards memory safe enclave programming with Rust-SGX[C]//Proceedings of the 2019 ACM SIGSAC Conference on Computer and Communications Security. New York: ACM Press, 2019: 2333-2350.

[22] WAN S Y, SUN M S, SUN K, et al. RusTEE: developing memory-safe ARM TrustZone

applications[C]//Proceedings of the Annual Computer Security Applications Conference. New York: ACM Press, 2020: 442-453.

[23] 苗国义, 穆瑞辉. 云计算环境下虚拟机在线迁移策略研究[J]. 计算机测量与控制, 2013, 21(8): 2227-2229, 2233.

[24] 刘紫依. Web 应用容器在线迁移技术研究[D]. 武汉: 华中科技大学, 2021.

[25] Synopsys. 开源安全和风险分析（OSSRA）报告[EB]. 2023.

[26] GitLab Inc. GitLab Inc.'s sixth annual global DevSecOps survey shows security is the driving force for choosing a DevOps platform[EB]. 2022.

第 5 章

云应用可信保护

云计算作为一种革命性的资源利用方式，已深刻重塑了人们对资源使用的认知。其诞生不仅标志着信息技术达到了崭新高度，也反映了并行计算和网格计算等技术的成熟与演进。在各大 IT 公司的积极推动下，云计算服务已发展出独特的商业模式，并在各个领域得到广泛应用。

对于企业和个人租户而言，确保云服务的安全可靠至关重要，尤其是云应用的可信服务。云服务的安全性直接关系到租户数据资源的安全与隐私保护。租户对云服务的信任度是其将业务迁移至云端的关键考量因素，构建安全可信的云服务已成为近年来研究领域的焦点之一。本章探讨的云应用可信保护机制不仅具有理论价值，还具有重要的实际应用意义。

5.1 可信云环境概述

可信计算环境的构建是一个综合性较高的过程，它结合了软硬件的优势，旨在打造一个满足可信计算定义的高安全性系统。在该过程中，服务器、网络和终端的行为及其相互间的影响成为关注的焦点。为了实现该目标，可信计算平台与软件之间的紧密协作尤其重要。

可信计算平台是一个具备物理防护功能的计算环境，它能够在一定程度上提供硬件安全保障，确保运行在该平台物理保护边界内的代码和数据具备机密性、完整性、真实性等关键特性。在该平台中，可信硬件在物理保护边界内营造的计算环境，就是一个可信计算环境。但是物理保护的代价较高，这决定了单纯依赖硬件保护的可信计算平台在计算能力上必然存在局限，难以满足广泛的应用需求，更多的是应用于特定的场景，如个人令牌等，用于保护个人密钥等敏感信息。通常，可信硬件会作为可信计算平台的辅助设备，为整个平台的安全性提供额外的保障。

5.1.1 可信计算环境构建模型

现有的国内外相关研究包括以下几个方面。

（1）在信任管理语境下对信任和信任度量模型的研究

1996 年，Blaze 等[1]首次介绍了信任管理的概念，为后续研究奠定了基础。随后 Jøsang[2]进一步推动了信任管理理论的发展，他引入主观逻辑作为框架，介绍了基于证据空间和观念空间的信任模型。这一模型为描述和度量信任关系提供了有力的工具。在此基础上，Beth 等[3]对信任进行了分类，将其分为直接信任和推荐信任。他们的工作基于实体完成任务的期望，通过考虑肯定经验和否定经验来计算实体能够完成任务的概率，并以此概率作为实体信任度的度量。Beth 等[3]还给出了信任推导的规则，以及相应的信任度计算方法，为信任管理的实际应用提供了指导。

（2）在可信赖计算语境下的研究

可信赖计算源自容错，主要关注的是计算机软硬件系统从开发到使用整个生命周期中的可靠性、可用性、可生存性等问题[4]。

（3）对某些具体的可信计算环境建模的研究

Smith[5]基于 IBM 的安全协处理器，创新性地构建了一个对外认证模型。这一模型巧妙地运用了信任集和实体依赖函数等核心概念，不仅为信任提供了严谨的形式化表述，还深入探讨了对外认证机制的可靠性和完备性，并提供了相应的定义与证明。这一研究为信任管理在实际安全系统中的应用提供了坚实的理论基础。

Abadi 等[6]利用安全逻辑语言对下一代安全计算基础（Next-Generation Secure Computing Base，NGSCB）系统中的鉴权和访问控制流程进行了深入的形式化描述。他们的工作重点在于对基于身份的鉴权过程进行形式化分析。然而，该研究并未对可信计算模型的完整性进行全面的验证。

Chen 等[7]采用谓词逻辑对安全启动过程进行了形式化描述，为安全启动流程提供了更为严谨的理论支撑。

Qu 等[8]针对 Intel 的 TBoot（Trusted Boot）系统进行了形式化的建模，为 TBoot 系统的安全性和可靠性提供了理论保障，进一步推动了可信计算领域的发展。

上述研究不仅展示了形式化方法在信任管理和安全计算领域的应用潜力，也为后续研究提供了宝贵的参考和启示。

5.1.2　可信硬件

可信硬件是一种具备卓越安全性和可靠性的硬件平台，不仅能够执行安全任务，还能有效保护敏感数据和应用程序，使其免受外部攻击的威胁。其核心组件丰富多样，包括高效的安全处理器、先进的可信执行环境（TEE 与 TPM）、精密的安全芯片以及严密的安全启动机制等，这些组件共同构成了可信硬件的坚实基础。

TPM 技术是一种全面的生产维护理念。它强调全员参与，致力于提升设备的综合效率。TPM 技术涉及全系统的设备保养和维护活动且注重预防性维护，它能确保设备的稳定运行并延长其使用寿命。同时，TPM 技术应用广泛，不仅涵盖数据安全、身份验证等领域，还涉及安全启动和数字版权管理等方面，为企业提供了更加全面和有效的安全保障。

可信执行技术（TXT）是由 Intel 提出的一种创新性解决方案。它利用特定的 CPU、硬件和固件，构建了一个从开机就具备可信性的环境，从而大大增强了系统的安全性和数据的完整性。TXT 不仅是一系列安全功能的集合，还为可信操作系统提供了额外的安全保障，确保系统配置和系统代码的可靠性，为用户提供了更加安心和稳定的计算环境。

软件保护扩展（SGX）技术是 Intel 推出的另一种安全增强技术。它通过创建硬件隔离的内存区域 enclave，为应用程序和数据提供了强大的保护机制。这种技术能够有效防止恶意软件或攻击者对应用程序和数据的破坏或窃取行为。其核心在于安全处理器，提供了硬件隔离机制，确保 enclave 中的代码和数据在执行过程中始终保持安全状态。

TrustZone 技术是一种先进的安全解决方案。它利用 ARM 处理器的特性，构建了安全世界和非安全世界两个相互隔离的环境。这种技术实现了硬件级别的安全功能和资源隔离，有效保护了敏感数据和关键操作的安全。TrustZone 技术的引入大大提高了系统对恶意软件的抵御能力，为各类安全敏感场景提供了更加可靠的保障。

5.1.3 传统架构下的可信计算环境

早期的可信计算平台多为实验室研发产品，但近年来，在可信计算组织（TCG）以及微软、Intel 等工业巨头的推动下，其商用化进程取得了显著进步。特别是遵循 TCG/TPM 标准的可信硬件，已逐渐成为中高端商用个人计算机和笔记本计算机的标配。尽管硬件层面的普及程度不断提升，但可信计算平台在实际应用中的推广仍显滞后。

该应用瓶颈主要源于传统软件架构的局限性。传统架构以操作系统为核心，其复杂的软件结构、庞大的代码规模（如 UNIX 和 Windows 系统常含有一亿行以上的代码）以及难以察觉的系统漏洞（研究显示，每千行代码中就可能存在一个安全漏洞）均对构建满足安全需求的可信计算环境构成挑战。即便在可信计算平台上通过扩展信任链至应用程序层级来确保从信任根到应用的真实性，操作系统仍难以提供足够的可信支持以保障上层软件运行的安全性。此外，同一操作系统下运行的多应用程序之间隔离性不足，即便它们之间没有直接的调用关系，也可能存在相互干扰。因此，要保障某一应用的可信性，就意味着需要确保运行在该操作系统上的所有应用均保持可信，这无疑增加了实现的难度。

为了验证软件的可信性，系统需要维护大量可信软件的哈希值。当这种验证方式需要扩展到包括大型服务器、个人计算机、个人数字助理（PDA）等移动设备在内的异构计算平台，并在运行着不同操作系统和应用软件的复杂网络环境中实施时，计算平台的异构性将使得维护上述庞大的哈希值变得不切实际。

拥有可信硬件的可信计算平台为构建可信计算环境提供了硬件基础，然而只有通过软件的协助才能构建满足多种应用需求的可信计算环境，这方面的研究在国外引起了广泛的关注。安全硬件加强的 MyProxy（SHEMP）[9]是达特茅斯学院 2004 年的一个项目，主要研究使用 IBM 4758 协处理器来管理终端，通过控制安全边界来加强安全性，可用于 MyProxy 服务器。TrustedGRUB 是 SourceForge 支持的开源项目，它扩展了原始的引导加载程序（GRand Unified Bootloader，GRUB）来支持 TPM 提供的递归信任。在 TrustedGRUB 的引导过程中，TrustedGRUB 扩展了 GRUB Stage1，可以度量 GRUB Stage2 的第 1 个扇区，包括 Stage2 的输入参数（内核、启动模块和相关配置信息），并将信任链扩展到操作系统层。

Bear[10-11]作为达特茅斯学院 PKI 实验室的研究项目，专注于在配备 TCG/TPM 的商用可信平台上，利用 Linux 构建透明化的可信桌面计算环境。该环境在保障操作系统安全性的同时，实现了传统软件和应用程序无须修改即可运行。其独特之处在于将信任链延伸至文件层，确保在打开任何目录下的文件时，文件的完整性都经过 BEAR 的严格检查。此外，BEAR 还提供了远程认证和安全存储的先进功能。

另一方面，IBM 介绍的 IMA（Integrity Management Architecture）[12]同样专注于在 TCG/TPM 支持的商用可信计算平台上，构建安全的 Linux 环境。尽管它也提供远程认证和安全存储，但与 BEAR 不同，IMA 通过在系统调用中植入钩子，实现在可加载内核模块和程序加载时进行完整性校验，从而将信任链延伸至应用程序层。但是该机制仅在系统启动时进行完整性检查，而无法保证系统运行过程中的持续安全。

为了弥补该缺陷，TCG 1.2[13]规范引入了动态可信度量根（DRTM）的新机制，旨在增强启动过程的鉴别能力。与静态可信度量根不同，DRTM 能够在任何时刻启动并重复多次。Intel 的 TXT 和 AMD 的 SVM 安全平台均采用 DRTM 作为核心信任机制。在 TCG 1.2 规范中，这种动态建立的可信环境被称为"Late Launch"。

OSLO（Open Secure Loader）是一个基于 AMD 64 位处理器的开源引导加载器，利用 AMD 的动态可信度量根技术，特别是新增的 SKINIT 指令，代替了传统的基于 BIOS 的静态可信度量根。作为操作系统内核的一部分，OSLO 先初始化 TPM，并通过 TPM 设备驱动与 TPM 进行通信。然后调用 SKINIT 指令，度量所有加载的文件，并将度量值扩展到 TPM 的动态 PCR 中，从而确保系统的完整性和安全性。

与 OSLO 类似，TBoot 也采用动态可信度量根技术，但它是基于 Intel 的 TXT。TBoot 不仅能够实现可信启动，还能够撤销度量环境、重置数据保护和保护 TXT 内存范围，为用户提供强大而全面的安全保障。

5.1.4　云架构下的可信执行环境

云架构下的可信执行环境也是云环境可信构建的重要一环。在云中，物理服务器的计算、存储和网络等资源均被虚拟化为多个相互独立的虚拟机或容器，每个虚拟机和容器都可以单独运行服务并进行管理。相较于传统的环境，云的资源利用率更高、上层应用管理维护更方便且成本更低，同时扩展性和灵活性也更强。但相较于传统的环境，云中的硬件和软件设施更为多样，若在云中使用传统的可信构建方法，则从开发、部署到运维的整体流程都会遇到诸多问题。云上的虚拟化组成部分（如虚拟机和容器等）的多样性也使得无法通过单一的传统可信构建方法构建覆盖整个云架构的可信执行环境，也无法单独地为每一个虚拟机或者容器单独提供可信执行环境。针对这些问题，目前已有很多成熟的解决方案，下面简要介绍部分案例。

在国外，微软推出的 Azure 支持云上可信虚拟机和容器的创建。在可信虚拟机方面，Azure 支持在采用 AMD SEV-SNP 或 Intel TDX 的处理器上创建 Azure 机密虚拟机，实现对虚拟机内存的加密和隔离；在可信容器方面，Azure 支持在基于 enclave 或虚拟机的可信执行环境中创建并运行机密容器，可在保证数据机密性和完整性的同时将容器与容器之间或容器与虚拟机之间的操作系统内核隔离开。

在国内，蚂蚁集团开源的 KubeTEE 通过将传统的物理主机上的软件或硬件可信执行环境与 Kubernetes 结合，并使用云原生的方式将可信主机环境抽象为可信逻辑资源池，从而实现对云平台可信应用的统一部署，使得可信执行环境基础设施成为可按需使用的符合云平台需求的集群化资源；腾讯推出的 T-Sec 机密计算平台也通过可信执行环境实现用户数据可用不可见，并实现云厂商不在用户的 TCB（提供安全环境的系统所有硬件、固件和软件组件）中，从而更好地保护用户数据。

后续的小节将逐步结合具体的例子介绍目前云上可信执行环境构建中使用的较为先进的一些技术。

5.2　云平台可信构建

第 5.1 节深入探讨了云应用环境可信构建的国内外研究现状，并从多个维度详细阐述了云应用环境可信构建的关键组件及其发展动态。本节将聚焦于云平台可信构建机制，并由 TCG 引出可信计算环境的信任链模型，为后续内容提供理论基础。在此基础上，结合虚拟机监控器的访问控制机制，将介绍一种独特的、对操作系统透明的信任链构建机制。该机制能够在租户期望的可信环境遭受破坏时，有效保护其指定的敏感数据。

随后，本节将进一步探讨云平台动态可信度量机制。通过虚拟化动态可信度量根，为在云平台上运行的应用提供一个可度量、可验证、安全可靠的执行环境。云平台能提供一个可信的执行环境，是云服务安全构建的核心，也是提供云安全服务的基础。

最后，本节将介绍一种可信云服务构建机制。该机制将签名服务移至可信执行环境中执行，从而确保数字签名函数和密钥的安全。同时，通过内存映射保护机制，构建签名应用程序和签名服务之间的安全通信信道。这一机制可为云平台上所有的虚拟机租户提供可信的数字签名服务，不需要租户自己动态构建可信执行环境。

5.2.1　云平台信任链模型

TCG 定义了一套可信启动标准，能够度量系统的软件栈，并提供对外证明的能力，但是系统是否值得信任由平台外的依赖方判定。TCG 的可信度量从系统加电开始，首先将控制权交给 BIOS 中固化的一段代码（信任根），信任根通过计算哈希值的方式度量 BIOS 中的其他部分，并把度量值存储到 TPM 的 PCR 中，然后将控制权移交给被度量的代码，这个过程会一直进行下去，直到操作系统启动完成。

TCT 提供了一种对操作系统透明的信任链构建方式，可以将 TCG 方式的信任链扩展到应用程序层，同时 TCT 允许依赖方通过哈希值指定其信任的计算环境，并将依赖方的敏感数据同其期望的环境完整性绑定到一起。TCT 可以确保依赖方指定的敏感数据只能在其信任的环境中被访问，并在该计算环境遭到破坏后保护依赖方的敏感数据。TCT 架构可以应用在类似于网格和云计算等多重独立软件授权环境下来保护上层租户的敏感数据和系统的完整性。

本节给出 TCT 在支持全虚拟化的 x86 平台上，基于 Xen 虚拟机监控器的原型实现。如图 5-1 所示，所有的度量操作和磁盘访问控制在 Xen 的域 0 中进行，而监控程序载入操作及保护内存敏感数据则是通过在虚拟机监控器中截获虚拟域内操作系统的系统调用来实现的。度量操作和磁盘访问控制利用了 Xen 的 Blktap 架构，监控程序载入操作和保护内存敏感数据利用了 x86 快速系统调用机制和 Xen 内存管理子系统。

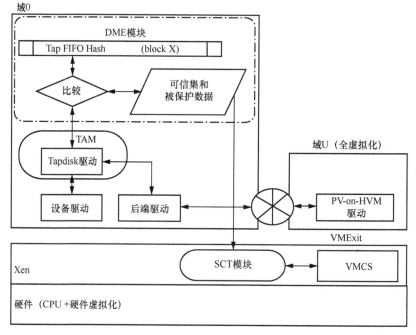

图 5-1　基于 Xen 虚拟机监控器的 TCT 实现

　　TCT 的原型包括一系列的功能模块：跟踪模块（Trace Module，TAM）、系统调用跟踪器（System Call Tracer，SCT）模块和决策引擎（Decision Making Engine，DME）模块。TAM 收集所有磁盘操作信息并完成度量和控制磁盘的操作，SCT 收集和过滤系统调用参数及实施内存访问控制，DME 依据 TAM 和 SCT 收集的信息做出度量或访问控制的决策。

　　Nimbus 是一套开源的工具集，可以构建类似亚马逊架构的云计算解决方案。如图 5-2 所示，为了支持 TCT 的设计，需要修改 Nimbus 云资源节点的 Xen 虚拟机监控器，并在域 0 实现远程度量守护进程，报告虚拟机度量信息。SaaS 提供者在 Nimbus 云平台部署服务，将认证代理服务器作为通信桥梁；SaaS 使用者可发送度量请求获取 FTP 服务的度量列表。

　　SaaS 使用者验证该 FTP 服务的度量列表。如果该度量列表符合 SaaS 使用者的完整性需求，则可以对其进行签名并将其作为可信集授权给 TCT 来保护其敏感数据。SaaS 使用者需要将其保护数据的目录信息和经过签名的可信集提交给认证代理服务器，由认证代理服务器通知相应的节点来监控 FTP 服务的完整性变化。

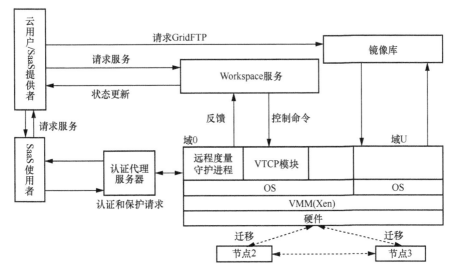

图 5-2　实现 TCT 的 Nimbus 架构

在具有 TCT 架构的云计算环境中，SaaS 使用者的敏感数据同其期望的环境完整性绑定在一起，执行环境是否值得信赖则取决于 SaaS 使用者自己的判断。例如，如果 SaaS 使用者需要 FTP 服务为其上传的数据提供额外的加密服务，则需要自己去选择一个能满足其需求的 FTP 服务。TCT 可以通过度量 FTP 服务的配置完整性和将 SaaS 使用者的敏感数据同其配置完整性相绑定的方式，确保 SaaS 使用者选择的 FTP 服务不会欺骗自己。

5.2.2　云平台动态可信度量

在云计算场景下，消费者数据的存储和处理都是在云端进行的，这就需要保证云端的存储安全和计算安全，因为哪怕仅仅是一个漏洞都有可能威胁云端众多消费者的数据安全。目前针对云端安全存储的工作已经取得了较大的进展，但是云环境计算安全的问题依然没有得到解决。而现实情况是云端完全建立在虚拟机上，与此同时租户操作系统通常可以被轻易攻破（如探测它们的漏洞），因此并不能充分地保证其本身的安全性。这就产生了解决云端安全计算问题的需求。

本节选取可信执行环境（TEE）系统进行详细阐述，其核心目标在于确保云计算的安全性。该系统允许多个租户在同一平台上各自运行他们的安全敏感应用，并确保每个应用在其独立的 TEE 中被隔离和保护。TEE 系统的灵活性使它可以满足广泛的应用需求，如从简单的加密库到高度可信赖的软件解决方案。

1. 云平台动态可信度量机制概述

为了合理地分配资源，更加灵活的虚拟化技术已经成为支撑云计算的关键技术，并且已经广泛运用在现有的云计算实践中。如图 5-3 所示，云端通过可信虚拟域（Trusted Virtual Domain，TVD）[14]（或者 VIOLIN 系统[15]）让租户管理自己的系统，同时能为每台虚拟机单独提供可信执行环境。相比之下，传统的可信执行环境无法为云平台上的每一台虚拟机单独提供安全可信执行环境。

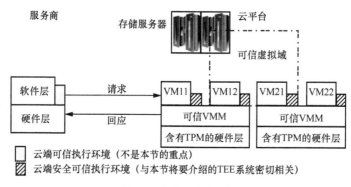

图 5-3　安全云计算场景

现有的可信执行环境构建技术都不能在安全敏感应用运行的时候提供足够的安全性，而一些抵御恶意操作系统攻击的解决方案也不适用于云端。基于该问题，本节将介绍一种云平台动态可信度量机制，用于保障云计算的安全。目前常用的 TEE 兼有虚拟化和可信计算技术的优点，并使用了虚拟动态可信度量根（virtualization of the Dynamic Root of Trust for Measurement，vDRTM）。vDRTM 相较于 DRTM 来说可以用于虚拟化场景，使消费者可在不关闭计算机电源时启用可信执行环境，同时它具有 DRTM 的分辨指令是否来自可信环境以及可随时启用的优势，因此被用于 TEE 中。

2. 动态可信度量根的虚拟化

虚拟动态可信度量根包括以下 4 个模块。

① vDRTM 的 Locality。TPM 1.2 使用 5 个 Locality 区分 TPM 指令的来源，决定它是不是可信的。DRTM 和 vDRTM 下的 Locality 见表 5-1，该系统在 vDRTM 中定义了 5 个 Locality，它们分别与 DRTM 中的 Locality 对应。支持 vDRTM 的 vTPM 管理器可以保证只有 vD-CRTM 能够重置 vTPM 的 $PCR_{17\sim19}$。特殊的是，

Locality 4 是能够重置 $PCR_{17\sim19}$ 的唯一来源。这意味着租户操作系统（OS）以及 TEE 不可以重置上述 PCR，因为它们不能使用 Locality 4（它们只能相应地使用 Locality 0 以及 Locality 1）。TEE 内核被加载时可以使用 Locality 2，这样它可以发布相应的 vTPM 密钥以及数据。TEE 内核以及敏感应用程序可以使用 Locality 1，因此它们不可以发布与 Locality 2 相关的密钥以及数据。租户操作系统（Locality 0）不可以发布与 Locality 1 相关的密码密钥。

表 5-1　DRTM 和 vDRTM 下的 Locality

Locality	DRTM 下的使用者	vDRTM 下的使用者
Locality 4	DRTM	vDRTM
Locality 3	辅助组件	辅助组件
Locality 2	可信 OS 的启动环境	启动时的 TEE 内核
Locality 1	可信 OS	启动后的 TEE 域
Locality 0	传统 SRTM 环境及其信任链	不可信租户 OS

在 vDRTM 实现中，使用 LocalityModifier 标识来标明现在可以使用的被激活的 Locality，使用 TOSPresent（从 TPM 1.2 版本沿用下来）来标识现有的 TEE。这样一来，当 vDRTM 处理一个消费者的加载 TEE 请求时，它将 TOSPresent 标识设置为真，与动态可信链的起点一致。TOSPresent 标识非常重要，因为它可以抵御非正常的 TPM 重置（如果由 DRTM 或者 vDRTM 进行重置，则 $PCR_{17\sim23}$ 被设为 $0\cdots0$，否则被设为 $1\cdots1$）。

② vDRTM 的 vTPM 管理器。在 vTPM 结构中，一个 vTPM 实例绑定一个虚拟机，并且 vTPM 管理器使用 vTPM 实例编号来与相应的 vTPM 通信（vtpmd）。

③ vD-CRTM。D-CRTM 接收到特权指令 SKINIT 或 SENTER 后，测量验证的编码模块或安全装载块并重置 TPM，再将度量值扩展到 PCR_{17}。与 D-CRTM 相对应，vD-CRTM 负责接收和鉴别加载 TEE 的系统调用，度量 TEE 内核及将在 TEE 域中运行的应用程序（应用程序可能也有输入），并要求 vTPM 重置 $PCR_{17\sim19}$，将上述度量值扩展到 PCR_{17}，最终将控制权交给 TEE 核心。

④ Virtual LPC（Low Pin Count）。vDRTM 必须使用类似于 TPM 和 DRTM 之间的通信方式，使支持 vDRTM 的 vTPM（vTPM 域中）和 vD-CRTM（VMM 中）之间的通信更加方便。该系统在 vD-CRTM 和 vTPM 管理器之间建立虚拟化的 LPC，然后在所有 vTPM 实例之间多路复用。虚拟化 LPC 是通过 Xen 和 vTPM 管理器之间的共享内存来实现的。虚拟化 LPC 由 vTPM 管理器初始化，工作过程如图 5-4 所示。

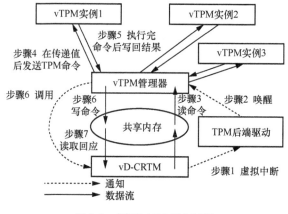

图 5-4　虚拟化 LPC 工作过程

步骤 1：vD-CRTM 写一条用于共享内存页的 TPM 命令，包含 TOSPresent、命令来源、Locality 以及实例数，然后发送虚拟 IRQ 给 TPM 后端驱动。

步骤 2：TPM 后端驱动唤醒 vTPM 管理器阅读这个信息。

步骤 3：vTPM 管理器判断这个命令来源是 TPM 前端驱动还是 vD-CRTM。如果是来自 vD-CRTM，vTPM 管理器提取出 TOSPresent、Locality、实例数以及命令来源，并且将 MESSAGE1 转换成 MESSAGE2。如果命令来源不正确，例如，TPM 前端驱动在一个不可信的客户操作系统中，但是外部的 TEE 管理器被攻击了，vTPM 管理器会自动地将其修正。

步骤 4：vTPM 管理器发送 TPM 命令给 vtpmd 通道：tpm_cmd_ to_%d.fifo。

步骤 5：当 vtpmd 从通道中收到命令后，它会提取 Locality 信息、TOSPresent 以及命令来源，并且将回应发给 vTPM 通道：tpm_rsp_from_all.fifo。

步骤 6：vTPM 管理器获取这个回应，将其写入共享内存，然后使用新增的系统调用 vTPMManagerNotification 提醒 vD-CRTM 接受这个回应。

步骤 7：vD-CRTM 从共享内存中读取回应。

3. 基于 Xen 的 TEE 系统

为了给租户提供一个通过 DRTM 启动的安全执行环境，并在该安全执行环境中执行安全敏感应用，系统虚拟化了 DRTM。所得到的系统体系结构由两部分组成：vDRTM 和 TEE。

vDRTM 的设计可以模拟 DRTM 允许同时发生多个调用时的功能和服务，并具有以下 3 个组成部分（如图 5-5 中粗体突出显示）：支持 vDRTM 的 vTPM 管理器，能通过修改 vTPM 管理器的代码控制 Locality 特权的使用；vD-CRTM（VMM

中），可为加载 TEE 过程的系统调用提供认证，重置对应 vTPM 的 $PCR_{17\sim19}$，并扩展 TEE 内核和安全敏感应用的度量值到 PCR_{17}；虚拟 LPC，是 vD-CRTM 和 vTPM 管理器之间通信的虚拟总线，在非虚拟系统中模拟 CPU 和 TPM 之间的 LPC 总线。

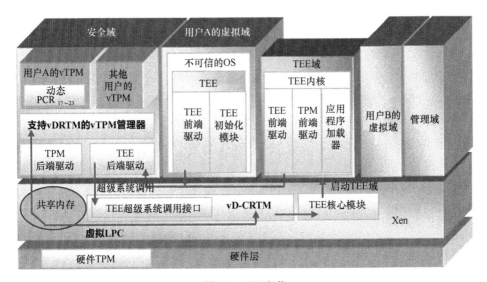

图 5-5 TEE 架构

TEE 系统由以下 3 部分组成：TEE 域，是可信执行环境，其中敏感应用程序运行在 TEE 内核上，可以通过扩展适合的软件系统来实现（范围从被视为可信的纯加密库到成熟的操作系统）；TEE 管理器，位于租户操作系统中，是租户用来调用 TEE 系统的接口；TEE 核心，位于 VMM 中，使用 Xen 的 pause 指令来暂停客户虚拟机，TEE 管理器在客户虚拟机中初始化加载 TEE 的请求。

5.2.3 云服务可信构建

云服务可信构建是一个综合性较高的过程，涵盖了多个层面的安全保障工作。在这一过程中，可信虚拟机组构建机制发挥着至关重要的作用。它不仅确保了云服务平台上的虚拟机均具备高度可信性，从而增强了云服务的整体安全性；同时，它还能提供强大的隔离性和可控性，有效防止虚拟机之间的安全威胁传播，进一步提升了云服务的可信度。

可信虚拟机组构建机制是确保虚拟机在云环境中安全稳定运行的核心，能有效防范各种安全威胁，保护虚拟机内部数据和应用的安全。这为云服务的可信构建提供了坚实的基础，使云服务平台能够在可信的环境中为租户提供服务。

TPM 与云服务可信构建之间存在着密切的关系。TPM 作为一种硬件安全模块，可为计算机系统提供安全可信的环境，同时确保数据的机密性、完整性和可用性。在云服务可信构建过程中，TPM 发挥着重要作用。它可以帮助云服务提供商构建安全可靠的云计算环境，保护租户数据的隐私和安全。利用 TPM 的安全特性，云服务可以抵御恶意软件、黑客攻击等威胁，提升服务的可信度和可靠性。因此，TPM 的应用对云服务可信构建具有重要意义，能够为租户提供更加安全、可信的云服务体验。

图 5-6 展示了云环境下的虚拟机组场景。假设某企业租用公有云的 5 台虚拟机来构建一个可信虚拟域。其中，3 台虚拟机用作 Apache 服务器，分别用于架设网站、博客和论坛。另外两台虚拟机则作为反向代理，与 DNS 相连，负责将外部云租户的请求转发给后端的 Apache 服务器。这 3 台 Apache 服务器还会共享存储的租户信息数据，使租户只需要在一个地方注册，其信息就可在所有平台（网站、博客和论坛）上共享。后来加入的 Apache 服务器 4 是一台提供付费网盘服务的虚拟机，其租户付费了，具有独立性。因此，该虚拟机不需要共享前 3 台虚拟机的信息数据。租户在使用网站、博客和论坛时，可以共享他们在网盘中的文件。

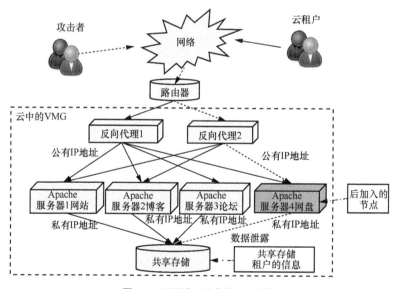

图 5-6　云环境下的虚拟机组场景

（1）无法度量虚拟域内虚拟机启动顺序

在上述的场景中，一个虚拟组将合作完成某些任务。在某些特殊的情况下，多机的启动顺序有严格的限制，否则会导致一些安全问题。如图 5-7（a）所示，正常启动顺序应该是两个反向代理先启动防火墙，然后启动其他 Apache 服务器节点。即在两个防火墙完全启动之后，其他 Apache 服务器才能启动。此后若攻击者发起攻击，那么该攻击可以被反向代理的防火墙劫持。在实际操作中，由于网络管理员的失误或者其他原因，若启动过程不是上述正确的启动过程，而是按照如图 5-7（b）所示的错误启动顺序，首先启动反向代理 1 的防火墙，隔了一段时间后再启动反向代理 2 的防火墙，这就使得攻击者有充足的时间发起攻击，如攻击者可以利用 Apache 的 CVE-2014-6271 漏洞在 Apache 服务器上执行任意代码，从而窃取数据。

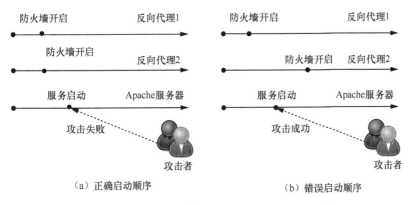

（a）正确启动顺序　　　　　　　　　　（b）错误启动顺序

图 5-7　虚拟域内部虚拟机启动顺序不同带来的安全威胁

（2）在数据共享过程中无法保证密钥不离开 vTPM

在 vTPM 架构中，被一台虚拟机中的 vTPM 封装的数据无法被另一台虚拟机解封，即便这两台虚拟机都分配给了同一个云计算租户。这限制了虚拟机间的数据共享。为此需要运行基于密码学的密钥管理协议，并基于此架设多台虚拟机间的加密信道。多台虚拟机间的密钥协商会涉及 vTPM 的密钥迁移，该过程不仅资源开销非常大，而且密钥在迁移过程中离开了 vTPM，安全性降低，容易遭受攻击，进而影响共享数据的安全。

除了上述两种缺陷，直接将 vTPM 应用于云环境也会在远程证明过程中造成更大的性能开销。由于云计算租户往往需要一系列的虚拟机来完成特定的计算任务，因此虚拟机组在云环境中特别常见。在这种情况下，如果使用 vTPM 来实现计算的可信，那么每一台虚拟机都拥有自己的 vTPM 实例。每一个 vTPM 实例都将完全独立，每台虚拟机只会将自己的安全状态以特定的顺序扩展到 PCR 中。当挑战者需要验证该系列虚拟机的安全状态时，无论是对于服务端还是客户端而言，计算复杂度和通信开销都与虚拟机数目呈线性相关。上述开销都将随着远程证明次数的增加而增大。

接下来介绍一种云环境下的可信虚拟机组构建机制 TPMc（TPM for Cloud）。基于 TPMc 构建的可信虚拟机组的系统架构如图 5-8 所示。为了保证系统的可移植性以及维护的便利性，该系统扩展了原有 vTPM 管理器和 TPM 模拟器的功能，主要包括如下 6 种特殊机制。

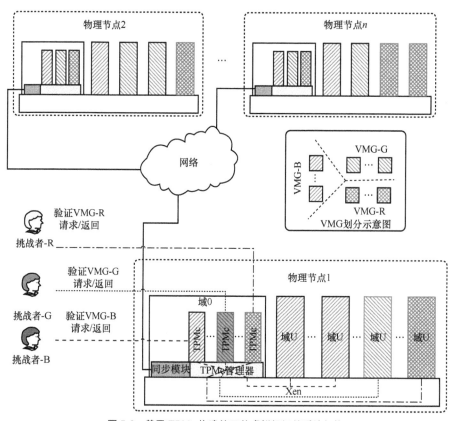

图 5-8　基于 TPMc 构建的可信虚拟机组的系统架构

① TPMc 实例：为了实现虚拟域中虚拟机所共享的 TPM 功能，为每个节点分配一个修改过的 vTPM 实例作为 TPMc 实例。

② 保持一致性及并发性：为了在 TPMc 间保持一致性和并发性，使用网络存储服务设备来共享 TPMc 实例数据。

③ 共享密钥结构：为了使多个虚拟机能够在有安全性和敏感性要求的任务中协作，有必要让虚拟域中的虚拟机共享密钥结构。

④ 监视虚拟域中的虚拟机：为了监视虚拟域中虚拟机的状态，TPMc 需要监控 PCR 的扩展操作，并通过扩展自身相应的 PCR 来记录上述变化。

⑤ 虚拟机之间共享数据：为了使 TVD 中的各个虚拟机之间可以互相共享数据，该系统实现了一种新的基于 Seal/Unseal 的数据共享机制。

⑥ vTPM Manager 的新线程：为了使 TPMc 能够接收来自域 0 的 TSS 核心服务（TCS）的命令，建立了一个 TPMc 新线程来接收上述管道的命令。

该系统具有以下 5 种特点：可信监控，允许验证者监控虚拟域中所有虚拟机的安全状态；有意义的远程证明，允许在虚拟域中建立所有虚拟机度量值变化的证明数据；针对虚拟域全新的封装解封功能，不同于 vTPM 可以把密钥封装到它自己的 PCR 下，TPMc 可以把密钥封装到多个虚拟机的 PCR 下，这样一台虚拟机遭受攻击后其他虚拟机不会受影响；安全共享非易失存储，虚拟机组中的虚拟机很有可能分布在不同的物理节点上，为了监控上述虚拟机，每一个物理节点都部署一个 TPMc 实例；细粒度的数据共享，一个虚拟机不仅能与组内其他所有成员共享数据，还能指定与哪些虚拟机共享数据。

5.3　云应用可信隔离

5.3.1　可信云应用内存隔离

传统的 TEE 直接将应用程序部署到安全世界中，但是这既没有办法提供灵活的部署策略，使每一个添加的程序都要经过漫长的验证，又进一步增加了安全世界的可信计算基础（TCB），导致安全世界容易产生漏洞。现阶段已经有一些方案利用 TEE 技术在普通世界实现了敏感数据隔离策略，如 SANCTUARY[16]、Ginseng[17]和 TrustICE[18]等，都利用运行在安全世界的控制器来保护普通世界的数据安全。SANCTUARY 给每一个核都分配了独占的内存资源并且仅让受保护的用户程序和敏感数据运行在一个核中，这样就可以有效防范运行在其他核上的攻击者。Ginseng 将数据加密存储在内存里，只有需要时才将数据解密到寄存器中访问。TrustICE 动态控制内存的安全属性，当不访问内存时将其设置为安全内存，这样攻击者就无法访问了。然而现在有一种新的基于缓存的攻击——CITM（Cache-in-the-Middle）攻击，该攻击可以绕过之前的数据防御方案。由于以往的方案中内存的安全设置并没有配置对应缓存的安全属性，因此即使内存被设置为安全的，缓存也依然是非安全的，攻击者可能成功窃取并修改用户程序内存保护区的数据。例如，攻击者可以利用 L1 缓存在并发操作的过程中实现跨核的数据窃取；攻击者还可以利用缓存绕过应用程序执行时上下文切换过程中的安全检查工作并且窃取和篡改内存中的数据；甚至一些安全方案根本就没有将缓存中的敏感数据清空，最终导致攻击者可以直接访问相应的数据信息。

（1）内存层次结构

用户程序的代码和数据存储在内存中，保护这些程序的安全实质上就是保护内存的安全。然而，处理器并不直接访问内存，而是通过缓存进行数据交互。缓存能够暂时存储内存数据，提供更快的访问速度。因此，在保护内存数据安全的同时，也必须确保缓存数据的安全。

在现代处理器架构中，通常配置有 L1 和 L2 两级缓存。L1 缓存进一步细分为指令缓存和数据缓存，而 L2 缓存是多个核共享的，用于存储指令和数据。这些缓存使用缓存集和缓存行作为基本管理单位，整个缓存被划分为多个大小相同的缓存集，每个缓存集再细分为缓存行，缓存行是实际存储数据的基本单位。

（2）数据保护模型

数据保护模型根据程序的两种不同运行状态，被细分为两种模型。模型 1 允许被保护的程序与其他程序在普通世界中并行运行。模型 2 在被保护的程序运行时，会暂停多核处理器上其他程序的执行。

在模型 1 中，不受信任的程序可以与被保护的应用程序在两个或多个核上同时运行。在多核平台上，当被保护的应用程序在一个核上执行时，不受信任的进程可能同时在其他核上运行，或者以时间分片的方式在同一个核上交替运行。为了保护敏感数据，这种数据保护模型通常采取 3 种安全措施：为每个被保护的应用程序分配独占的仅能由特定核访问的存储空间（例如，SANCTUARY 方案为一个核分配独占的内存，Ginseng 方案则将数据存储在只有特定核才能访问的寄存器中）；被保护程序挂起或完成时，通过在程序切换过程中清理数据来防止敏感数据被随后运行的不可信程序访问；被保护程序恢复执行或启动时，安全世界的控制器会负责恢复数据并分配安全的存储空间来存储数据。

在模型 2 中，不受信任的程序不允许与被保护的应用程序同时运行。在单核平台上，当一个被保护的应用程序在普通世界中运行时，所有不受信任的进程都将被挂起。同样，在多核平台上，即使有可用的核可供调用，安全世界的控制器也会挂起所有不受信任的进程。这种配置确保了一旦被保护程序完成执行，其敏感数据就不会被随后运行的不受信任程序所访问，从而提高了系统的整体安全性。

（3）CITM 攻击类型

现有的数据保护系统主要侧重于对内存的安全防护，而对缓存中数据的安全性研究不足。攻击者可利用并行运行时的核独占存储内存，以及被保护程序上下文信息的非法访问来实施攻击。具体而言，基于缓存的攻击（CITM 攻击）可分为以下 3 类：第一类，在并行运行过程中的核独享内存空间，在多核系统环境下，当内存用于存储被保护应用程序的敏感数据时，普通世界中恶意并行的操作系统有可能通过操纵缓存来窃取或篡改核独享内存中的敏感信息；第二类，绕过被保护程序结束运行时的保护机制，攻击者可能会尝试在被保护程序进行上下文切换时绕过其实施的安全措施，以获取敏感数据；第三类，在用户程序上下文切换过程中利用不完善的保护措施窃取敏感数据。

总体来说，当数据保护系统采用模型 1 进行数据保护时，它们可能会面临这 3 种已确定的攻击类型。当使用模型 2 时，数据保护系统更容易受到第二类和第三类攻击，但能够避免在并行运行时才会出现的第一类攻击。值得注意的是，第一类和第三类攻击仅在内存用于存储敏感数据时才可能有效，而第二类攻击则主要针对应用程序实现的上下文切换安全机制。

（4）缓存锁定技术

缓存锁定技术允许程序将代码和数据加载到缓存中，并将其标记为不可清除。这种技术的主要目的是通过提供更快的系统响应速度，以及避免缓存回收机制导致的不可预测的执行时间，来优化系统性能。然而，攻击者可能会滥用缓存锁定技术来发动 CITM 攻击。例如，他们可能会锁定缓存中的内存写操作，从而使内存清理操作无效，进而窃取或篡改敏感数据。

实现缓存锁定可以采用 3 种不同的方法：某些开发平台允许用户通过配置 L2 缓存辅助控制寄存器来锁定特定的 L2 缓存；通过将攻击者控制的内存区域设置为可存储到 L2 缓存中，同时将其他所有内存区域设置为不可存储到 L2 缓存中，攻击者可以实现对 L2 缓存的独占；攻击者可以通过更细粒度的控制，对每个内存页面的缓存属性进行配置，从而独占一些 L2 缓存集，如图 5-9 所示。接下来，本节将分析 3 个著名的数据保护系统 SANCTUARY、Ginseng 和 TrustICE 中存在的 CITM 相关漏洞并介绍一种对应的有效防御方案。

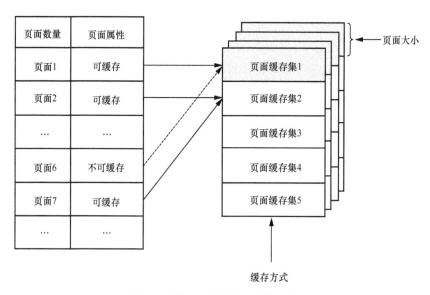

图 5-9　通过页表控制实现缓存锁定

① SANCTUARY 系统漏洞。SANCTUARY 已禁用了 L2 缓存以实现每个核独占内存，同时在上下文进程切换时敏感数据独享的内存和 L1 均得到有效清理，因此 SANCTUARY 对第三类 CITM 攻击是免疫的。此外，数据清理操作由应用程序自己实现而非依赖于安全世界，因此 SANCTUARY 也不会受到第二类 CITM 攻击的影响。由于 L1 缓存位于每个核内，无法直接从其他核进行访问，因此在并行运行时，SANCTUARY 系统不对 L1 缓存提供额外的保护。但是由于在系统运行时缺乏对 L1 数据缓存的有效保护，SANCTUARY 系统容易受到第一类 CITM 攻击的影响。不同核之间的 L1 缓存并不完全是无关的，L1 缓存的缓存属性存在共享属性，通过对共享属性的设置可以精准地将某一个核的 L1 数据缓存泄露到其他核的 L1 数据缓存中。

② Ginseng 系统漏洞。Ginseng 采取了在寄存器中存储和处理敏感数据的策略，以确保它们的安全。因此，该系统对第一类 CITM 攻击具有免疫性。此外，寄存器的内容不会流经缓存，使得它不会受到第三类 CITM 攻击的影响。然而，该系

统可能会受到第二类 CITM 攻击的威胁。Ginseng 依赖于在安全世界中运行的控制器，在用户程序进行上下文切换时执行数据清理操作。由于操作系统不可信，为了触发安全中断，控制流通过访问安全内存来实现从普通世界的用户程序直接跳转到安全世界的控制器。但是，在普通世界中，攻击者可以通过操纵映射到安全内存的非安全缓存，来阻止从普通世界到安全世界的控制流切换过程。

③ TrustICE 系统漏洞。TrustICE 将整个物理内存静态地划分为 3 个独立的区域以实现数据保护。这些区域分别用于正常世界中的操作系统、正常世界中的被保护程序，以及安全世界中的可信域控制器（TDC）。系统通过动态配置被保护程序内存的安全属性，实现了对敏感数据的保护。尽管 TrustICE 使用模型 2 来实现数据保护，从而对第二类 CITM 攻击具有免疫力且不容易受第一类 CITM 攻击的影响，但在上下文切换过程中仍存在安全隐患。具体来说，虽然对应的内存受到了保护，但相应的缓存却处于非安全状态，且未被正确清理。

④ 防御方案。直观而言，最直接的防御策略是全面禁用用户程序所使用的所有缓存。然而，这种策略在无缓存情况下将引发巨大的性能损耗，因此并不切实可行。导致 CITM 攻击的主要原因在于缓存和主存两层内存体系结构间的不一致性。因此，防御工作的重点在于消除这些不一致性。第一类 CITM 攻击的核心问题在于内存隔离并不等同于缓存隔离，为消除第一类 CITM 攻击，应将与内存隔离相对应的核的缓存属性设置为不可存储至 L2 缓存，并且设置共享属性为非共享状态。造成第二类 CITM 攻击的主要原因是内存和缓存之间的读写操作不同步，为应对第二类 CITM 攻击，应在内存和缓存之间同步读写操作。具体而言，用户程序内存的缓存属性（如 Ginseng 系统中的安全内存）应始终配置为直接写入、不可写分配。这样，读写操作就不会仅限于在缓存中执行。第三类 CITM 攻击的主要问题在于缓存的安全属性取决于访问它的核的状态，为应对第三类 CITM 攻击，建议在应用程序初始化或终止运行时，在相关的上下文操作中清除缓存中的数据。

综上所述，本节所列举的 3 类 CITM 攻击可以通过以下方法消除：一是将用户程序内存的缓存属性配置为直接写入、不可写分配、不可存储至 L2 缓存且设置为非共享状态；二是在上下文切换时清理用户程序内存对应的缓存。通过上述配置，无论是在程序初始化、执行还是终止过程中，攻击者都无法获取内存中的敏感数据信息。这种方法既实现了对内存的保护，又确保了数据在缓存中的安全。结合已有的数据保护方案并辅助执行相应的防御系统，就可以实现更为安全的运行环境隔离技术。

5.3.2　可信云应用安全交互

TEE 系统包含普通世界（具有普通运行权限）和安全世界（具有高特权运行权限）两个部分。每个 TA 程序在普通世界都有一个对应的客户端应用程序 CA，负责与 TA 程序进行交互。普通世界的应用程序调用 TA 来完成一些专用的安全功能，如数字权限管理和身份认证等。由于 TA 的执行在安全域中是隔离的，因此在富操作系统中引入了 TEE 客户端共享库和 TEE 驱动两个组件来方便用户程序调用。TEE 客户端共享库是一个隐藏代码实现细节并为 CA 提供用户友好 API 的动态库；TEE 驱动程序则直接与安全世界进行交互。当 CA 通过特定的 TEE 共享库 API 发起 TA 调用时，TEE 驱动程序会执行一个世界切换指令来暂停富操作系统的运行并将处理器切换到安全监控模式。然后，安全监视器完成从普通世界到安全世界的上下文切换过程，并激活 TEE 安全内核和相应的 TA 以响应调用。当 TA 完成执行后，安全监视器将系统恢复到富操作系统挂起的位置并将结果返回给 CA。

一些方案已经尝试保护跨域交互操作，然而，这些解决方案或者依赖于富操作系统的安全性（在现实世界中，富操作系统本身也可能受到安全威胁），或者存在频繁的内核模式和用户模式之间的切换以及加密和解密操作会导致性能急剧下降的问题。下面以一种名为 TrustICT 的针对多核平台上 CA 和 TA 之间的可信交互机制的轻量级解决方案[19]为例，介绍解决上述问题的具体方法。该方案利用 TEE 地址空间控制器 TZASC 提供的内存隔离机制来保护用于跨域通信的域共享内存 DsM 的访问。具体来说，TrustICT 劫持富操作系统中的模式切换操作，并将其捕获到安全世界中进行处理。在安全世界中，管理器进程通过 TZASC 动态控制对 DsM 的访问权限，确保只有合法的 CA 程序能够读写 DsM 内存，而富操作系统或非法用户应用程序则无法访问。同时，TA 程序只能处理 DsM 中的数据，并将数据返回给受保护的 DsM。这是通过在内核模式到用户模式切换过程中添加钩子程序（K-U 钩子）以及在用户模式切换到内核模式时添加钩子程序（U-K 钩子）来实现的。与加密操作相比，这种方案仅通过设置几个寄存器来控制 DsM 的访问权限，从而提高效率。

图 5-10 展示了 TrustICT 的基本结构。其中，浅灰色方框表示 TrustICT 新增的模块，深灰色方框则表示从 OP-TEE 系统现有功能扩展而来的模块。在这个方案中，主要思路是介入跨域通信过程，确保只有合法的 CA 和 TA 能够访问相关的

DsM 区域，并且 TA 只能处理受保护的 DsM 区域中的数据。TrustICT 跨域通信操作流程的主要包含 6 个步骤。

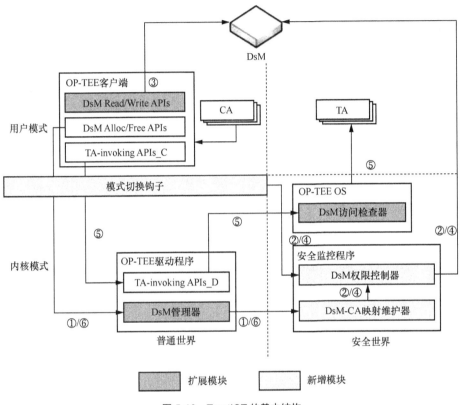

图 5-10　TrustICT 的基本结构

① 为 CA 分配 DsM 区域：跨域通信的发起始于 CA 进程调用 DsM Alloc APIs（此 API 由 TEE 共享库提供），以申请一个或多个 DsM 区域。随后，DsM Alloc APIs 会调用运行在 TEE 驱动程序中的 DsM 管理器来分配这些 DsM 区域。TrustICT 改进了 DsM 的分配过程，并在 CA 和 DsM 区域之间建立了一对一的映射关系，称为 DsM-CA 映射。为实现这一映射管理，TrustICT 在安全监控器中引入了 DsM-CA 映射维护器模块。

② 使能 DsM 区域的访问权限：在系统启动阶段，TrustICT 会默认锁定所有 DsM 区域，确保其访问权限为不可访问。因此，在 CA 进程访问 DsM 区域之前，必须先进行解锁操作。为此，TrustICT 引入了两个关键模块来控制 DsM 区域的访

问权限：一是富操作系统内核中的模式切换钩子，二是安全监控程序中的 DsM 权限控制器。模式切换钩子的职责是劫持富操作系统中所有的用户到内核（U-K）和内核到用户（K-U）的模式切换操作，并根据需要通知 DsM 权限控制器锁定或解锁特定的 DsM 区域。在分配完 DsM 区域后，控制流会返回给 DsM Alloc API，进而触发 K-U 模式切换。在 K-U 钩子中，如果确认 CA 进程合法且该 DsM 区域归属于该 CA 进程（即与 DsM-CA 映射列表中的条目相匹配），则会通知 DsM 权限控制器对该 DsM 区域进行解锁。

③ 读写 DsM 区域：一旦 DsM 区域被解锁，相应的 CA 进程就可以对其进行读写操作。然而，由于 DsM 区域的锁定状态可能在运行过程中发生变化，因此 CA 进程中的 DsM 访问操作可能会遇到异常，特别是 DsM 被锁定时。由于 CA 进程运行在普通世界的用户模式下，因此它无法直接感知安全世界中 DsM 锁定状态的变化。为解决这一问题，TrustICT 引入了一种重复验证机制，以确保 CA 能够安全地获取 DsM 的状态信息。

④ 关闭 DsM 区域的访问属性：完成 DsM 的读写操作后，CA 进程会调用 TEE 驱动程序，将向相应 TA 写入数据的地址传递给安全世界，这会导致富操作系统发生 U-K 模式切换。在 U-K 钩子中，DsM 权限控制器会被通知将所有 DsM 区域重新设置为不可访问状态，从而确保它们被锁定。

⑤ 向被调用的 TA 传递 DsM 区域的地址：当 TA 被调用时，TEE 驱动程序会将 CA 操作的 DsM 区域的物理地址传递给 TA。在原始的跨域通信中，TEE 安全内核中的 DsM 访问检查器会验证这个地址是否位于特定的物理内存范围内。然而，这种简单的验证方式无法抵御某些利用语义鸿沟漏洞（如 BOOMERANG 漏洞）发起的攻击。因此，TrustICT 为 DsM 提供了更细粒度的检查机制，包括验证驱动程序提供的地址是否存在于 DsM-CA 映射中，并确认是否由相应的 CA 调用。只有通过这些检查，TA 才能对 DsM 区域内的数据进行处理，并将结果写回该区域。完成写入操作后，上下文会切换回 TEE 驱动程序，并执行 K-U 模式切换，将控制流转移回 CA。在 K-U 钩子中，DsM 区域会被解锁，以便 CA 读取 TA 返回的数据。

⑥ 释放 DsM 区域：通过调用 TEE 共享库中的 DsM Free APIs 触发 U-K 模式切换并导致 DsM 区域被锁定。在此过程中，使用 DsM 区域的物理地址作为参数来修改 DsM 管理器。释放 DsM 区域后，会启动一个映射删除请求。如果确认 CA 进程合法且其所属的 DsM 区域与 DsM-CA 映射列表中的项相匹配，则 DsM-CA 映射维护器将解除该映射关系。为确保数据安全，TrustICT 还会清除已释放的 DsM

区域内的所有数据。

在①中，攻击者可能会尝试向 DsM-CA 映射维护器提供一个伪造的 DsM 区域（即伪造的物理地址），因为 TEE 驱动程序并不受信任。然而，攻击者无法预先在伪造的 DsM 区域内存储恶意数据以滥用通信通道。原因在于，一旦 DsM 区域被分配给 CA，其中的任何遗留数据都将被清洗。此外，尽管攻击者可能通过伪造的 DsM 区域实现后续的跨域通信，但他们仍然无法操纵或窃取存储在该伪造区域内的数据。这是因为一旦伪造的 DsM 区域被使用，它就会受到 TrustICT 的锁定机制的限制。

通过上述步骤，TrustICT 可以安全地使用模式切换钩子、将 DsM 的锁定状态通知给 CA 并防止特权富操作系统的攻击。SeCReT 是另一种可实现相似安全功能的安全交互方案。然而，SeCReT 采用了耗时的密码操作，并通过挂载和监视每个页表操作来保护富操作系统内核的静态区域，这可能会引入巨大的系统开销。此外，SeCReT 仅适用于单核平台，而 TrustICT 则是多核平台上的轻量级解决方案。

5.3.3　可信云应用内存防护

无论是 TEE 系统还是其他可信执行环境，都需要应对多种类型的攻击，这些攻击不仅包括从普通世界软件层发起的攻击，还涉及物理内存泄露攻击，如冷启动攻击和总线监测攻击。TEE 系统通过在安全环境中运行安全敏感的应用程序，可以有效地抵御软件攻击。然而，为了防止物理内存泄露攻击，需要使用片上 RAM（On-chip RAM，OCRAM）和缓存来构建安全的执行环境。

SecTEE、Minimal Kernel 和 Oath 等方案利用 OCRAM 来构建执行环境，而 CaSE 方案则利用缓存。这些方案的核心思想是在内存中加密应用程序，需要执行时才在 OCRAM 或缓存中解密。由于数据被加载到内存时已经加密，攻击者即使能从内存中获取密文，也无法获取用户信息，除非他们掌握了解密密钥。然而，将这些 TEE 系统中的防御方案直接应用于其他可信执行环境是具有挑战性的。当采用缓存辅助保护技术时，必须解决两个主要问题。首先，在安全世界中将数据加载到缓存并确保其安全执行加/解密操作是具有挑战性的。其次，保护非安全缓存免受运行在多核处理器上的恶意富操作系统的软件攻击也是一项艰巨任务。以往的防护方案将数据保护在安全缓存中，但我们的系统运行在普通世界中，必须访问非安全缓存，而这些缓存也可能被富操作系统访问。

因此，为了保护非安全缓存免受富操作系统的恶意软件攻击，需要采取额外的保护措施。同样地，当使用 OCRAM 来提供保护时，也需要使用非安全 OCRAM 来存储数据，并保护其免受软件攻击。本节将以一种名为 CacheIEE 的可信执行环境保护系统为例，介绍针对上述问题的可行解决方案[19]。CacheIEE 基于缓存构建了缓存协助的隔离执行环境（Cache-assisted Isolated Execution Environment，CIEE），以保护普通世界中应用程序的敏感数据。在 CIEE 中，敏感数据以密文形式存储在内存中，来抵御物理内存泄露攻击，并且仅被解密到运行 CIEE 的核所使用的缓存中。由于为 CIEE 配置了独享的缓存，其他攻击程序无法获取 CIEE 缓存中的信息，从而有效地防止了软件层攻击。

CacheIEE 架构如图 5-11 所示，该架构由两个主要组件构成：CIEE 监控程序和 CIEE 加载程序。这两个组件均运行在受 TrustZone 保护的安全内存中。CIEE 监控程序负责管理 CIEE，并在其运行期间提供保护。CIEE 加载程序则由 CIEE 监控程序调用，负责在 CIEE 运行期间执行数据的加密和解密操作，它从内存中解密数据并将明文传输到缓存中，同时还会对缓存中的数据进行加密并将密文传回内存。为了防止物理内存泄露攻击，CIEE 加载程序被部署在受 TEE 保护的安全片上系统中。

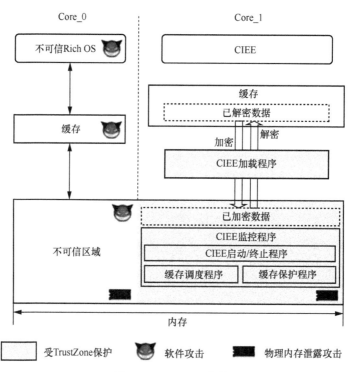

图 5-11　CacheIEE 架构

CIEE 监控程序包含 3 个模块：CIEE 启动/终止程序、缓存调度程序和缓存保护程序。CIEE 启动程序负责准备 CIEE 的执行环境，而 CIEE 终止程序则负责清理 CIEE 的执行环境。缓存调度程序在 CIEE 运行期间安全地管理缓存的使用，并调用 CIEE 加载程序以确保内存和缓存之间的安全数据传输。同时，它采用内存作为备份存储，以密文形式存储数据，从而为敏感数据提供更大的缓存容量。当缓存已满且 CIEE 需要访问新数据时，缓存调度程序会调用 CIEE 加载程序，使用缓存替换策略将数据从缓存卸载到内存、清除缓存中的数据并加载新数据。最后，缓存保护程序在多核平台上保护敏感数据免受软件层的攻击，例如，防止攻击者通过构造页表直接读取缓存中的数据或通过其他缓存相关操作读取缓存中的数据。

当 CIEE 监控程序接收到来自普通世界的运行 CIEE 的请求时，它会调用 CIEE 启动程序来选择一个核，保存其当前的执行上下文，并设置 CIEE 所需的环境。在环境设置的过程中，缓存保护程序也会被调用，以提供额外的安全配置。完成这些设置后，控制流会切换回普通世界以执行 CIEE。

在执行 CIEE 期间，CIEE 监控程序会拦截 CIEE 的每一个数据访问操作。为了实现安全的数据访问，CIEE 监控程序会调用缓存调度程序和 CIEE 加载程序来解密数据，并将其存储在缓存中，以供 CIEE 访问。CIEE 一旦执行完成，就会向 CIEE 监控程序发送一个终止请求。接到请求后，CIEE 监控程序会调用 CIEE 终止程序来清理 CIEE 环境，并恢复该核上的普通世界执行环境。

5.4　可信虚拟机服务

在云环境中，尤其是对于云环境下的虚拟机而言，构建一个适用于特定高安全级别应用的可信执行环境至关重要。但是这种环境的普遍适用性受到限制，因为它可能会带来巨大的性能开销。本节在综合国内外现有相关研究成果之后，介绍了一种有保证的数字签名（ADS）技术，旨在提高数据的可信性，同时避免对租户造成额外的负担。

5.4.1　可信虚拟机服务概述

数字签名作为确保网络数据来源真实、完整和不可抵赖的关键机制，在当前的计算机系统中面临着严重的安全威胁。黑客利用恶意软件等手段，可以轻易绕过传统的安全机制，窃取或滥用签名密钥，甚至直接伪造签名。该攻击方式并非通过破解加密算法，而是利用系统或协议漏洞来盗取密钥或伪造身份，使得传统的安全通信协议难以防范。即便采用防篡改硬件，也无法完全解决这一问题，因为攻击者可能不直接攻击签名密钥，而是破坏签名功能函数，从而绕过安全机制。

尽管密码学为数字签名的安全性提供了坚实的保障，但在实际应用中，仅仅依靠加密算法是远远不够的。现有的签名算法虽然能够减轻攻击者对签名可信性的破坏，但无法完全阻止。例如，PKI 的密钥撤销机制在检测到密钥泄露问题时往往耗时较长。将签名密钥的私钥部分放置在防篡改硬件设备上也不能保证绝对的安全，因为攻击者可能会绕过上述设备，直接攻击签名功能函数。

为了解决上述强力攻击问题，提高数字签名的可信性，本节将介绍一种名为 ADS 的创新性解决方案，它能增强数据的可信性，并为云租户提供安全的数字签名服务。ADS 结合了虚拟化技术和可信计算的优势，将敏感的签名密钥和签名服务置于可信的虚拟机中。这样做的好处是，只有在可信的虚拟机中才能执行与签名相关的敏感操作，而其他非关键操作则在租户的虚拟机中执行。利用虚拟机监控器较小的可信基，ADS 实现了内存映射保护机制，有效保护了通信信道、应用程序以及输入输出。在不影响签名效率的前提下，ADS 为云租户提供了安全的数字签名服务。

5.4.2　可信虚拟机服务架构

本节先介绍可信虚拟机面临的威胁模型，之后以基于 Xen 的 ADS 架构为例介绍减轻这类威胁的一种方案。

（1）威胁模型

在威胁模型中，该系统面临两种主要的攻击方式。

① 攻击 I：签名应用程序和通用操作系统被设计为恶意的。由于云服务提供商可能存在恶意行为，一些签名应用程序可能自始至终都是恶意的。ADS 系统在设计时需要对通用操作系统进行防护，因为它支持广泛的应用程序，但其安全性难以保障。

② 攻击 II：通用操作系统为恶意的，签名应用程序保持可信，即服务提供商保持诚实。在此情况下，无法确保可信的签名应用程序不会被潜在的恶意操作系

统破坏。例如，恶意的 OS 内核可能会调用签名应用程序以获取数字签名。

现有的解决方案无法有效抵御这两种攻击，它们主要针对签名私钥或签名功能函数。尽管攻击 I 的破坏力更强，但攻击 II 在实际情况中更为常见，因此本节将重点关注攻击 II。ADS 的安全目标是在攻击 I 和攻击 II 存在的情况下，确保以下系统安全属性。

系统安全属性 I：签名验证者能够验证签名私钥的安全性。

系统安全属性 II：签名验证者能够验证签名功能函数的安全性，确保攻击者无法获取未经授权的签名。

这意味着在攻击 I 和攻击 II 存在的情况下，ADS 系统需要为签名验证者提供安全远程证明服务。值得注意的是，由于签名应用程序所在的操作系统内核可能是恶意的，攻击者可能会阻止签名应用程序生成或获取签名。该攻击虽然会对系统可用性造成影响，但并不会对数字签名的可信性造成实质性威胁。实际上，该攻击可能会作为一种警示，提醒用户系统已被入侵，需要及时进行清理。因此，本节的后续部分将不再考虑该攻击带来的威胁。

（2）基于 Xen 的 ADS 架构

ADS 系统的目标是向签名验证者保证签名私钥的安全性（系统安全属性 I）和签名功能函数的安全性（系统安全属性 II）。核心思想是如何在如图 5-12 所示的攻击 I 和攻击 II 存在的情况下保证系统安全属性。

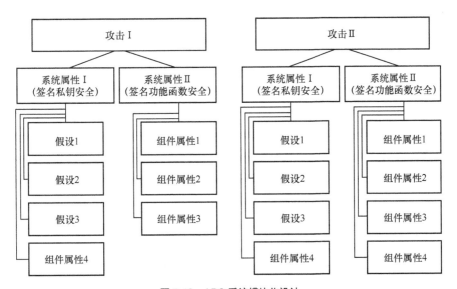

图 5-12　ADS 系统模块化设计

图 5-13 展示了基于 Xen 的 ADS 架构，它继承了图 5-12 中的 ADS 逻辑结构，并融入了基于 Xen 的组件。为确保应用程序对 ADS 系统的透明性，设计中引入了一个 Stub 模块。这个模块提供密码库中的功能函数及声明，使应用程序代码能够像调用本地密码库那样调用 ADS 密码服务。Stub 模块对租户域密码库的签名函数进行了修改，从而允许应用程序在不修改代码的情况下链接租户域密码库，并安全地获取数字签名服务。值得注意的是，ADS 系统仅提供接口，因此无须确保其自身的安全可信性。

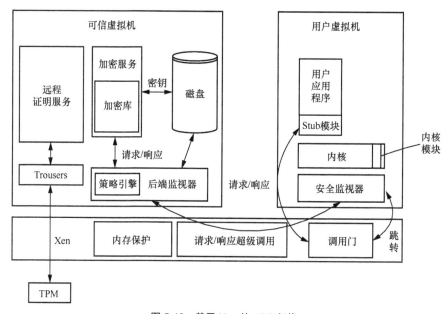

图 5-13　基于 Xen 的 ADS 架构

当租户虚拟机的签名应用程序需要为消息获取签名时，它会通过基于 Xen 的通信信道与可信虚拟机中的签名服务进行交互。这一通信信道是图 5-12 中 ADS 逻辑架构所抽象的安全通信路径。由于租户虚拟机的内核可能含有恶意代码，通信信道的设计必须避免依赖内核，以确保其免受恶意内核破坏。通信信道的核心是基于 Xen 的共享内存机制，并通过 ADS 系统新增的特殊超级系统调用来增强安全性。在 Xen 环境中，域 U 无法获得 Ring 0 权限，签名应用程序不能直接使用超级系统调用。因此，它依赖于 x86 硬件提供的调用门机制，以实现安全监视器中的超级系统调用跳转（如图 5-13 所示）。

当签名服务接收到签名请求时，策略引擎会执行一项关键的比较任务：它将存储在域 0 中的授权签名应用程序的标准哈希值与域 U 中请求签名程序的哈希值进行比较。这一过程的安全性得到了 Xen 内存保护机制的全面保障，确保了所有签名应用程序调用的库都被安全加载到内存中，并且上述内存页都被正确锁定，防止了潜在的攻击。

如果哈希值匹配，签名服务会在域 0 中弹出一个租户确认窗口，向租户询问是否允许这个签名请求。这一租户确认机制在可信虚拟机中执行，确保了对话窗口的完整性和真实性，防止了恶意客户虚拟机的篡改。

一旦租户通过确认窗口允许了签名请求，签名服务就会向签名应用程序发送最终的数字签名结果以及基于 TPM 的证明结果。这份证明结果不仅证实了签名请求确实由特定的签名应用程序发出，还验证了签名结果的完整性和平台的可信性（包括 VMM 的安全启动）。

正如 ADS 系统逻辑结构设计中所强调的，ADS 系统的设计原则在于最小化对 TCB 的修改，并充分利用基于 TPM 的认证基础设施。具体而言，ADS 系统允许可信虚拟机通过 Trousers（开源的 TCG 软件栈）访问 TPM。为了防范对认证的重放攻击，签名验证者可以选择一个随机数，并将其发送给签名应用程序。随后签名应用程序会将这个随机数转发给认证服务，认证服务在签名时也会将这个随机数包含在内。这样，签名验证者就能够全面验证签名应用程序、被签名消息以及数字签名结果的完整性和真实性。因为在 TPM 的 PCR9 中扩展了签名应用程序的哈希值，在 PCR11 中扩展了被签名信息和签名结果的度量值，根据当前的 TPM 规范，PCR9 和 PCR11 是保留且未使用的 PCR，ADS 系统巧妙地利用这两个 PCR 来保存签名程序的度量值，从而确保了整个签名过程的安全性和可信度。

5.4.3　可信虚拟机内存保护机制

ADS 系统使用 Xen 的共享内存机制来实现签名应用程序和签名服务之间的安全通信信道。之所以选择这个机制，而不选择内存复制机制，不仅因为该机制可以简化对受保护内容的控制（即内存映射机制在内存中仅存在一个副本，而内存复制机制则存在多个副本），还因为在大量消息需要签名的时候，内存映射机制相对于内存复制机制而言更加高效。

如图 5-14 所示，物理内存区域 $M_0 \sim M_3$ 被用作共享内存。因为 $M_0 \sim M_3$ 将被映射到租户虚拟机中去，因此 ADS 系统需要通过对 $M_0 \sim M_3$ 的内存页表入口（Page Table Entry，PTE）进行下列控制来保护上述内存页不会被非法访问。

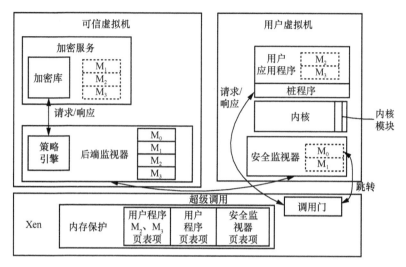

图 5-14 ADS 系统内存映射

M_0：包含安全监视器的代码，该区域始终被标记为只读和可执行。

M_1：存放调用参数和供证明使用的哈希值（即签名应用程序、被签名信息以及签名结果的哈希值）。只有当特殊的超级系统调用需要写该区域时，M_1 才会被标记为可写，其他情况下，该区域都被标记为只读和不可执行。

M_2：签名应用用于写入签名消息。该区域总被标记为不可执行，仅仅在签名应用程序要写被签名消息时被标记为可写，在写完消息后马上会被标记为只读。

M_3：签名服务用来将签名返回给签名应用程序。该区域总是被标记为只读和不可执行。

如果没有采取特殊保护措施，恶意租户虚拟机的内核能够利用 Xen 的标准超级系统调用，如 DO_MMU_UPDATE、DO_UPDATE_VA_MAPPING 和 PTWR_DO_PAGE_FAULT 等，对共享内存区域的内容进行操控。上述超级调用具有修改内存页表项的能力，具体包括将相关内存页表项的读写权限（R/W）设置为可写，或创建一个新的内存页表项并将其映射到受保护的内存区域，同样标记为可写。这意味着恶意的内核能够随意篡改共享内存区域中的内容，对系统安全造成严重威胁。

为了有效应对该攻击，一个简单的策略是使用额外的表项来记录受保护的内存页，但该方法效率较低，因为每次租户虚拟机修改页表项时，系统都需要遍历整个列表，以确认特定内存页是否受到保护。因此，ADS 系统采用了一种更高效的方法来防止内核篡改页表。具体而言，ADS 系统利用 Xen 的 frame_table 中 page->u.inuse.type_info 的第 26 个比特（该比特未被 Xen 使用）来标记哪些内存页需要受到 ADS 系统的保护。该方法显著提高了效率，因为它完全避免了遍历列表的操作。这个特定的比特被称为 PGT_entry_protected。

ADS 系统还利用 Xen 的 frame_table 中 page->u.inuse.type_info 的第 25 个比特（同样未被 Xen 使用）来标记内存页是否可以被映射。这个比特被称为 PGT_map_protected。通过该方法，ADS 系统能够有效地防止恶意租户虚拟机内核对共享内存区域的篡改，从而增强了系统的安全性。

5.5 云可信增强

云可信增强主要是指通过一系列技术和策略来增强云计算环境的可信度和安全性，确保用户数据和应用程序在云端得到可靠、安全的保护。云可信增强涉及加密技术、访问控制技术、系统安全加强技术等多个方面，并需要遵守国家和地区的数据保护法规以及实施行业特定的安全标准和框架。本节将针对可信云侧信道防御、可信云侧信道漏洞检测、可信云侧信道漏洞修补 3 个方向分别辅以安全实践的实例展开介绍。

5.5.1 可信云侧信道防御

可信云侧信道防御是一种安全策略和技术，旨在保护云计算环境中的敏感信息免受侧信道攻击的威胁。侧信道攻击是一种利用计算机系统、设备或应用的非加密信息（如电磁辐射、功耗、时间等）泄露来推断或窃取敏感信息的方法。在云计算环境中，侧信道攻击可能针对虚拟机（VM）、物理服务器、存储设备、网络设备等，从而泄露用户数据、密钥或其他敏感信息。可信云侧信道防御可以通过以下 3 个措施来增强云计算环境的安全性。

① 硬件安全增强：采用具有安全芯片的硬件设备，如可信平台模块（TPM）或安全处理器，以增强对侧信道攻击的防御能力。这些硬件设备可以保护密钥、加密数据和其他敏感信息，防止它们被侧信道攻击窃取。

② 虚拟机隔离：在云计算环境中，通过增强虚拟机的隔离性来降低侧信道攻击的风险。例如，采用更严格的内存隔离、CPU 调度和资源分配策略，以减少虚拟机之间的信息泄露。

③ 加密技术：对敏感数据和通信进行加密，以防止侧信道攻击者通过截获或

分析数据泄露的信息。使用强加密算法和密钥管理策略，确保加密数据的安全性和机密性。

针对现有防御策略的不足，本节将以一种基于混淆执行的全局侧信道防御架构 Klotski[20]为例，介绍如何为可信域内的所有代码和数据提供安全且高效的侧信道防护，避免用户机密数据的泄露。Klotski 通过模拟一个安全的内存子系统，利用强化的 ORAM 策略将迷你页加载到两个虚拟软件缓存中，实现迷你页级的代码和数据运行时再随机化，以破坏内存地址和内容的固定映射关系，阻止攻击者通过粗粒度的侧信道攻击定位目标代码的执行或数据访问。尽管 Klotski 主要的防御目标为页级别的侧信道攻击，并未直接阻止细粒度的侧信道攻击，但由于细粒度的侧信道攻击通常需要利用页级别的侧信道攻击辅助判断目标代码片段的执行以优化攻击效率，因此，通过 Klotski 阻止粗粒度的侧信道攻击后，细粒度的侧信道攻击会因为带给程序巨大的性能损耗而变得不切实际。

Klotski 的威胁模型与过去已有的受控信道攻击[21]相同：① 除 TEE 可信域内的应用外，软件栈的所有其他组件均不受信任；② 攻击者已知目标程序的源码和二进制代码，通过任意自动化或者手工分析，获取攻击所需的程序信息，例如，程序中基于分支选择或基于数据访问的侧信道漏洞；③ 攻击者可提供任意输入给目标程序，并且可以获取 TEE 应用任意页的访问，能够在线训练学习程序的访问模式；④ 任何利用软件内存漏洞（如缓冲区溢出）的攻击均不在考虑范围之内，任何防御这些漏洞的措施均可作为对 Klotski 的补充。

尽管 Klotski 采用 ORAM 协议缓解侧信道攻击，但 Klotski 的威胁模型更严峻。其主要原因在于现有 ORAM 解决方案基于客户端到服务端（C/S）模型，在原生 ORAM 模型中，客户端可信且不会受到侧信道攻击威胁，而服务端不可信；但在 Klotski 中，所有组件均存在于同一个 TEE 的可信域内，因此不管是 ORAM 的客户端还是服务端均可被侧信道攻击。

Klotski 采用基于运行时的再随机化策略混淆程序中代码和数据的访问，从而达到防御侧信道攻击的目的。图 5-15 展示了 Klotski 的架构，主要包括两个部分：编译器扩展组件和基于 ORAM 的运行时组件，其中，编译器扩展组件会在编译时变换两次程序代码：扩展组件会在程序的所有内存访问指令（包括运行时的控制转移流指令）前插桩特定代码用于解析访问的目标地址（如图 5-15 中的①）；将程序包含的代码和数据切割为固定大小块，在运行时以块为单位移动代码和数据到任意内存地址（如图 5-15 中的②）。基于 ORAM 的运行时组件可作为一个内存子系统，使用安全拓展的增强 Ring ORMA 协议混淆内存块的获取。为降低获取代码和数据带来的额外开销，提高程序执行的效率，基于 ORAM 的运行时组件还包含两个可配置大小的虚缓存，分别用于加载代码和数据（如图 5-15 中的③）。为避免混淆 Klotski 的软件缓存和处理器缓存，Klotski 采用虚缓存代表软件缓存实现。在运行过程中，程序从虚缓存中获取所有要执行的代码和访问的数据，并由可信域内置的安全组件使用 ORAM 协议完成虚缓存中代码/数据的替换，最后通过随机替换或强制刷新实现虚缓存内代码/数据的再随机化。

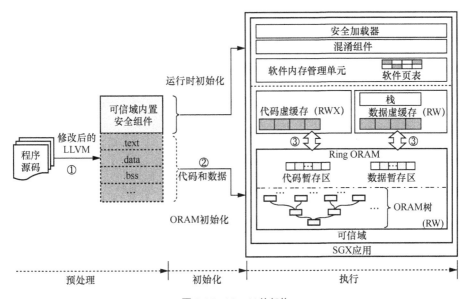

图 5-15　Klotski 的架构

与物理 CPU 类似，Klotski 中所有的执行指令均从代码虚缓存读取，所有数据均从数据虚缓存读取，Klotski 中的内存管理单元则采用 Ring ORAM 协议访问内存以实现执行过程中的混淆内存访问模式。当且仅当 ORAM 块（迷你页）被加载到虚缓存内时，其对应的页表项才会被设置为有效的地址偏移量。Klotski 同样将软件页表作为 ORAM 的位置图（如图 5-16 所示）：页表项的最低位记录了迷你页的位置，若页表项最低位为 00，则表示迷你页在虚缓存中，页表项中保存的是逻辑地址与虚拟地址的偏移量；若页表项最低位为 01，则表示迷你页在 ORAM 树的暂存区中，此时页表项记录的是迷你页被新分配的 ORAM 树路径；若页表项最低位为 11，则表示迷你页在 ORAM 树中，页表项记录的是目标迷你页的 ORAM 树路径。为了避免位置图信息被侧信道攻击而泄露，Klotski 在之后采用了随机替换策略和强制刷新，从而使得虚缓存重新随机化。

图 5-16　Klotski 页表项

Klotski 这些策略的简单执行带来的是巨大的性能开销，因此 Klotski 又采用了几种优化技术减小开销：① 通过缓存结果来减少地址转换的次数，利用程序局部性来避免冗余的地址转换；② 改进了程序的局部性，以减少缓存替换的数量，包括对齐循环以避免交叉缓存块循环体以及将常量重新定位到同一代码块；③ 通过可配置的参数提供了性能和安全性之间的可调权衡。Klotski 可以在工作集足够的时候使用大的虚缓存，以安全性降低为代价减小开销，但是实际情况下随着虚缓存的重新随机化，安全性降低很小。

5.5.2　可信云侧信道漏洞检测

侧信道攻击是一种通过测量在执行程序过程中系统或者硬件产生的状态信息来推导、还原程序敏感内容的攻击方法。程序的侧信道漏洞则是代码中可被攻击者利用微架构的侧信道攻击窃取机密数据的代码片段。程序包含的侧信道漏洞主要有两类，分别是基于数据访问泄露的侧信道漏洞和基于控制流泄露的侧信道漏洞。

（1）基于数据访问泄露的侧信道漏洞

基于数据访问泄露的侧信道漏洞包含机密输入依赖的数据访问，即在程序运行时，相同位置的不同机密数据内容会导致程序访问处于不同内存地址的数据内容，攻击者通过观察 CPU 中的缓存、TLB 等微架构组件状态的差异，以及分析程序的数据访问模式，可以推测出程序的输入。例如，对于包含对机密输入索引的函数攻击者，可利用侧信道攻击[22]获取被索引的数组项所在的内存地址，然后通过该地址恢复查表时的索引值，进而窃取机密内容。

（2）基于控制流泄露的侧信道漏洞

基于控制流泄露的侧信道漏洞包含存在输入依赖的分支选择，即在程序运行时因为不同输入内容而选择执行代码的不同分支，从而在程序执行时间、硬件状态等多方面产生差异。例如，对于 RSA 中常用的快速模幂运算函数，攻击者通过执行时间[23]或分支预测[24]等侧信道攻击，可以判断程序是否执行额外的乘法运算。

现有的侧信道检测方式可分为静态检测方法和动态检测方法。

（1）静态检测方法

静态检测方法基于抽象解释（如 CacheAudit[25]）计算信息泄露的最大值，无法定位程序侧信道漏洞的位置。采用符号化的语义模型[26]可通过约束求解定位程序中存在信息泄露的代码位置，但由于缺乏准确的内存模型和静态指向分析工具，分析结果不准确，存在较高的漏报和误报。

（2）动态检测方法

动态检测方法可分为基于动态污点跟踪、基于动态符号执行和基于轨迹差分的方法。

① 基于动态污点跟踪的检测方法通过传播污点标记获取程序行为与机密数据间的关联依赖。而现有的动态污点跟踪工具为提高效率，以粗粒度的方式（如字节粒度）使用有限的符号（如 taint 和 untaint）标记敏感内容，达到减少传播过程的中间状态的目的。这种粗粒度的污点传播会导致跟踪精度降低，产生误报。此外，现有污点传播的规则并不能准确地描述程序中真实的数据流传播（如 cmov 条件加载指令），导致污点标记传播不准确，产生较高的漏报。

② 基于动态符号执行的检测方法[27]则沿着程序执行路径在不同的位置构建访问模型，然后利用约束求解检测每个位置点存在的潜在访问差异。这类方法覆盖的路径少，存在漏报。

③ 基于轨迹差分的检测方法通过比较不同输入对应的轨迹差异，发现程序中与敏感数据内容存在依赖的访存行为。这种方法收集的信息包含大量无用记录，且存在包含重复含义信息以及缺失程序结构或函数结构信息的问题。轨迹中存在的大量低价值信息和重复信息会严重降低收集轨迹和差分轨迹操作的效率，不准确的轨迹信息则会导致差分结果不准确，产生漏报和误报。在轨迹差分方面，直接使用 Linux diff 工具比对轨迹中缺乏地址的上下文信息，会导致结果中包含大量的误报和漏报[28]。

基于以上缺点，基于地址的信息泄露检测技术需要解决以下挑战：一是准确性，能够最小化分析的误报；二是覆盖率，能够尽可能覆盖程序路径，最小化漏报；三是漏洞定位，可以准确定位程序中导致信息泄露的侧信道漏洞代码；四是实用性，不需要人工干预，分析高效。

Laevatain 是一种旨在发现程序访存行为与机密数据间依赖关系的系统架构。该架构从 3 个方面着手解决上述挑战：使用基于编译优化的轨迹插桩及收集方法，高效准确地记录程序轨迹以及结构信息；使用基于上下文敏感的轨迹差分方法，准确对齐轨迹，精准确定机密泄露点，最小化漏洞检测的误报；使用基于路径距离导向的模糊测试框架，自动变异种子输入的机密内容，不断生成新输入，以触发程序新路径上的侧信道漏洞，提高检测覆盖率。如图 5-17 所示，Laevatain 架构由编译器模块、模糊测试模块、轨迹收集模块、轨迹差分模块以及漏洞验证模块 5 个模块组成，整个工作流程包括程序编译、差分分析和漏洞验证 3 个阶段。在检测侧信道漏洞前，用户需要预备目标程序源码、执行所需的初始种子文件以及元数据文件，其中，元数据定义了种子输入的文件结构，并指定了文件中的敏感部分。

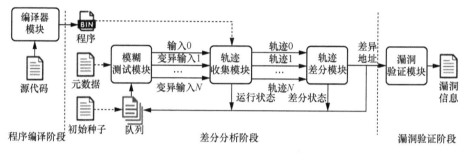

图 5-17　Laevatain 架构

在程序编译阶段，编译器模块在 LLVM 编译器将用户提供的源代码转换为中间表征（Intermediate Representation，IR）代码并完成各类优化后，开始介入操作。编译器模块在不改变程序语义的情况下，向代码中插入轨迹跟踪函数，将获取到的程序信息保存在专有数据段中，最终生成二进制程序代码。

在差分分析阶段，参与的模块包括模糊测试模块、轨迹收集模块和轨迹差分模块。模糊测试模块将用户提供的初始种子加入队列中，不断从队列中取得基本输入并基于元数据对输入中被标识为敏感的内容进行多次变异，以生成新的变异文件再将其输入程序多次执行。轨迹收集模块负责在运行时记录程序的执行轨迹信息，程序在运行过程中调用函数、处理循环、执行基本块以及访问数据时，会触发编译时插入的轨迹跟踪函数。该方法并非以文本方式平坦地描述程序轨迹，而是以轨迹控制流图的方式，结构化地记录和描述程序的执行信息（如图 5-18 所示），其被称为上下文结构感知的轨迹。整个轨迹由函数节点、循环节点和基本块节点组成，各节点间通过指针连接（单元轨迹包含的单元为指向节点的指针）。轨迹收集模块在获取轨迹跟踪函数传入的参数后，会立即创建并初始化访存对象的实例（节点），然后添加单元到轨迹中。轨迹差分模块则在每次程序执行完变异输入后，将记录的轨迹与保留的基本输入轨迹进行上下文结构敏感的差分比对，然后记录轨迹中存在差异的代码地址，留作后续的漏洞验证分析。

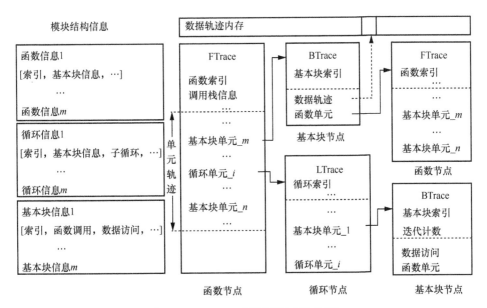

图 5-18　Laevatain 上下文结构感知的轨迹

　　图 5-19 展示了 Laevatain 模糊测试框架（以下简称框架）的工作流。框架包括内、外两个循环，外循环为传统基于覆盖率导向的模糊测试，目的是筛选包含新路径的对照输入种子；内循环则为基于定向路径的模糊测试，目的是对实验输入种子的敏感内容进行变异，以触发对照轨迹节点路径上的不同分支。内外循环均包含一个种子队列，分别用于维护待测试的对照输入种子和实验输入种子。整个模糊测试框架的初始输入包括初始种子文件和用于描述输入文件结构的元数据，初始种子文件在测试框架初始化时被添加到外循环的种子队列中。外循环从种子队列中持续获取种子文件，并不断变异文件内容给程序执行，然后基于代码覆盖率筛选输入，将包含新路径的文件添加到外循环的种子队列中。内循环包括选择对照输入种子文件、收集对照轨迹、收集实验轨迹、对轨迹进行差分比对和评价实验输入等多个步骤。

　　在漏洞验证阶段，漏洞验证模块会判断前面对比获取的轨迹差异是否由非确定的随机值产生，通过排除这类差异来最大限度降低误报。在这一步中，漏洞验证模块会遍历已记录的存在轨迹差异的输入，通过重复执行相同输入，比较轨迹是否产生差异，从而确定地址是否为非确定随机点。最后，在排除所有非确定随机点后将剩下的差异地址映射回源码中的具体位置，并作为存在实际信息泄露的代码输出。

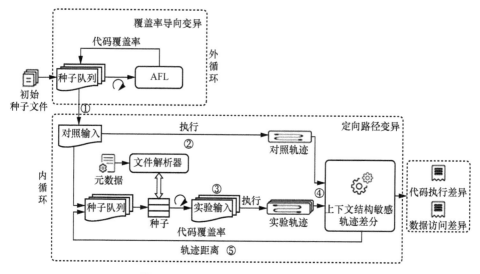

图 5-19　Laevatain 模糊测试框架的工作流

5.5.3　可信云侧信道漏洞修补

现有的侧信道漏洞修补工作存在只支持单一侧信道攻击的防护以及只能处理简单代码逻辑的问题，因此修补工作主要还是由人工完成，存在难度大、专业性强、不通用的特点。为帮助安全人员减少工作量以及为用户提供完备的机密敏感数据安全保护，张盼[29]提出了基于原子混淆的侧信道漏洞修补方案 SC-Patcher，该方案在漏洞代码中增加动态混淆操作，使程序在运行时表现出不可预测的访存行为，并基于硬件特性将漏洞代码和混淆操作封装在事务区中，保障关键代码在运行过程中以原子方式连续执行而不被中断。本节将首先介绍原子性实现的相关技术背景，其次讨论 SC-Patcher 的威胁假设模型，最后详细描述 SC-Patcher 侧信道漏洞修补的架构设计。

（1）技术背景

① Intel TSX 事务内存。TSX 事务内存可简化并行编程模型，降低多核处理器上获取互斥锁的开销，提高并行线程对操作共享内存的效率，具有原子性、一致性和隔离性。TSX 关键区域内的所有读写操作被当作一个不可被分割的整体（称为事务），事务内的所有读写提交要么全部被系统接收，要么全部被系统抛弃；在提交事务前，处理器内部操作的状态对外界不可见，其他逻辑处理器不能观察到相关内容，一旦事务执行成功，TSX 会立即提交事务中的所有更新。TSX 事务

内存可消除事务中的锁以优化执行效率。具体而言，若事务在执行过程中未发生锁访问冲突，硬件可在无须同步的情况下，直接提交事务的更新，避免了关键区域跨线程的顺序访问；若事务执行存在锁访问冲突，硬件将抛弃事务所有更新并立即回滚硬件的状态，然后选择继续序列化访问关键区域。上述过程在 TSX 中也被称为事务中止。

② TSX 事务中止。当 TSX 事务执行失败时，处理器会抛弃事务的所有中间结果，并将硬件状态完全恢复至事务尚未执行时的状态。异常中止信息会被保存在 EAX 寄存器中，应用可基于中止原因选择事务退出函数句柄对关键区域进行序列化访问或者重新执行事务。导致 TSX 事务中止的原因主要包括数据冲突、资源限制以及运行时事件。Intel TSX 将处理器的 L1 缓存作为事务读写结果的缓冲区，以缓存行为粒度维护事务内部的读集合和写集合，并利用缓存的一致性判定数据读写冲突。这种设计不需要在硬件上增加新的事务缓存硬件，可直接复用现有的缓存一致性协议来检测事务间的访问冲突，极大地简化了硬件的设计。当其他线程尝试读取事务的写集合的缓存行内容（读写冲突）或者写入事务区的读集合或写集合缓存行内容（写写冲突）时，TSX 会判定存在数据访问冲突，进而中止事务执行，并抛弃缓存内的中间结果。

常见侧信道攻击的防御策略主要是缓解侧信道攻击和修补程序中的侧信道漏洞。简单策略是禁用硬件特性以缓解侧信道攻击，这种方式会导致系统运行缓慢，并不可取。学术界已提出多种硬件层策略（如 SecDCP[30]、DAWG[31]）和系统层策略（如 T-SGX[32]、Déjà Vu[33]等）来缓解侧信道攻击，遗憾的是这些方法多少存在性能或者兼容性方面的缺陷，未能得到广泛的推广。目前的主流防御策略是在软件层检测侧信道漏洞，然后通过修改算法完成漏洞的修补，如行为一致和噪声混淆等。这类防御策略的优点在于不需要修改硬件和系统，通常只会引入很少的性能损耗，可快速完成漏洞修补并大范围部署。这类修补策略的实现难度较大，特别是基于行为一致的策略需要准确分析代码，然后通过生成额外的控制流分支来平衡路径，对于复杂程序来说，很难保障其代码行为的完全一致，如多层嵌套的循环。因此这类策略通常还需要人工介入，通过手动分析完成漏洞修补。这就要求开发人员在了解应用实现原理的同时，还需要知晓硬件架构实现细节，对于大型复杂程序而言，整个修补过程非常枯燥且易出错。噪声混淆策略则更加直接且易实现自动化，但是简单噪声混淆策略容易被攻击者通过预先构建的统计学模型移除或细粒度侧信道攻击绕过，难以达到满意的防御效果。

SC-Patcher 是一种基于原子混淆的侧信道漏洞修补技术，它通过结合硬件原子事务和噪声混淆技术来解决上述挑战：使用编译技术在漏洞代码中自动添加动态混淆操作，使程序在执行时产生不可预测的访存操作，以隐藏程序的真实行为，达到混淆目的；封装漏洞代码以及混淆代码为原子操作，保证代码以事务方式连续执行不被中断，防止攻击者使用细粒度的侧信道攻击辨别。由于事务内混淆操作的数量并不多，因此并不会给程序的执行带来太大的开销。接下来介绍 SC-Patcher 的威胁假设模型及其架构设计。

（2）威胁假设模型

SC-Patcher 的威胁模型与传统侧信道攻击并无区别：攻击者并不能直接访问目标程序的机密数据内容；攻击者已知目标程序中包含的侧信道漏洞（基于分支选择或数据访问），能够利用各种页级、缓存级、指令级的侧信道攻击探测硬件状态，从而获取程序运行轨迹；任何利用软件漏洞（如缓冲区溢出）的内存攻击均不在考虑范围之内。不考虑物理级的侧信道攻击，这些攻击通常需要攻击者近距离收集物理机的各类信号。Meltdown、Spectre 攻击以及它们的变种也不在安全防御范围之内，这些攻击更加偏向于利用硬件实现上的漏洞，与程序行为导致的信息泄露并无关系。

此外，开发人员已经发现并标识出应用代码中包含的侧信道漏洞。SC-Patcher 的目标是对程序中的这些侧信道漏洞进行修补，阻止攻击者利用这些漏洞窃取用户的机密信息。

（3）架构设计

侧信道漏洞修补的工作流程，包含编译和运行两个阶段，整个过程涉及多个模块的参与。编译阶段包含代码标识模块、混淆插桩模块和原子事务封装模块；运行阶段包含动态混淆模块和异常检测模块。在编译阶段，开发者提供程序源码和侧信道漏洞位置信息给一个修改后的编译器。代码标识模块处于编译器前端，基于漏洞位置信息标识应用代码，并将这些标识信息作为元数据传递给编译器后端。混淆插桩模块和原子事务封装模块根据代码标识信息，以基本块为最小单元对漏洞代码进行进一步处理：混淆插桩模块在编译时向漏洞代码插入额外的混淆访存指令，以达到隐藏程序真实运行轨迹的目的；原子事务封装模块将漏洞代码和混淆代码封装为原子事务，保障代码在执行中不被中断。在运行阶段，动态混淆模块与异常检测模块被加载到程序进程中，动态混淆模块在程序执行时不断变化混淆访存目标地址，增加混淆噪声的不确定性，异常检测模块则保证原子事务在执行过程中未被恶意中断，确保代码以原子性运行。

图 5-20 展示了整体的工作流程，包含代码例子经过各个模块处理后的变化。

其中，基本块 bb_0 使用机密数据 secret 作为索引访问数组数据，存在基于数据访问的侧信道漏洞；基本块 bb_p 使用机密数据 secret_1 作为分支判断条件，执行基本块 bb_1 或 bb_2 会导致机密数据 secret_1 值的泄露，存在基于控制依赖的侧信道漏洞。

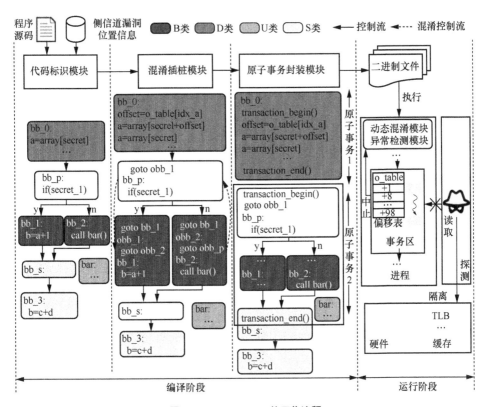

图 5-20　SC-Patcher 的工作流程

参考文献

[1]　BLAZE M, FEIGENBAUM J, LACY J. Decentralized trust management[C]//Proceedings of the 1996 IEEE Symposium on Security and Privacy. Piscataway: IEEE Press, 1996: 164-173.

[2]　JØSANG A. A logic for uncertain probabilities[J]. International Journal of Uncertainty,

Fuzziness and Knowledge-Based Systems, 2001, 9(3): 279-311.

[3] BETH T, BORCHERDING M, KLEIN B. Valuation of trust in open networks[C]//Proceed-ings of the Third European Symposium on Research in Computer Security. Berlin: Springer, 1994: 3-18.

[4] ARLAT J, COSTES A, CROUZET Y, et al. Fault injection and dependability evaluation of fault-tolerant systems[J]. IEEE Transactions on Computers, 1993, 42(8): 913-923.

[5] SMITH S W. Outbound authentication for programmable secure coprocessors[J]. Interna-tional Journal of Information Security, 2004, 3(1): 28-41.

[6] ABADI M, WOBBER T. A logical account of NGSCB[C]//Proceedings of the International Conference on Formal Techniques for Networked and Distributed Systems. Berlin: Springer, 2004: 1-12.

[7] CHEN S Y, WEN Y Y, ZHAO H. Formal analysis of secure bootstrap in trusted compu-ting[C]//Proceedings of the International Conference on Autonomic and Trusted Computing. Berlin: Springer, 2007: 352-360.

[8] QU W T, LI M L, WENG C L. An active trusted model for virtual machine systems[C]//Proceedings of the 2009 IEEE International Symposium on Parallel and Distributed Pro-cessing with Applications. Piscataway: IEEE Press, 2009: 145-152.

[9] MARCHESINI J, SMITH S. SHEMP: secure hardware enhanced MyProxy[C]//Proceedings of Third Annual Conference on Privacy, Security and Trust. [S.l.:s.n.], 2005.

[10] MACDONALD R, SMITH S, MARCHESINI J, et al. Bear: an open-source virtual secure coprocessor based on TCPA[R]. 2003.

[11] MARCHESINI J, SMITH S W, WILD O, et al. Experimenting with TCPA/TCG hardware, or: how I learned to stop worrying and love the Bear[R]. 2003.

[12] SAILER R, ZHANG X L, JAEGER T, et al. Design and implementation of a TCG-based integrity measurement architecture[C]//Proceedings of the 13th Conference on USENIX Security Symposium - Volume 13. New York: ACM Press, 2004: 16.

[13] TCG. PC client specific TPM interface specification (TIS). version 1.2, revision 1.00[EB]. 2005.

[14] BUSSANI A, GRIFFIN J L, JANSEN B, et al. Trusted virtual domains: secure foundation for business and it services[R]. 2005.

[15] RUTH P, JIANG X, XU D, et al. Virtual distributed environments in a shared infrastruc-ture[J]. Computer, 2005, 38(5): 63-69.

[16] BRASSER F, GENS D, JAUERNIG P, et al. SANCTUARY: ARMing TrustZone with us-er-space enclaves[Z]. 2019.

[17] YUN M H, ZHONG L. Ginseng: keeping secrets in registers when you distrust the operating system[Z]. 2019.

[18] SUN H, SUN K, WANG Y W, et al. TrustICE: hardware-assisted isolated computing envi-

ronments on mobile devices[C]//Proceedings of the 2015 45th Annual IEEE/IFIP International Conference on Dependable Systems and Networks. Piscataway: IEEE Press, 2015: 367-378.

[19] 王杰. 面向第三方应用程序的可信执行环境构建技术研究[D]. 北京: 中国科学院大学, 2021.

[20] ZHANG P, SONG C Y, YIN H, et al. Klotski: efficient obfuscated execution against controlled-channel attacks[C]//Proceedings of the Twenty-Fifth International Conference on Architectural Support for Programming Languages and Operating Systems. New York: ACM Press, 2020: 1263-1276.

[21] XU Y Z, CUI W D, PEINADO M. Controlled-channel attacks: deterministic side channels for untrusted operating systems[C]//Proceedings of the 2015 IEEE Symposium on Security and Privacy. Piscataway: IEEE Press, 2015: 640-656.

[22] HÄHNEL M, CUI W D, PEINADO M. High-resolution side channels for untrusted operating systems[C]//Proceedings of the 2017 USENIX Conference on USENIX Annual Technical Conference. New York: ACM Press, 2017: 299-312.

[23] VAN BULCK J, PIESSENS F, STRACKX R. Nemesis: studying microarchitectural timing leaks in rudimentary CPU interrupt logic[C]//Proceedings of the 2018 ACM SIGSAC Conference on Computer and Communications Security. New York: ACM Press, 2018: 178-195.

[24] LEE S, SHIH M, GERA P, et al. Inferring fine-grained control flow inside SGX enclaves with branch shadowing[C]//Proceedings of the 26th USENIX Security Symposium (USENIX Security'17). Berkeley: USENIX Association, 2017: 557-574.

[25] DOYCHEV G, FELD D, KÖPF B, et al. CacheAudit: a tool for the static analysis of cache side channels[C]//Proceedings of the 22th USENIX Security Symposium (USENIX Security'13). Berkeley: USENIX Association, 2013: 431-446.

[26] WANG S, BAO Y Y, LIU X, et al. Identifying cache-based side channels through secret-augmented abstract interpretation[C]//Proceedings of the 28th USENIX Security Symposium (USENIX Security'19). Berkeley: USENIX Association, 2019: 657-674.

[27] WANG S, WANG P, LIU X, et al. CacheD: identifying cache-based timing channels in production software[C]//Proceedings of the 26th USENIX Security Symposium (USENIX Security'17). Berkeley: USENIX Association, 2017: 235-252.

[28] XIAO Y, LI M Y, CHEN S C, et al. STACCO: differentially analyzing side-channel traces for detecting SSL/TLS vulnerabilities in secure enclaves[C]//Proceedings of the 2017 ACM SIGSAC Conference on Computer and Communications Security. New York: ACM Press, 2017: 859-874.

[29] 张盼. 面向可信执行环境的微架构侧信道攻击防御研究[D]. 武汉: 华中科技大学, 2022.

[30] WANG Y, FERRAIUOLO A, ZHANG D F, et al. SecDCP: secure dynamic cache partition-

ing for efficient timing channel protection[C]//Proceedings of the 2016 53nd ACM/EDAC/IEEE Design Automation Conference (DAC). New York: ACM Press, 2016: 1-6.

[31] KIRIANSKY V, LEBEDEV I, AMARASINGHE S, et al. DAWG: a defense against cache timing attacks in speculative execution processors[C]//Proceedings of the 2018 51st Annual IEEE/ACM International Symposium on Microarchitecture (MICRO). Piscataway: IEEE Press, 2018: 974-987.

[32] SHIH M W, LEE S, KIM T, et al. T-SGX: eradicating controlled-channel attacks against enclave programs[C]//Proceedings 2017 Network and Distributed System Security Symposium. Reston: Internet Society, 2017: 1-13.

[33] CHEN S C, ZHANG X K, REITER M K, et al. Detecting privileged side-channel attacks in shielded execution with Déjà Vu[C]//Proceedings of the 2017 ACM on Asia Conference on Computer and Communications Security. New York: ACM Press, 2017: 7-18.

第 6 章

云环境中的软件定义网络安全

随着云计算技术的迅速发展和广泛应用，传统的网络架构面临着越来越多的挑战。在云计算环境下，网络需要具备更高的灵活性、安全性和可管理性，云环境中的软件定义网络（SDN）应运而生。然而，新的网络结构也面临新的安全问题。本章将首先介绍软件定义网络的基础知识，然后分数据层、控制层和应用层 3 个层次详细介绍软件定义网络以及不同层次存在的安全问题，最后介绍软件定义网络的网络安全实践。

6.1 软件定义网络概述

在介绍云环境中的软件定义网络安全之前，本节将分 3 个部分分别介绍软件定义网络的基本概念以及传统和新兴的软件定义网络进展。

6.1.1 SDN/NFV

（1）SDN/NFV 诞生的背景

计算机网络的迅猛发展推动了众多网络应用的涌现，以 TCP/IP 为核心的互联网已广泛渗透至人们工作与生活的各个层面，包括信息化系统、搜索引擎、电子商务以及社交网络等。随着网络用户数量的急剧上升，网络规模持续扩大，网络设备承载着愈发复杂的网络协议。然而，传统网络设备主要采用封闭硬件的形式进行交付与部署，导致网络中充斥着"烟囱式"产品形态的网络设备。网络设备的封闭性加大了网络定制与优化的挑战，面对丰富的网络应用，现有的计算机网络在架构演进方面逐渐显露出局限性。

近年来，虚拟化和云计算技术的崛起对网络动态性提出了更高要求。随着云计算和移动互联网技术的迅猛发展，众多网络业务逐步向云数据中心迁移，网络流量呈爆发式增长趋势。这种增长趋势大幅提升了云服务提供商对云数据中心网络，尤其是内部网络的管理难度。另外，云计算以"租用"方式改变 IT 资源交付方式，客户按需申请、按使用付费，使部署在云数据中心网络下的各类资源处于持续变化状态。网络拓扑的动态性给网络运维人员带来前所未有的管理挑战。

许多学者认为，以 TCP/IP 为基础的网络架构在多年发展演进中逐渐显现出弊端，但这些问题难以通过打补丁方式从根本上解决，因此网络体系结构的重构势在必行。重构后的全新网络体系结构既能充分满足当前需求，又能兼顾未来可能的需求。这种架构重构方案在学术界被称为"Clean Slate"方案，代表性工作包括美国全球网络创新环境（GENI）、欧盟未来互联网研究与实验（FIRE）以及我国国家未来网络试验设施（CENI）。

在这些工作中，斯坦福大学 Nick McKeown 教授的博士生 Martin Casado 负责的一个网络安全子项目 Ethane 受到广泛关注。该项目利用集中式网络控制器，定义基于网流粒度的全网安全策略，并将其动态部署到控制的交换机上，实现安全管控。基于 Ethane 工作，Nick McKeown 研究组提出将传统网络设备的控制平面与数据平面在物理上分离，构建全网范围内的集中控制平面，同时标准化网络设备编程接口，实现网络行为可定制。这些创新型网络架构理念在 2008 年的论文 *OpenFlow: Enabling Innovation in Campus Networks* 中得到系统阐述，奠定了 SDN 架构和 OpenFlow 标准接口基础。

为了加速 SDN 的应用普及和标准化进程，一家非营利性组织——开放网络基金会（Open Networking Foundation，ONF）于 2011 年正式成立。每年，ONF 举办的开放网络峰会（Open Networking Summit，ONS）均汇聚了全球范围内 SDN 技术及应用领域的领先企业，展示了前沿技术动态。

2012 年 10 月，AT&T、BT、DT 和 Orange 等 7 家运营商在欧洲电信标准组织（European Telecommunications Standards Institute，ETSI）成立了一个新的标准工作组——网络功能虚拟化（Network Functions Virtualization，NFV）工作组，并发布了 NFV 技术白皮书[1]。该工作组的主要目标是基于虚拟化技术，采用通用的计算、存储和网络硬件，同时承载各种类型的网络功能，实现网络各个节点的灵活部署，从而降低业务部署的复杂度，最终减少网络的资本性支出和降低运营成本。自 2012 年 NFV 概念被提出以来，NFV 技术的标准化工作迅速推进，解决方案也快速成熟。

SDN 和 NFV 市场可细分为多个领域，包括解决方案类型（如控制器、交换机、路由器等）、服务类型（如专业服务、管理服务等）、部署模式（如云部署、本地部署等）、应用领域（如电信、数据中心、政府等）和地区（如北美、欧洲、亚太等）。根据多家机构发布的报告，全球 SDN 和 NFV 市场规模预计在 2028 年达到 1000 亿美元，复合年增长率在 20%至 25%之间。这一增长主要源于云计算、物联网和 5G 等技术的不断发展，以及企业对数字化转型、业务敏捷性和运维简便性需求的不断提升。

（2）SDN/NFV 的体系结构

依据 ONF 发布的 SDN 白皮书，SDN 架构如图 6-1 所示。SDN 的体系结构分为 3 个层次：基础设施层、控制层和应用层。基础设施层，也被称为数据层，与控制层之间通过控制数据平面接口（也被称为南向开放接口）进行交互，而控制层与应用层之间则通过应用程序接口（也被称为北向开放接口）进行交互。基础设施层由经过资源抽象的网络设备构成，这些设备主要负责实现网络转发等数据平面功能，而不具备完善的控制平面功能或仅具备有限的控制平面功能。控制层借助南向开放接口操控基础设施层的网络设备，构建并维护全局网络视图，从而实现传统网络设备中的控制平面功能。应用层则基于北向开放接口及控制层提供的网络视图进行编程，实现各类网络应用，通过软件定义网络转发行为，进而实现网络的可编程化和智能化。

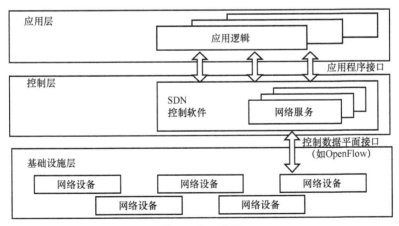

图 6-1 SDN 架构

依据 ETSI 发布的 NFV 白皮书,NFV 架构如图 6-2 所示。NFV 架构主要由 3 个部分构成：NFV 基础设施（NFVI）、虚拟网络功能（Virtualized Network Function, VNF）以及 NFV 管理和编排。NFVI 依托通用服务器,实现计算、存储和网络的虚拟化,进而形成多样化的资源池。在此基础上,VNF 通过虚拟化资源池实现诸如防火墙、入侵防御、视频加速和网络代理等各类网络设备的功能。NFV 管理和编排负责对上述两部分进行配置和系统整合。

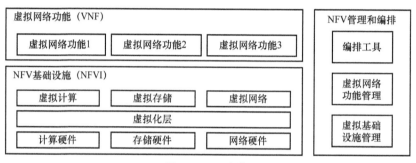

图 6-2　NFV 架构

ETSI 的 NFV 白皮书详细阐述了 NFV 与 SDN 之间的关联。

① SDN 与 NFV 技术高度互补,但并非相互依赖。NFV 的实现可以不基于 SDN技术,然而,二者的融合有望创造更大的潜在价值。

② 借助数据中心现有技术,NFV 的目标可以基于非 SDN 机制实现。SDN 提出的控制平面与数据平面解耦的策略,有助于提升服务性能,简化互操作性,并减轻运维负担。

③ NFV 能为 SDN 软件提供所需的基础设施。

此外,NFV 与 SDN 的共同目标是尽可能利用通用服务器或交换机实现功能。

6.1.2　新兴 SDN 实现的进展

当前, SDN 硬件技术领域呈现出多元化的格局, 主要可分为两大类。一类以白牌网络设备制造商及大型互联网企业为代表, 另一类则以传统厂商为主导。

白牌网络设备制造商通常提供一种通用化设计的硬件交换机,预装 Linux 等开源操作系统,交互的控制协议为标准南向协议,如 OpenFlow。相较于传统设备,白牌交换机的售价更具竞争力。随着 SDN 应用的持续发展,白牌交换机可能会对诸如 Cisco 等传统巨头厂商构成威胁。

为避免厂商锁定（Vendor Lock-in）的问题，一些互联网巨头在部署大型网络应用时，开始采用白牌交换机和开放网络架构。例如，Facebook 主导的开放计算项目（Open Compute Project，OCP）旨在开发标准、开源的硬件交换机，以降低采购成本；Google 在全球数据中心间的数据中心互联项目中，定制开发交换机支持 OpenFlow，实现全局业务感知的流量调度，将网络利用率提高至接近 100%。

在软件架构方面，ONF 致力于推动以 OpenFlow 为代表的 SDN 架构标准化和产业化。现阶段，数据平面与控制平面分离，业界普遍认同应用-控制器-网络设备的 3 层架构。

控制器领域主要有两大开源项目：OpenDaylight 和 ONOS。OpenDaylight 由 Cisco、IBM 等主导开发，主要面向运营商网络和虚拟化网络；ONOS 则主要由 ON.LAB 主导，侧重于运营商网络。随着 SDN 与 NFV 的不断融合，这两个项目均有可用于集成网络虚拟化的子模块或相关项目（如 OpenDaylight 的 OpenDove、ON.LAB 的 OpenVirteX）。值得一提的是，国内厂商 H3C 和华为均为 OpenDaylight 的成员，华为还参与了 ONOS 项目。

6.1.3　传统厂商的 SDN 进展

无论是硬件制造商还是软件使用者，都期待着以 OpenFlow 为代表的 SDN 技术能为数据中心和云计算底层网络带来革新。然而，传统的设备制造商却陷入了一种尴尬的境地：一方面，他们封闭且复杂的产品和方案给他们带来了丰厚的商业利润；另一方面，这些封闭且复杂的产品和方案已成为客户构建敏捷网络的障碍。如果他们不能在开放网络的潮流中采取行动，可能会在未来失去市场领导者的地位。因此，Cisco 和 Juniper 都提出了各自的 SDN 解决方案：Cisco ACI 和 Juniper Networks Contrail/OpenContrail。这两者的理念非常相近，均依托现有网络设备，采用自有控制协议，如 XMPP、OpFlex 等，实现设备自动化控制和网络运维。

许多人认为，只要实现了网络运维自动化，就可以称之为 SDN。虽然 SDN 控制器有多种实现，但如果解决方案提供统一的北向开放接口，并能完成相应的工作，业务编排层的应用程序就无须关心具体使用的是哪个控制器。然而，在实际操作中，经常会遇到不同厂商的 SDN 控制器的北向开放接口差异较大。例如，在重定向流量的操作中，有的厂商的 SDN 控制器直接提供了可用的 API，而许多开源和商业控制器中并未提供该 API，需要开发者自行封装，从底层依次调用拓扑获取、路由决策和流量牵引等操作。传统 ACI 则更为复杂，开发者需要熟悉 EPG

（Endpoint Group）、Contract 等概念，通过编程方式实现 VLAN 配置或路由指向。这些差异无疑增加了 SDN 开发者的学习成本和跨平台应用的难度。

6.2　软件定义网络数据层安全

6.2.1　软件定义网络数据层

数据层作为 SDN 的基础设施层，主要由网络设备构成，其主要职责是在（远程）控制器的指导下，实施对网络数据包的具体操作，如转发、丢弃和修改等。在数据层中，网络设备的核心组件是流表，控制器下发的流处理规则均被放置在流表中。众多国内外知名网络硬件厂商，如华为、H3C、Cisco、Pica8 和 Juniper 等，均已推出了支持 SDN 的网络设备产品。然而，由于三态内容可寻址存储器（TCAM）价格高昂且能耗较大，市面上绝大多数成熟产品的流表空间相对较小，通常仅能容纳约 8000 条流处理规则[2]。此外，SDN 交换机的软件实现方案也很多，如 Juniper 的 contrail-vrouter[3]、斯坦福大学的 Pantou[4]、Pica8 的 Xorplus[5]，以及 Open Community 的 Open vSwitch[6]。

SDN 数据层的重要元素如图 6-3 所示。数据层包含或作用于其上的重要元素主要有 6 种。

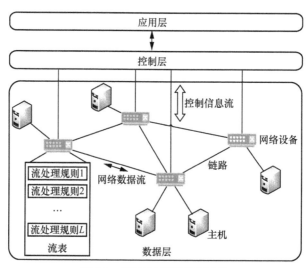

图 6-3　SDN 数据层的重要元素

硬件元素包括：① 主机，执行具体计算任务的设备，涵盖用户和网络服务提供商的物理服务器或虚拟机；② 网络设备，具备 SDN 协议的交换机，负责网络数据包的转发、丢弃和修改等任务，是数据层最关键的基础设施；③ 链路，连接网络设备的物理线路，与传统网络中链路的功能相同。

软件元素包括：① 网络数据流，由主机之间相互传输的网络数据包构成；② 流处理规则，由控制器配置到交换机的流表中，指导交换机如何处理网络数据包，并记录网络流的统计信息；③ 控制信息流，指控制层与数据层之间交互的控制消息组成的数据流，包括控制器的请求消息（如流量统计查询）、控制器的流表操作信息（如安装新的流处理规则指令）、交换机的回复消息（如交换机对查询请求产生的回复）、事件消息（如新数据包到达时的 Packet_In 事件消息）等。

在 SDN 架构中，数据层的主要职能包括两个方面。首先，作为网络策略的执行者，数据层在控制层的指导下，负责处理所有实际网络流量，如数据包的转发、丢弃和修改等。其次，数据层为上层的控制层和应用层提供决策所需的网络状态信息，如网络拓扑、交换机端口状态、交换机处理能力、网络流量统计和网络事件等。这些信息可以由数据层主动推送给控制器，也可由控制器从交换机中获取。

作为 SDN 的基础设施层，数据层的正确操作是确保业务数据正确传递、访问控制策略正确执行和网络数据包正确修改的前提。同时，它提供的网络状态信息是制定各类网络策略的基础。若控制层和应用层无法获取网络状态或获取的信息存在误差，整个网络的决策和行为正确性将无法得到保障。

SDN 为云计算提供了便捷的网络管理和定制化网络服务，但同时也带来了新的安全问题。SDN 自身的安全缺陷和可靠性问题已成为阻碍其进一步发展和应用的重要因素。在 SDN 架构中，存在数据层遭受伪造数据流攻击、控制层消息传递通道被攻击导致拒绝服务或关键数据泄露、应用层信任关系缺乏保障等安全缺陷。此外，控制器和网络应用运行在物理或虚拟服务器上，也可能遭受攻击。最后，SDN 架构中缺乏用于网络取证和修复的可信资源。

研究并解决 SDN 自身的安全问题，使其变得安全可靠，将有效保障云计算网络基础设施的可靠性和可用性，消除云数据中心管理者在部署 SDN 时的顾虑。因此，解决 SDN 自身安全问题将进一步推动其发展与应用，使云数据中心能更好地满足用户对云网络的新需求，支持新型业务创新。

6.2.2　软件定义网络数据层安全分析

数据平面攻击的主要目标是数据平面的关键节点——SDN 交换机。通过消耗流表资源，攻击者可以对 SDN 交换机实施拒绝服务攻击。具体手段包括直接入侵交换机，用虚假信息填满流表，或向控制器发送大量数据包，导致控制器为每个数据包创建一条流处理规则，从而引发流表溢出。

以 POX 模块转发为例，该方式采用数据链路层自学习交换。当控制器仅通过头字段进行配置时，攻击者只需要更改数据包头部的某些值（如 UDP 包的源地址、目的端口等），便可使控制器生成一条新的转发流规则。拒绝服务攻击的效果体现在丢包和交换机出现"流表满"错误，当正常网络流量到达对应 SDN 交换机后，由于流表空间被占满，控制器下发的针对后续流量的流处理规则无法配置，流表无法发挥其特性，而相同后续流量仍旧全部发送给控制器进行处理，控制器负载急剧增大，控制通道带宽被占满，使得控制器无法及时处理数据平面的所有流量，导致数据平面无法正常工作。

此外，上述攻击对交换机的输入缓存同样具有效果。当前的 OpenFlow 协议对交换机输入缓存实施最小速率控制，当数据包到达速率超过控制门限时，将表现为输入缓存丢包。

OpenFlow 协议在交换机与控制器之间的通信中扮演着关键角色，然而，该协议在安全保障机制方面存在不足。OpenFlow 的控制通道基于 TCP，建立在控制器与交换机之间的网络连接上，因此，传统 TCP 的安全漏洞可能对 OpenFlow 通道的安全造成威胁。此外，OpenFlow 协议允许采用明文形式传输数据，许多控制器和交换机供应商并未全面实现 SSL 或 TLS。由于 SSL/TLS 协议的配置和部署过程复杂，部分网络管理员可能选择不部署或仅部分部署安全协议。因此，攻击者可以利用会话劫持等攻击手段，拦截、篡改和伪造 OpenFlow 通道中的控制消息，进而实现篡改网络状态信息、引导流量绕过防火墙等安全设备、窃取流处理规则以及恶意插入流处理规则等攻击行为。接下来将介绍针对 OpenFlow 协议安全漏洞的两种常见攻击：流表溢出攻击和交换机身份伪造。

（1）流表溢出攻击

流表作为 OpenFlow 交换机的关键组件之一，主要负责安装流处理规则。鉴于规则匹配需要支持通配符，且数据处理速度和效率需求日益增长，流表通常采用 TCAM 技术实现。然而，TCAM 的成本较高，且能耗较大。为了控制硬件成本和功耗，单个 OpenFlow 交换机内 TCAM 的容量往往有限。另外，流处理规则包括匹配字段、操作字段和计数器字段等，因此单条流处理规则所占空间较大，导致单个交换机的流表空间十分有限。实际上，目前市面上大部分商用交换机的流表所能容纳的流处理规则数量不超过 8000 条。这一局限性使得交换机容易遭受攻击，成为安全隐患。攻击者可以不断伪造新的网络流，诱导控制器在交换机中安装更多的流处理规则。当交换机内的流表空间耗尽时，将无法安装正常的新流处理规则，导致交换机性能下降，甚至崩溃。

流表溢出攻击是 DDoS 攻击在 SDN 环境中的变种。传统 DDoS 攻击主要针对主机、服务器和网络带宽等资源，而流表溢出攻击则针对 SDN 交换机。在 SDN 中，为实现控制与转发分离，对交换机硬件和软件进行了修改，这给网络带来新的安全威胁，使流表溢出攻击成为可能。

为评估流表溢出攻击效率，在使用 Mininet[7]搭建的 SDN 环境中模拟实现该攻击。图 6-4 显示了不同攻击速率下，攻击击垮流表空间为 8000 的交换机所需时间。可见，当攻击速率超过 300rps（每秒请求数）时，击垮交换机时间随攻击速率的增加而缩减。这意味着，利用现有僵尸网络可轻易达到 300rps 攻击速率，足以击垮交换机。当攻击速率超过 800rps 时，攻击仅需几秒即可击垮目标交换机。

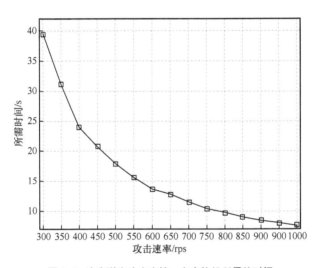

图 6-4　流表溢出攻击击垮一台交换机所需的时间

在目标交换机被击垮后，如果继续用控制器向其发送流处理规则配置消息（模拟正常流的处理过程），控制器总是收到 OFPFMFC_ALL_TABLES_FULL 的错误消息。这意味着，由于所有的流表空间都已经被攻击规则占用，新的处理规则无法被成功安装。

综上所述，针对流表空间十分有限的特点，攻击者可以通过流表溢出攻击在极短时间内完成对交换机的攻击，严重影响网络基础设施的正常功能。由此可见，有限的流表空间是 OpenFlow 交换机的一个严重的安全缺陷，亟待解决。

（2）交换机身份伪造

在交换机与控制器之间的连接构建成功后，控制器会向交换机发送一个 OFPT_FEATURES_REQUEST 消息，以获取交换机的数据通道 ID。该 ID 唯一标识了控制器和相应交换机之间的连接，从而间接地为交换机确立身份。然而，在 OpenFlow 协议中，数据通道 ID 被定义为一个整数，并且不同交换机与控制器之间的数据通道 ID 具有固定的定义规律，如逐一递增。因此，攻击者可以轻易地伪造新的数据通道 ID 或猜测已有的数据通道 ID，从而伪装成其他交换机与控制器进行通信。通过伪造交换机的身份，攻击者可以达到窃取网络数据、实施中间人攻击以及探测网络状态等目的。

6.2.3 软件定义网络数据层安全防护

传统静态网络配置为攻击者提供了便利，使他们能依据事先探测到的网络内部信息进行攻击。在静态网络配置下，网络内部信息相对固定，攻击者获取的信息具有较高的可靠性和时效性，因此攻击成功率较高。为应对此问题，Jafarian 等[8]提出了一种名为 OF-RHM 的主动移动目标防御方法，其基本思路是通过主机 IP 地址的随机性和不可预测的突变性来降低攻击者获取信息的可靠性。该问题可转化为在满足多个约束条件的前提下，有效分配未使用的 IP 地址。在实施过程中，利用支持 OpenFlow 协议的控制器为每个主机分配一个随机虚拟 IP 地址，该地址会随机变化，而真实 IP 地址保持不变。通过将虚拟 IP 地址转换为真实 IP 地址，实现基于 DNS 的命名主机访问，只有授权实体才能访问真实 IP 地址。实验结果表明，OF-RHM 能有效预防隐式扫描攻击、蠕虫传播等基于扫描的网络攻击。

传统网络安全防护方案已无法满足现有复杂网络需求，具有高灵活性、可编程性和集中控制特征的 SDN 技术在网络安全强化方面得到广泛应用，已成为云平台提供安全保障的重要使能技术。随着网络功能虚拟化技术的发展，更多专用硬件设备被虚拟化为可在通用硬件平台上运行的软件设备。预计 SDN 技术结合网络功能虚拟化技术后，可更好地服务于网络安全保障，实现可编程和按需配置的网络安全防护，为云平台提供更高效灵活的安全保障。

针对 SDN 数据层的安全问题，有必要进行系统化的安全防护设计，以确保其中所有元素的安全。数据层中的主机、交换机、网络数据流、流处理规则和控制消息流等重要元素均面临安全威胁，因此必须为所有元素提供保护。研究从 SDN

数据层基础设施的可用性（保护交换机和流处理规则）以及网络服务的可用性（保护主机和网络数据流）两个方面展开，目标是为 SDN 数据层提供系统化的全面保护，确保其可生存性。

保护交换机：针对 SDN 数据层中面向网络设备的攻击缓解机制研究。SDN 原始设计旨在提高网络管理的灵活性，但缺乏安全方面的考虑。数据层中存在可被攻击者利用的缺陷，一旦攻击成功，SDN 将面临交换机崩溃的风险。为此，研究人员提出了基于 peer-support 策略的攻击缓解方法，作为 SDN 数据层中面向网络设备的攻击缓解机制，以保护数据层交换机。

保护主机：针对 SDN 数据层中面向主机的攻击缓解机制研究。当前，SDN 主要部署在云数据中心，而主机可能受到网络攻击，也可能被攻击者利用进而成为攻击源。任何状态下的异常主机都可能导致网络服务质量下降，甚至中断。为此，研究者提出了基于缓存－轮询转发的攻击缓解机制，作为 SDN 数据层中面向主机的攻击缓解机制，以保护云环境主机。

1. 针对 OpenFlow 协议漏洞和交换机身份伪造的防御措施

针对所述两种攻击，可以通过构建安全通道并实施严格的身份验证来加以解决。强制实施加密通道访问控制器，有助于防止控制器管理账号和口令被窃听。引入认证中心对网络设备和控制器进行认证并颁发证书，同时要求交换机与控制器之间采用 TLS 协议通信，可避免交换机身份伪造。自 OpenFlow1.0 版本起，均可启用 TLS，也可要求控制器和交换机之间通过 TLS 进行通信，从而防止 OpenFlow 消息以明文形式传输。针对 OpenFlow 协议和流表的 DDoS 攻击，可参考本节接下来所述的防护机制。

AuthFlow[9]使用基于主机的访问控制方案来解决未授权访问的问题，其主要思想在于利用 L2 协议来实现授权并将其身份与由它所创建的网络流相互映射。AuthFlow 主要包括 OpenFlow 控制器、认证器和 RADIUS 服务端，虚拟机通过按 IEEE 802.1X 标准封装的 EAP 消息发起认证请求，认证器解析请求然后与 RADIUS 服务端交互以确定认证结果。在没有安全防护的 SDN 中，攻击者如果知道控制器的信息，就可以伪装成交换机，伪造大量的连接请求，导致控制器的连接饱和而无法与正常交换机交流通信。为了抵御这种控制层饱和攻击，AVANT-GUARD[10]使用连接迁移（Connection Migration，CM）的方法来过滤连接失败的 TCP 会话。

2. 保护交换机-面向网络设备的攻击缓解机制

为提高 SDN 数据层基础设施的可用性，从保护交换机、缓解流表溢出攻击的角度出发，本节提出基于 peer-support 策略的攻击缓解方法，并讨论其工作流程、实现方法和适用性。

鉴于流表溢出攻击的高速率,实现实时且准确的攻击流量过滤颇具挑战。目标交换机的流表空间迅速被攻击规则耗尽,而这些规则对正常网络处理并无益处。因此,研究者在系统模型的指导下,提出了一种服务质量可感知的 peer-support 策略,以整合全网空闲流表资源,降低攻击的影响,同时最大限度地降低对正常流量的干扰。

在 peer-support 策略下,交换机互为对等节点。当某个交换机的流表资源耗尽时,其他对等交换机会提供空闲流表资源,协助安装新的处理规则。通过交换机的协同工作,该策略能整合整个网络中的所有空闲流表资源,以缓解攻击。控制器上运行的应用监控所有交换机的流表空间使用情况,一旦发现流表空间已满,便将流量引导至其他交换机处理。

如此一来,包括攻击流量在内的所有流量都会被引导至整个网络的交换机上进行处理,而非仅集中在目标交换机。这使得整个网络的空闲流表资源得以充分利用,从而最大限度地缓解攻击。同时,仅利用空闲流表资源缓解攻击,能充分降低缓解机制对正常网络处理流量的影响。

在选择协同交换机的过程中,peer-support 策略充分考量多种因素,如尽量减少流量引导所带来的额外负担等。因此,peer-support 策略优先选择满足以下4 个条件的对等交换机:① 流表空间未饱和;② 距离目标交换机的跳数较少;③ 负载较轻;④ 连接的其他对等交换机数量较多。优先选择满足这些条件的对等交换机有助于确保交换机本身稳定运行,同时迅速整合更多空闲流表资源以缓解攻击。

值得关注的是,当某个交换机的流表被完全占用时,这种状态需要通过OpenFlow 协议由数据层上传至控制层。然而,受时延影响,在状态传输及控制器处理该状态的过程中,网络基础设施有可能已经失去正常功能。因此,peer-support策略并不会等待交换机的流表完全饱和才启动流量引导。相反,该策略可以根据各交换机预留的流表空间大小进行流量引导,当交换机剩余的流表空间减少至预留空间时,便开始引导流量,以避免网络服务中断和基础设施不可用。

peer-support 策略的工作流程如图 6-5 所示。该策略以网络应用的形式实现并在控制器上运行,主要包括状态收集模块和流量引导模块。状态收集模块负责收集各交换机的流表空间使用情况,并将这些信息传递给流量引导模块;流量引导模块则根据各交换机的流表状态来确定适当的处理规则,以更好地对流量进行处理。

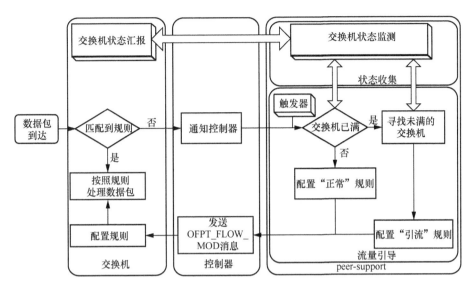

图 6-5　peer-support 策略的工作流程

为实现全网空闲流表资源的高效整合，采用 peer-support 策略的工作流程如下。首先，交换机对所收到的数据包进行处理规则的匹配，若匹配到规则，则按照该规则所指示的操作处理数据包；若未匹配到规则，交换机会向控制器发送消息报告该数据包。接着，控制器收到消息后，检查对应交换机的流表空间使用情况，若该交换机的流表空间未被完全消耗，控制器将按照正常的网络策略（如最短路径路由策略）下发处理规则至交换机；若流表空间已被完全消耗，控制器将配置一条流量引导规则，将数据包引导至最合适的对等交换机处理。

此外，许多 SDN 实现采用主动模式。在主动模式下，交换机会自主处理接收到的数据流，而非每次都请求控制器介入。为确保 peer-support 策略在主动模式下的 SDN 中正常运作，系统设计了一个定时触发器，定期触发控制器检测所有交换机的流表空间使用情况。一旦发现有交换机流表空间被消耗完毕，控制器便在对应交换机配置流量引导规则，以避免该交换机遭受冲击。

3. 保护主机 – 面向主机的攻击缓解机制

下面介绍基于缓存–轮询转发的攻击缓解系统设计。

（1）系统设计概述

面向对主机保护的要求，本节提出先缓存再轮询低速转发异常流量的攻击缓解方法，并介绍了针对主机设计的双向保护系统 HostWatcher。HostWatcher 主机保护系统架构如图 6-6 所示。

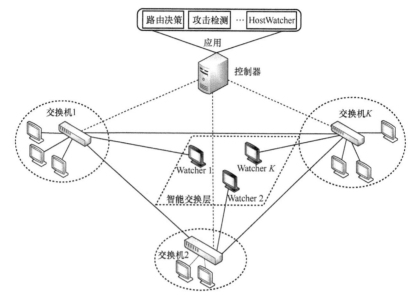

图 6-6　HostWatcher 主机保护系统架构

　　为了满足网络管理的有效性和动态性需求,HostWatcher 系统充分发挥了 SDN 技术的优势,其可编程性使得网络管理的灵活性得到了显著提升。通过在交换机流表中设置各类流处理规则,HostWatcher 系统能够高效地实施多种网络策略。同时,通过对流处理规则的更新,HostWatcher 系统能够迅速响应云网络动态性挑战,实现网络策略的实时调整。

　　此外,为确保网络服务质量,HostWatcher 系统采用了数据包缓存与重发机制,降低了网络丢包率;为优化网络性能,HostWatcher 系统引入了轮询转发机制,降低了正常数据包的时延;为保障 HostWatcher 系统自身的可靠性和可扩展性,系统采用了分布式处理技术。

　　由图 6-6 可知,智能交换层位于数据层内,作为一个分布式的逻辑层,由 Watcher 构成。Watcher 是数据层中特殊的主机,作为 HostWatcher 系统保护的一部分。每一个 Watcher 都负责管理一定数量(该数量由管理员设置)的主机,主机的接收缓存队列和发送缓存队列都设在 Watcher 中。根据网络规模和网络负载等因素,管理员可以在网络的各个位置部署不同数量的 Watcher。分布在整个网络的 Watcher 与控制器协同工作,共同缓解攻击,这表明原本需要在控制器上集中处理的工作可以被分配到各个 Watcher,而控制器仅须安装和更新处理规则,以实现不同的网络策略。例如,在需要缓存数据包时,控制器会在相应交换机的流表中安装规则，将流量引导至对应的 Watcher。Watcher 在接收到数据包后，根据数据包的协议、目的主机等信息选择相应的队列进行缓存。

（2）系统框架详细设计

图 6-7 展示了 HostWatcher 系统框架。HostWatcher 系统主要由两个关键部分组成：HostWatcher 应用，位于 SDN 应用层，并在控制器上运行；缓存与轮询转发模块，在各 Watcher 中运行。值得关注的是，为实现最优负载均衡，网络中通常部署多个 Watcher。一种可能的部署方式是，每个交换机均连接一个 Watcher，该 Watcher 负责处理与其他交换机连接的主机流量。需要注意的是，为确保图表简洁，图 6-7 仅展示了 Watcher 部分。

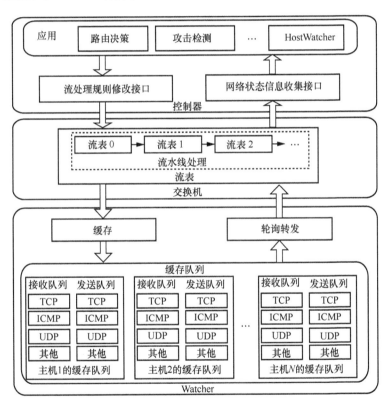

图 6-7　HostWatcher 系统框架

类似于其他 SDN 应用，HostWatcher 应用通过控制器提供的多样化接口与数据层交换机进行通信。根据网络状态的差异，HostWatcher 应用生成相应的网络策略，并通过流处理规则的修改，实现交换机中流处理规则的动态配置、删除和修改，从而实现网络策略的更新。

数据包的缓存与轮询转发模块负责实际的数据处理任务。每个 Watcher 都维护着一个主机列表，列表中记录了其负责的所有主机，并为每个主机设立独立的缓存队列。在需要缓存数据包时，缓存模块会首先根据数据包的包头信息进行分类，分类方式为：根据 IP 地址确定对应的主机队列，根据协议确定具体的子队列（目前的实现中，Watcher 将数据包根据协议划分为 TCP、UDP、ICMP 及其他四大类，也可根据实际网络需求调整协议划分方法）。同时，每个主机接收到的数据包和发送出的数据包会被分别缓存至其接收队列和发送队列。Watcher 中的所有队列均采用先进先出（FIFO）的机制。在需要转发数据包时，轮询转发模块会每次从 4 个子队列中选取一个不同的子队列，将其第一个数据包发送出去，从而降低正常数据包在队列中的等待时间。

值得关注的是，为了减少资源占用，Watcher 并不会一直维护所有主机的缓存队列，而是根据主机状态的变动，动态地增加或删除主机的缓存队列。此外，一旦检测到 DDoS 攻击，并能确定攻击所采用的协议和目标/攻击源主机 IP 地址，就可以直接删除缓存队列中的相关数据包，从而更有效地缓解攻击，并进一步降低正常数据包的转发时延。

6.3　软件定义网络控制层安全

本节首先详尽地阐述了 SDN 控制层的构成要素与核心功能。接下来，分析了 SDN 控制层所面临的安全挑战，主要包括协议安全问题、非法接入控制器问题以及接口安全问题。随后，对国内外关于 SDN 控制层安全的研究成果进行了详细介绍。最后，提出了针对协议安全攻击的防御策略，如流量控制与多控制器方法；针对非法接入控制器的防御措施，如身份认证与权限管理；针对接口安全攻击的防治手段，如 RESTful API 等；以及其他防御措施。

6.3.1　软件定义网络控制层

SDN 架构由 3 个层次构成。最底层是数据层，其根据控制层的路由规则转发网络数据包。中间层是控制层，即 SDN 控制器，是整个架构的核心，负责管理整个网络，并拥有全局的网络视图。最顶层是应用层，其作为终端用户或云客户与控制层的接口，使用户可以通过应用层 App 向 SDN 控制器提出各种网络需求，然后控制器将这些需求转化为路由规则下发给数据层执行。

SDN 控制层在 SDN 架构中起着至关重要的作用。它由 SDN 控制软件组成，通过标准化协议与网络设备进行通信，实现对数据层的控制。其主要职责包括收集网络状态信息，计算最优转发策略并将其下发至网络设备执行。SDN 控制层的主要功能有以下 3 点。

① 实现数据平面资源的编排，根据应用层的需求和策略，生成和下发流处理规则。

② 维护网络拓扑和状态信息，收集并分析网络流量、性能和故障等数据，提供全局视图。

③ 提供 API，支持各种不同的业务和应用与控制器交互，实现网络功能的创新和定制。

SDN 控制层的优势在于它能够实现网络的集中管理和编程，提高网络的灵活性和可扩展性，降低网络的复杂性和成本。然而，当前主流的 SDN 控制器在设计过程中并未充分考虑安全问题。通过北向 API，上层应用能够查看和控制整个网络，如果没有有效的访问控制措施，可能会导致控制器功能的滥用，从而对整个网络造成不良影响。因此，需要建立有效的访问控制系统以防止北向 API 的滥用。

6.3.2　软件定义网络控制层安全分析

SDN 控制层所面临的安全挑战主要涵盖 SDN 控制器与网络设备之间、SDN 控制器与应用程序之间，以及 SDN 控制器本身可能遭受的各种攻击与威胁。SDN 控制层的安全问题可能对网络的可靠性、可用性、完整性和隐私性产生严重影响，极端情况下甚至可能导致整个网络瘫痪。

脆弱的 SDN 控制器的具体安全风险可归纳为 4 点。一是由于安全设备与被保护节点或网络间不再存在物理连接，攻击者可通过流的重定向使流绕过安全策略所要求的安全机制，从而导致安全机制失效；二是业务可用性可能受到破坏，例如，DNS 查询被破坏，导致业务流无法建立，与传统网络需要控制大量 Botnet 节点不同，攻击者只需要通过 SDN 控制器即可改变流转发路径，将大量数据流发送至被攻击节点；三是非安全控制通道容易遭受中间人攻击；四是流的完整性可能遭到破坏，如插入恶意代码等。因此，控制平面的安全是 SDN 安全首要解决的问题。

下面从针对控制器的主要威胁入手，分析它们的威胁方式及影响并介绍相应的解决对策。威胁主要来自协议、控制器及接口 3 个方面。

（1）协议安全

攻击者可能利用控制器安全漏洞或南向协议（如 OpenFlow）实施拒绝服务攻击。当数据包到达 SDN 交换机时，OpenFlow 交换机包处理流程如图 6-8 所示。若包不匹配所有流表中的流表项，交换机将通过与控制器间的安全信道转发数据包给交换机处理；若包匹配任意一条流表项，则检测流表项中的 action 字段，根据该字段中指定的操作动作，对包进行相应处理。这一处理流程使得对控制平面的控制器进行攻击成为可能。

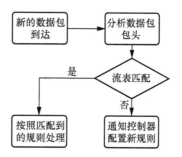

图 6-8　OpenFlow 交换机包处理流程

针对控制器的拒绝服务攻击——OpenFlow 洪泛攻击的流程如图 6-9 所示，至少有两种攻击方式。

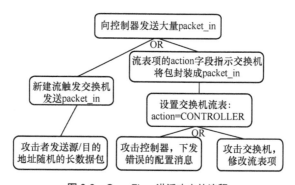

图 6-9　OpenFlow 洪泛攻击的流程

① 攻击方式 1：攻击者操纵交换机将所有数据包转发至 SDN 控制器，从而使控制器遭受拒绝服务攻击，如图 6-9 所示。SDN 交换机 OpenFlow 协议的流表中每

项包含 3 个域：头域、计数器和操作。当操作域值为 CONTROLLER 时，交换机需要将数据包封装后通过类型为 packet_in 的消息转发给 SDN 控制器。攻击者可以修改交换机流表中各表项的操作域，使交换机将所有数据包转发至控制器，进而导致控制器需处理大量 packet_in 消息。具体攻击手段包括：攻击交换机，直接篡改流表项；攻击控制器（或伪造控制器身份），向交换机下发配置指令修改操作域。

② 攻击方式 2：依据 OpenFlow 协议，当交换机接收到数据包时，若在流表中找不到相应转发端口，将通过 packet_in 消息向控制器转发该包，请求控制器下发相应的转发流规则。攻击者可以伪造大量交换机流表中不存在或无法处理的数据包，提交给控制器处理，从而占用控制器资源，实施拒绝服务攻击。借助传统 TCP/SYN、UDP、ICMP 洪泛攻击可实现此攻击方式。

packet_in 消息消耗的控制器资源包括查找、计算流路径所需的计算资源和南向开放接口的带宽资源。计算资源消耗与接收的 packet_in 消息数成正比；南向开放接口的带宽资源消耗除了与消息数有关，还与消息长度有关。控制器通过发送 ofpt_set_config 消息配置交换机参数，其中的 miss_send_len 参数用于指示包在交换机中不匹配或匹配结果未发送至控制器时，发送多少数据至控制器。若 miss_send_len 为 0，则发送长度为 0 的 packet_in 消息至控制器；默认 miss_send_len 为 128 字节。实施攻击方式 1 时，转发字节数由 action_output 中的 max_len 定义；实施攻击方式 2 时，攻击包通常可占满交换机缓存，将整个数据包转发至控制器。从攻击效率来看，快速发送小型随机数据包消耗控制器计算资源方式的攻击效率最高；为绕过基于包间隔门限的检测机制，也可发动大量攻击者实施大数据包攻击，消耗控制器接口资源。

（2）非法接入控制器

攻击者可以通过诸如网络监听、蠕虫以及恶意程序注入等手段，窃取 SDN 管理员的账号密码，进而伪造合法身份，登录 SDN 控制器并实施非法操作。此外，他们还可以利用 SDN 控制器自身的软硬件漏洞，通过恶意应用进行渗透攻击，提升操作权限，从而实现对控制器的非授权操作。一旦控制器被攻击者非法控制，攻击者就可以通过控制 SDN 数据平面的交换机等设备，进一步实施数据平面的攻击，或者通过渗透终端设备，建立僵尸网络。此外，假冒 SDN 控制器也是一种 SDN 控制层的非法接入方式。

（3）接口安全

控制与数据分离并非 SDN 特有，例如，多协议标签交换（MPLS）同样实现了控制与数据转发的分离。然而，这两种平面的功能仍在同一设备上实现，且两者之间的接口并不开放。本质上，这两个平面仍为一个封闭协议栈中不可分割的部分，依赖专用集成电路（ASIC）以及复杂的软硬件实现封闭系统，支持新型高层协议、功能升级与更新。SDN 的控制平面与数据平面分离的独特性在于，两个平面通过开放接口连接成为完全独立的实体。控制平面可通过标准南向协议接口对底层基础设施进行编程，使网络具备可编程特性，从而将控制粒度细化至数据流级别。开放接口也因此成为 SDN 最为显著的特点之一。

从网络能力开放的角度来看，SDN 的显著特性在于对封闭的网络能力进行抽象，并通过接口进行开放。南向开放接口屏蔽了底层网络设备的差异，实现了资源虚拟化。北向开放接口则向上层业务提供按需调用网络资源的能力，使网络资源得以与其他类型资源一样，以抽象资源能力的形式呈现给业务应用开发者。开发者无须深入了解底层网络复杂多样的协议与功能，也无须针对底层网络差异进行额外适配工作，更无须因基础设施层演进而重新开发高层应用与业务。

开放接口成为各类软件定义架构的显著特征，如部分厂商提出的软件定义数据中心、软件定义安全等。这些架构实质上是将基础设施平面的能力（如安全设备等）通过开放接口，借助控制平面的集中管控能力进行统一管理与调度。然后通过控制层的南向开放接口与北向开放接口，实现软件定义能力。

在南向开放接口方面，无论是 SDN 还是软件定义安全，均可提供不同层次的接口开放。这包括在设备层面上提供新的 API，如基于 XML/JSON 结构化数据的 RESTful API、基于脚本语言的 TCL/Python/JavaScript 接口以及直接开放的 Java/C++/C 语言接口。这些接口允许用户深入设备操作系统底层，实现对硬件的深入管理与操作，从而获取更高的设备控制权限。转发层开放接口使网络结构更加扁平化，实现更彻底的网络资源抽象，使用户能在业务应用中直接调用底层网络资源。

控制层之上的应用程序通过北向开放接口管理网络和为用户提供业务，这是 SDN 可编程性的重要特征。因此，具备通用的北向开放接口尤其必要。接口标准化为应用层软件的可移植性、构件重用和快速开发提供技术基础，并为控制层和应用层的认证提供统一而有效的方法。然而，当前各个 SDN 平台尚未形成统一的北向开放接口规范，未来也可能难以实现统一标准。不过，RESTful API 目前在 SDN 中得到广泛应用，成为最受欢迎的开放接口。RESTful API 利用 Web 服务技术实现快速业务开发和部署，使得网络控制平面的应用开发更为简便、快捷，技术门槛更低。因此，全面了解 RESTful API 面临的主要安全挑战及应对策略，将有助于提高 SDN 的安全性。

SDN 中底层资源通过北向 RESTful API 由控制层呈现给应用层或第三方开发者，SDN 控制器提供的 API 可以让开发者开发和部署新的网络应用，当然这也给了攻击者可乘之机。不安全的南向/北向开放接口，可能使整个网络的安全受到网络行为篡改、网络通信非法监听、数据包截获修改和无状态应用接口 4 个方面的威胁。

6.3.3　软件定义网络控制层安全防护

针对 SDN 控制器的安全问题，Porras 等[11]是第一个对恶意的控制器应用程序攻击数据层问题展开研究的团队，并为 SDN 控制器设计了一个安全的执行内核来解决该问题，此后，Porras 等[12]又对上述解决方案进行了扩展，以支持应用层 App 的数字证书认证；Shin 等[13]研究发现 SDN 控制器很容易因代码错误、程序漏洞或逻辑错误等问题而出现网络瘫痪，并提出了一系列方法去增强控制器的安全性和稳健性；Hong 等[14]发现控制器的网络拓扑视图易遭受数据层攻击，并提出解决方案 TopoGuard 去检测该种攻击。针对数据层的安全问题，Mai 等[15]研究了如何验证网络的转发行为；Kazemian 等[16]研究了如何利用静态分析方法检测数据转发和网络配置错误；Natarajan 等[17]提出用于检测 OpenFlow 网络中规则冲突的算法；Khurshid 等[18]在控制层和数据层之间引入一个额外的层，实时监控网络状态更新和验证动态的网络变化；Dhawan 等[19]使用网络流图的方法检测网络攻击。

基于前人研究成果，Shin 等[13]提出的 Rosemary 进一步指出 SDN 控制器稳健性弱、安全性低的问题，强调了恶意应用的破坏能力，并展示了攻击者如何通过上层应用轻易破坏控制器的正常运行，导致其失去网络控制能力。为解决控制器稳健性和安全性问题，Rosemary 采用沙箱策略和进程容器保护控制器。和主流控制器第三方应用与控制器紧密耦合的方式不同，Rosemary 为每个应用创建新进程，将应用运行在受限环境中，通过进程间通信与控制器内核交互，同时监控应用运行状态和资源使用情况，及时关闭具有攻击意图或导致控制器瘫痪的第三方应用。此外，Rosemary 还设计了应用访问控制方法，控制器提供公钥，所有应用开发者需要用公钥对应用进行签名。基于此签名机制，应用访问控制作为一个整体进行，无法对各功能模块、功能调用进行细粒度权限控制。

Padekar 等[20]提出的 Aegis 方案依据安全访问规则（通过应用与控制器关键数据之间的关系生成，并能动态调整），实时验证 API 调用情况，防止恶意应用滥用 API。Aegis 由数据生成器、安全规则生成器和决策引擎 3 个组件组成。数据生成器通过 Daikon 工具分析应用、API 及其输入输出数据、常量变量和控制器数据库等信息间的复杂关系；安全规则生成器根据分析结果制定严格的安全访问规则，以控制应用行为；决策引擎在运行时检测所有应用对 API 的调用情况，决定是否允许访问。

Kreutz 等[21]指出，SDN 的安全性和可靠性仍是一个待解决的问题。他们认为 SDN 至少面临伪造网络流、针对交换机漏洞的攻击、针对控制层通信的攻击、针对控制器漏洞的攻击、控制器和应用之间的信任问题、对管理站点的攻击、缺乏用于取证的可信资源 7 个方面的安全问题。为此，他们呼吁设计一个安全可靠的 SDN 框架。Kreutz 等[21]建议通过引入冗余备份、多样性、动态隔离、快速可靠的软件更新、安全可信的组件、快速自愈等机制，构建一个安全可靠的 SDN 架构。

Scott-Hayward 等[22]对 SDN 框架的安全性问题进行了研究，将 SDN 的安全问题划分为六大类：未经授权的访问、数据泄露、数据篡改、恶意应用、拒绝服务攻击以及网络配置安全。Klöti 等[23]对 OpenFlow 协议的安全性进行了研究，通过攻击树模型等分析方法，指出 OpenFlow 协议面临的两个主要安全问题：拒绝服务攻击和信息泄露。Benton 等[24]也对 OpenFlow 协议的脆弱性进行了评估，提出了中间人攻击、监听攻击、流表篡改攻击和交换机身份伪造攻击等安全缺陷。

SDN 中控制器和应用之间以及应用和网络之间的抽象不足可能导致网络应用瘫痪，进而引发控制器宕机和网络状态不一致。为解决这一问题，研究人员提出了一种新型的控制器架构。Kuźniar 等[25]关注了 SDN 中链路和交换错误的容忍问题，提出了一种自动恢复系统。Matsumoto 等[26]关注了 SDN 中恶意网络管理员的问题，并设计了 Fleet 控制器。该控制器引入了一个中间层，实现多管理员对同一网络的操作，确保网络中存在正常管理员时，网络可以得到正确配置。

以上研究从不同的角度提出了针对 SDN 控制层的防护方法，接下来将从针对协议攻击、针对非法接入控制器和针对接口安全的防御措施及其他防御措施 4 个方面，进一步地介绍 SDN 控制层安全防护。

（1）针对协议攻击的防御措施

防御的第一步是流量信息的收集。面向流的网络架构使得基于流的检测和防御更为便捷，然而基于包的安全机制则相对困难。因此，此步骤主要聚焦于流量信息的收集与计算。通常，通过 SDN 控制器周期性读取交换机的流表信息以收集流量数据。根据 OpenFlow 协议，控制器可通过 OFPST_FLOW 或 OFPST_AGGREGATE 消息，查询一条、多条或全部流表项（设置要读取的流表 id 参数 table_id=0xff）的流量信息。从流表中可直接获取流量数据包的包头信息和流量统计信息。包头信息包括源地址、目的地址、协议等；流量统计信息则包括整个流表、单条流、单个端口和单个队列的简单统计信息，即接收的包数、字节数和流持续时长，而异常检测所需的特征则须进一步计算。

　　流量统计信息的收集通常由控制器定期查询交换机实现，异常检测则常见于控制器上的应用程序。SDN 控制器的抗 DDoS 攻击检测中，传统异常检测方法得到了应用，如 Mousavi 等[27]提出的计算到达控制器的新建流的地址的熵检测方法。其他常用方法有短时间内频繁事件的检测，Braga 等[28]使用特征为流的平均包数、平均字节数、平均生存时间、成对流比例、单位时间内的非成对流数目和端口数，采用自组织映射网络（Self-Organizing Map，SOM）无监督神经网络分类检测 DDoS 攻击。在检测方法的设计中，所选特征值应易于测量。在该算法中，前 3 个特征可以较容易地从流表的计数器中获得，但实际上，协议仅强制要求交换机的计数器提供按秒计的流生存时间，包数和字节数是否统计则为可选。此外，后 3 个特征需要成对流数目和端口数的统计，均需控制器上的检测软件通过统计所有流表信息才能计算得出。

　　目前主要的防护机制包括流量控制和多控制器两种策略。流量控制提供主动遏制手段，如限制控制器的访问频率，以避免短时间内处理大量频繁事件（如 packet_in 未知流规则请求等）。多控制器结构中，可采用 L7 应用层负载均衡提高控制器在 DDoS 攻击下的生存性。Jagadeesan 等[29]提出了一种基于安全多方计算思想的多控制器 SDN 控制层结构设想，可确保任一物理控制器的入侵不会导致网络拓扑等敏感信息的泄露，同时提高了网络的可用性。Dixit 等[30]设计了不同角色控制器在 OpenFlow 交换机间的切换方式，实现了一种负载均衡的弹性控制平面。在协议方面，OpenFlow1.2 增加了对多控制器的支持，可为不同控制器设定不同角色，包括主控制器、从控制器和对等控制器，但协议未明确规定 OpenFlow 交换机的控制权如何在控制器之间进行切换。

　　上述讨论的多控制器间切换均由控制器主动发起，并未考虑控制器自身发生故障的情况（故障恢复和备份不在本书讨论范围内）。然而，SDN 控制平面应具备控制器的备份和快速故障恢复能力。当一台控制器出现故障时，与其连接的网络设备应能迅速连接到其余控制器，这对控制器的状态监测、同步和调度等技术提出了要求。

（2）针对非法接入控制器的防御措施

以下措施有助于应对非法接入控制器的安全威胁。

① 建立安全通道，执行严格的身份认证。强制通过加密信道访问控制器有助于防止控制器的管理员账号和口令被窃取。引入认证中心对网络设备和控制器进行认证并颁发证书，并要求交换机和控制器间通过 TLS 协议通信，以防止假冒控制器非法控制交换机设备。OpenFlow 1.0 强制使用 TLS，但由于厂商考虑了认证成本，1.0 后的版本并不强制要求控制器和交换机间通过 TLS 进行通信。

② 应用软件的安全测试、应用隔离和权限管理。在 SDN 中，应用程序可通过北向开放接口与控制层及底层资源互动。为确保控制器上应用程序的安全性，可通过安全测试对其进行评估，并要求进行第三方安全评测以确保恶意代码未被植入。理论上，模型检查和符号执行等技术可用于验证应用程序预设属性的正确性，从而实现对第三方应用程序的安全检测。然而，在实际工程应用中，这种验证无法实时进行运行态检测。

为实现安全措施，控制层可提供应用隔离和权限管理机制，以限制应用程序对底层资源的访问权限。例如，Sherwood 等[31]在控制层上方对不同用户的控制逻辑进行切片分区，实现控制逻辑之间的隔离。Porras 等[11]在控制器上扩展了应用程序的角色认证、规则冲突检测和安全规则转换等功能，构建了一个强制安全的控制器内核。Wen 等[32]对应用层可调用的相关命令进行权限分配，从而实现应用程序与控制层内核的隔离，确保应用程序无法对底层网络造成破坏。

（3）针对接口安全的防御措施

接口安全设计至关重要，需要确保数据交互的完整性、机密性，保障接口的可用性，以及实施权限管理机制以保证底层资源的合理调用和防止越权操作。RESTful API 可通过 HTTP 实现双向认证，保护数据完整性和机密性，同时采用 HTTP Basic Auth、OAuth 及 HMAC Auth 等授权管理方式。Basic Auth 将用户密码暴露在网络中，安全性较低；OAuth 具备 token 管理和分发功能，适用于服务编排场景；HMAC Auth 提供完整性保护和抗重发攻击。

然而，上述措施并未超越现有 Web 业务体系中 API 的安全机制。首先，SDN 应用通过开放接口直接操作底层网络资源，SDN 应用层和开放接口的安全风险可能导致更大的破坏。因此，SDN 开放接口应具备更高的安全等级要求。其次，SDN 应用层安全具有独特特点。SDN 应用层面临新型安全风险，如多个应用下发规则可能冲突，导致网络异常，因此 SDN 可引入新型安全机制，如集中控制器可在应用层和底层基础设施之间发挥强大作用，运营者可在管控能力较强的控制层采取必要措施以应对应用层和开放接口引入的安全风险。

（4）其他防御措施

其他的防御措施还有以下 4 条。

① 设置 API 权限。控制层可对不同应用的 API 调用设置不同的权限，对不同级别的底层网络资源设置不同的操作等级，以防止仅具有一般权限的应用程序调用高级别的接口命令。

② 策略检查。控制器可对通过 API 下发的应用层策略进行规则检查。检测下发的规则是否有冲突，是否符合安全策略、业务逻辑和行为特征，并检测规则下发后是否可能导致网络发生异常。通过设计 SDN 编程语言和实现高层逻辑的策略语言，有助于引入软件工程中的相应成果，增强策略检查的有效性。

③ 信任评级。对应用进行信任评级，根据应用层参数及应用的历史行为计算应用的信任度，每个应用对每个控制器的信任级别可以不同，各个控制器可以为不同级别的应用设置一个信任阈值，当应用的平均信任值大于这个阈值时就执行相应权限的命令，否则不执行。

④ 中间层检查。在控制层和数据层间定义一个中间层，用于检查来自控制层的信息，并下发给网络设备。

鉴于商业 SDN 控制器仍处于开发和原型验证阶段，产业界在此方面成熟的安全接口设计实践并不多见。在学术研究领域，斯坦福研究协会基于 Floodlight 提出了安全增强（Security Enhanced，SE）-Floodlight，这是 Fortnox 的安全增强内核（Security Enhancement Kernel，SEK）的改进版，具备应用层规则冲突检测和授权管理功能。管理员为经过认证的北向开放接口提供签名，SEK 在应用运行时验证签名，以确定应用是否获准访问或修改网络。OperationCheckpoint[33]则采用了一种更为精细的北向开放接口安全管理，定义了北向开放接口上的权限集合。例如，对于读操作，定义的权限集包括读取拓扑信息、控制器信息、流信息以及 packet_in 包载荷等，每个权限都通过判断是否允许调用相关方法来执行。OperationCheckpoint 根据各应用的具体设计需求，决定在应用发出特定操作请求时是否授予其相应权限。然而，细粒度权限管理也意味着更为复杂的管理，在 OperationCheckpoint 中，管理员需要为每个应用设定操作权限集。针对控制器和应用之间可能存在的安全问题，Kreutz 等[21]提出了面向信任的控制器代理（Trust-Oriented Controller Proxy，TOCP），并在网络虚拟化层引入了一个网络 Hypervisor，将 SDN 应用部署在多个控制器上[21]。当这些应用下发命令时，TOCP 会分析判断该命令是否合理、安全，以及该应用是否为恶意应用。只有可信命令才会被 TOCP 下发至底层基础设施。

6.4　软件定义网络应用层安全

6.4.1　软件定义网络应用层

软件定义网络的应用层是整个 SDN 架构的顶层，它扮演着连接网络服务与实际业务需求的关键角色，该层的应用通过北向接口与控制层通信。从该层可以看出网络从传统的静态、硬件定义向新的动态、软件定义的转变。

在 SDN 的应用层中，网络不再是连接设备的简单集合，而是一组可以编程、组合的逻辑服务。这些服务包括但不限于负载均衡、安全策略、动态路由优化和动态带宽分配等。开发人员和业务人员可以通过高级编程语言或直观的图形界面，更轻松地定义和部署这些服务，而无须深入了解底层网络的复杂细节。

负载均衡是 SDN 应用层中的一个典型用例。在传统的网络中，负载均衡通常依赖昂贵的专用硬件和复杂的配置过程。但在 SDN 的环境中，负载均衡成为一项可以通过软件轻松实现的服务。应用层可以实时收集网络的状态信息，如流量模式、服务器负载等，并根据这些信息动态地调整流量的分配策略。这不仅可以显著提高网络的性能和可靠性，还可以帮助组织更好地应对突发流量和业务需求的变化。此外，由于 SDN 的设计理念与云计算环境高度契合，在云计算环境中，虚拟机的迁移、资源的动态分配等操作非常频繁，SDN 的集中控制和动态调整能力可以很好地支持这些操作，实现资源的优化利用和高效管理，因此 SDN 中的负载均衡更能与云计算环境良好集成。

安全策略也是 SDN 应用层中的一项重要功能。在传统的网络中，安全策略通常在各个网络设备中分别配置，这不仅效率低下，而且容易出错。但在 SDN 的环境中，应用层可以提供一个集中的安全策略管理平台。通过这个平台，网络管理员可以定义和实施各种安全策略，如访问控制、入侵检测和数据加密等。这些策略可被实时地应用到整个网络中，从而大大提高网络的安全性和可管理性。

除了负载均衡和安全策略，SDN 的应用层还可以实现许多其他类型的网络服务。例如，它可以提供动态路由优化的功能，根据网络的实时状态动态地调整路由路径，以避免拥塞和故障；它还可以提供动态带宽分配的功能，根据业务需求实时地调整网络带宽的分配策略。这些功能使得网络更加灵活、高效和可靠，能够更好地满足现代云计算业务的需求。

6.4.2　软件定义网络应用层安全分析

SDN 应用层是 SDN 架构中的一个重要组成部分，负责处理网络应用程序，这些程序通过控制器提供的北向接口与 SDN 控制器进行交互，从而实现对网络资源的配置、管理和控制。然而，这种开放性和可编程性也带来了潜在的安全风险。恶意 SDN 应用程序可能会通过 SDN 应用商店或者 SDN 服务商安装至 SDN 中，它们是攻击者用于渗透 SDN 控制器和交换机的热门跳板。接下来，本节按照攻击者的攻击目标，从恶意应用程序到控制器和恶意应用程序到交换机两个方面分别介绍攻击。

SDN 的应用可访问控制器所有北向接口的设计是基于这些应用没有恶意企图且没有重大漏洞这个假设的。但是在实际场景中，SDN 应用程序不可能没有任何问题。大多数已知的 SDN 控制器都没有必要的安全机制或消毒方法，这使得它们容易受到恶意的或有缺陷的 SDN 应用程序的攻击。这是因为，在 SDN 开发的早期阶段（2009 年前后），开发人员主要关注实现新功能和提高性能，而不考虑安全性。此外，在 SDN 控制器中实现所有北向接口以支持应用程序功能会导致保护不足，使这些接口容易受到恶意或故障 SDN 应用程序的攻击。在从恶意应用程序到控制器方面，大多数从应用到控制器的渗透是从第三方应用商店或网络服务商提供的恶意应用程序开始的。一旦部署成功，恶意应用程序将可以通过调用控制器的北向接口支持的 API（如 REST API 和 Java/Python API 等）执行恶意操作。该方面常见的攻击类型包括拒绝服务、存储中毒、中间人攻击和策略规避 4 种。

（1）拒绝服务攻击

利用北向接口可能会对控制器功能和网络性能产生不利影响。恶意应用程序可以滥用与控制器运行时操作直接相关的系统 API，从而导致各种问题。例如，Shin 等[13]通过调用 System.exit()函数，证明了可以未经授权而终止基于 Java 的 SDN 控制器（如 Floodlight、ONOS 和 Open-Daylight），如图 6-10 所示，这种方式可以使控制器模块被终止或导致损坏的规则被注入存储中。Yoon 等[34]的研究表明，操纵时间变量可能导致交换机与控制器断开连接。此外，恶意应用程序还可能通过以下 3 种方式实现拒绝服务攻击。

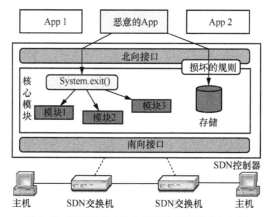

图 6-10　滥用系统 API 和损坏流规则的攻击实例

① 非法删除存储中的链路信息以阻碍控制器确定正确的路由路径。

② 利用 API 消耗系统资源。Shin 等[13]证明了一个恶意的应用程序可以分配庞大的数据结构来耗尽控制器内存。AIM-SDN[35]揭示了通过生成大量配置项来淹没控制器存储的可能性。

③ 操纵控制器内的关键配置。例如，ONOS 控制器中的 fwd 应用程序[36]允许操作人员配置 packet_out_only 选项，该选项允许在不安装规则的情况下转发数据包。然而，这个选项可能会被误用，不必要地将所有数据包重定向到控制器，显著降低网络性能[37-38]。

（2）存储中毒

恶意应用程序可以利用北向接口破坏控制器存储，从而导致网络故障，例如攻击者从事件订阅列表中删除订阅信息，导致对应应用无法接收事件信息，如图 6-11 所示。Dixit 等[30]发现了一个漏洞，恶意应用程序直接使用北向接口破坏存储条目，从而导致控制器瘫痪。研究表明，如果应用程序向控制器注入了许多流规则，即使设置了超时，过期的流最终也会淹没控制器存储（CVE-2017-1000411）。这个漏洞就是所谓的语义鸿沟，表明控制器没有正确地将状态（如流规则）与交换机中的状态同步。已知该漏洞还会导致其他关键漏洞（如 CVE-2017-1000406 和 CVE-2018-1078 等）。Lee 等[39]发现了一个类似的漏洞，由于控制器和交换机之间的实现差距，通过 REST API 安装的规则可能会不正确。例如，如果操作员创建了一个使用 tcp_dst 匹配字段的流规则，而没有为 TCP 报头指定先决 ip_proto 匹配字段，则 Floodlight SDN 控制器会使用该规则更新存储。然而，由于缺少先决条件字段，交换机会拒绝该规则。因此，Floodlight SDN 控制器会将规则保留在其存储中，导致无限次不成功的同步尝试，并显著消耗控制器资源（CVE-2019-1010252）。控制器厂商也报告了类似的漏洞（如 CVE-2019-1010249、CVE-2019-1010250、CVE-2020-18683、CVE-2020-18684 和 CVE-2020-18685）。

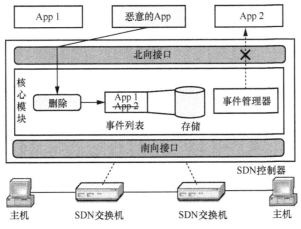

图 6-11　取消事件订阅攻击实例

此外，恶意应用程序可以破坏现有的存储条目。大多数 SDN 控制器作为事件驱动系统运行，在发生特定事件时通知应用程序并维护事件列表。破坏这个列表会阻碍应用程序正确接收订阅的事件。类似地，恶意应用程序可以删除配置以触发意想不到的漏洞。另外，攻击者可以注入一个隐藏的 rootkit 并继续执行恶意操作。Röpke 等[40]证明 SDN rootkit 应用程序可以从控制器存储中删除其应用程序 ID。随后，rootkit 建立隐蔽通道，从目标控制器窃取敏感信息，如配置信息等。

（3）中间人攻击

目前很多 SDN 控制器采用有序列表来确定事件传递到不同应用程序的优先级。然而，这种事件传递机制可能会被攻击者利用。攻击者可能在事件到达其他应用程序之前就抓取它们，从而操纵事件的有效载荷甚至直接丢弃它们。因此，关键应用程序（如路由应用程序）可能无法接收必要的事件，如拓扑变化等。

（4）策略规避

Ujcich 等[41]介绍了一种跨应用投毒攻击，即恶意应用投毒存储，从而影响其他应用的策略。例如，攻击者的应用程序可以向控制器注入一个 PACKET_READ 事件，伪装成受害者的 MAC 地址。之后控制器会基于被操纵的数据包更新由主机跟踪服务维护的主机–位置对。最后转发应用程序可能会安装一个规则，将受害者的流量重定向到攻击者，而这个操作与既定的安全策略实际是相悖的。

通过恶意应用程序影响控制器的方式有很多，最主要的问题还是安全防护的不足。需要注意的是，一开始攻击者专注于利用 SDN 控制器北向接口的漏洞，因为它们相对容易访问（即北向接口滥用）。然而，SDN 控制器变得越来越复杂，提供了更广泛的功能，它们的内部代码库也变得越来越复杂，这使得开发人员越来越难以预测内部执行的结果。这也导致另一个难以检测的潜在攻击面被暴露出来，其中包括从恶意应用到交换机的渗透。

利用北向接口的 SDN 应用程序具有从控制器扩展到包括交换机的重要功能。具体来说，当应用程序通过北向接口传输高级消息时，它们会被转换为低级消息，随后通过南向接口传输到交换机。因此，安装在控制器上的恶意应用程序可以调用与交换机交互的北向接口的 API，从而在交换机上执行各种恶意操作。例如，ONOS 中的 FlowRuleService 负责在交换机上安装流规则。通过此 API，恶意应用程序可以引导控制器安装流规则，并由位于南向接口的设备特定处理程序执行。这种机制可以被利用，使应用程序能够在交换机上执行各种恶意操作。该方面常见的攻击类型包括拒绝服务攻击和协议滥用攻击等。

（1）拒绝服务攻击

第 6.2.2 节介绍了数据平面存在流表溢出的安全风险，并且利用恶意主机构造虚假的流量可以造成这种攻击，实际上，通过恶意应用程序同样可以造成交换机流表的拒绝服务攻击。例如，恶意应用程序可以调用大量具有不同匹配字段的 FLOW_MOD 消息，导致交换机配置许多不同的规则，如图 6-12 所示。此外，攻击者可以利用特定交换机实现中缺乏异常处理机制的缺陷。例如，恶意应用程序发送了一个畸形的开放流数据包，数据包长度无效，可能导致交换机处理过程失败，从而与控制器断开连接。

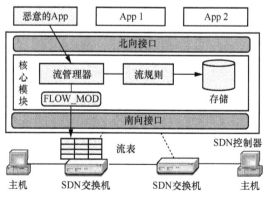

图 6-12　针对 FLOW_MOD 的洪泛攻击实例

（2）协议滥用攻击

OpenFlow 是一种事实上的标准协议，它指定了控制器 – 交换机通道，使任何交换机都能与控制器通信。然而，攻击者可以滥用其协议特性对交换机进行恶意操作。这些恶意操作包括滥用开放流中的数据包匹配机制、利用 OpenFlow 动态操作来绕过安全策略和缓冲数据包劫持等。

① 滥用开放流中的数据包匹配机制。例如，滥用交换机固件攻击中[34]，恶意应用程序故意将流表项的匹配字段替换为硬件不支持的字段（如 MAC 地址），导致包匹配被软件栈处理。这种滥用利用了一些交换机不支持所有 OpenFlow 匹配字段的事实。因此，它大大降低了数据包处理的性能。

② 利用 OpenFlow 动态操作来绕过安全策略。Porras 等[11]证明恶意应用程序可以滥用 OpenFlow Set 动作来违反网络不变量，即动态隧道攻击。OpenFlow 协议支持对包头的各种操作，并且它们在交换转发通道中促进了各种内置网络服务，而不需要中间件（如 NAT 和防火墙等）。例如，SDN 交换机可以通过 OpenFlow Set 动作将报文报头值修改为所需值来实现 NAT 操作。这里，恶意应用程序可以配置一个流规则，其 Set 动作是将被阻塞的 IP 地址修改为未被阻塞的 IP 地址。虽然这些规则与原始的安全策略相冲突，但现有的控制器都不能协调这一冲突。

③ 缓冲数据包劫持数据包转发逻辑中的漏洞可能导致严重的安全漏洞。当交换机触发 PACKET_IN 消息时，它将传入的数据包临时存储在交换机缓冲区中并给它分配一个缓冲区 ID，等待控制器的指令。当控制器指示交换机转发数据包时，这个 ID 用来检索数据包。Cao 等[42]介绍了一种缓冲数据包劫持攻击，该攻击利用了 OpenFlow 交换机在转发缓冲数据包时只检查缓冲区 ID 而忽略其他匹配字段的事实，证明了恶意应用程序可以使用相同的缓冲 ID 来劫持这些缓冲数据包。交换机如果接收到具有相同缓冲区 ID 的 FLOW_MOD 或 PACKET_OUT 消息，则认为它们是有效的控制消息。因此，恶意应用程序可以非法转发数据包，使其绕过安全策略。该漏洞的产生是因为 OpenFlow 交换机规范在处理缓冲数据包时缺乏关于严格检查匹配字段的明确要求。

很明显，SDN 应用程序可能滥用协议机制，引发交换机不可预见的行为，从而造成交换机故障或违反已建立的策略。

有几个原因导致应用程序至交换机的渗透漏洞出现。首先，由于交换机的大部分功能已被迁移到控制器上，交换机本身无法细致地管理资源。因此，如果控制器不时常监控和管理交换机资源，这些资源就会被浪费。其次，南向接口负责控制器和交换机之间的通信，交换机缺乏对南向接口的适当检查。与北向接口不同，南向接口在访问控制和消息完整性检查方面受到的关注有限。最后，虽然 OpenFlow 为 SDN 的成功部署做出了贡献，但它的协议规范将许多实现细节委托给交换机厂商，导致在交换机实现中产生了潜在的安全漏洞。

恶意应用能执行有害的 API 调用的主要原因是大多数控制器没有针对应用的身份验证以及授权措施，为此可以通过身份验证、访问控制、监控和程序分析 4 种技术手段增强应用平面的安全性。

（1）身份验证

由可信实体签名的数字证书将有助于运营商信任 SDN 应用程序。例如，FortNOX 和 SE-Floodlight 在跟踪由特定应用程序驱动的流规则时使用数字签名；rosemary 使用 PKI 来验证 SDN 应用程序是否由开发人员正确签名。这些案例表明，应用认证可以从根本上防止被安装恶意应用程序。在 SDN 开发人员和运营商之间建立一套数字认证方法将显著增强可信的 SDN 应用生态系统。

（2）访问控制

为了防止对控制器的任何 API 进行未经授权的访问，基于角色的访问控制（Role-Based Access Control，RBAC）应运而生[43]。它的主要目标是通过为运行的 SDN 应用程序分配预定义的优先级来限制应用程序的行为。在此上下文中，SDN 应用程序可以与特定角色关联，代表确定对某些 API 访问的安全级别。因此具有较低优先级的应用程序不能调用安全敏感的北向 API，例如，ONOS 控制器中的 flowruleWrite()用于修改流规则。随着现代 SDN 控制器变得越来越复杂，并且应用程序愈发多样，RBAC 模型可能无法处理所有情况。例如，管理员可能希望在允许其他函数时阻止 flowruleWrite()。为了解决这个问题，安全模式 ONOS（SM-ONOS）提出了一种针对 ONOS SDN 控制器量身定制的北向接口权限模型。该模型引入了一个层次结构，包括应用程序级、包级和 API 级权限。SDNShield 提供了类似于 BPF 语法的权限过滤器。管理员可以根据包含 SDN 应用程序中使用的权限的清单文件选择所需的权限。然而，它依赖开发人员在清单文件中准确记录所使用的权限。在一定程度上，攻击者可能会试图指定虚假权限来部署恶意应用程序。为了解决这个问题，Aegis 方案中设置了一种基于自然语言处理（NLP）的分析系统，用于比较 SDN 应用程序的实际使用权限与其清单文件。最后，一些研究设计了南向接口的权限模型。例如，SE-Floodlight 提出了南向接口的 RBAC，以限制 OpenFlow 协议的滥用。

（3）监控

在 SDN 架构中，各种 SDN 应用程序运行在一个控制器上，它们可以生成许多 OpenFlow 规则。在这种情况下，很难验证由不同应用程序生成的规则是否符合安全策略。因此，不变量验证的目标是检查这些规则是否违背安全策略。SE-Floodlight 提出了一种基于规则的冲突分析（RCA）算法，该算法研究新创建的 OpenFlow 规则与现有规则之间的冲突。例如，恶意应用程序可以滥用 OpenFlow Set 操作，通过修改包头来创建规则链，绕过安全策略。RCA 的目标是创建一个可能的规则链并将其与现有规则进行比较以检测策略是否违规。在检查规则的正确性时，形式化方法是有帮助的。FLOVER 和 VeriCon 将 SDN 应用作为一阶逻辑模型，用可满足模理论（SMT）求解器检验不变性。虽然检测许多不变量可能需要很长时间，但它能够正确地验证可能的极端情况。NICE 使用该模型来检查不变式在某个控制器状态下是否成立。然而，考虑由不同输入（如数据包、事件）决定的可能状态转移的数量庞大，探索所有可能的状态是棘手的。因此，它们也使用符号执行来减小输入空间。

（4）程序分析

应用层中的典型执行流可以表示为由事件触发的一系列 API 调用序列。隐藏的攻击链通常源于这些棘手的处理序列，从复杂的调用序列中很难确定违反安全策略的可疑 API。为了解决这个问题，操作人员可以使用静态分析来检查从应用程序源代码中提取的控制流图（CFG）。INDAGO[44]利用机器学习方法从恶意应用程序中发现可疑的 API 调用链模式。它研究了与操作 SDN 控制器状态的安全敏感 API 相关的各种特性。通过聚类分析表明，该算法能够以较高的准确率检测出恶意 API 链。EventScope[45]将 CFG 扩展为事件流图，以捕获事件如何在应用程序中的代码块上传播。它的目的是检测应用程序"未处理"的数据平面事件，这些事件若不能被及时处理，可能会产生漏洞，使攻击者可以绕过安全逻辑。

未来 SDN 应用层安全还有很多研究方向，以前文中从恶意应用程序到控制器的存储中毒攻击导致的大规模 SDN 中控制器和交换机之间的策略不一致问题为例，虽然针对小规模 SDN 部署已经提出了特别的补救措施，但网络环境的迅速扩展带来了在实际场景中识别策略不一致的挑战。对于基于图的检测机制来说，这一挑战尤其突出；随着网络拓扑结构日益复杂，检测的复杂性不断升级，这些检测方法的适用范围有限。为了在广泛的 SDN 环境中增强对不一致性的识别，使用标签成为一种可行的解决方案。通过对标签的比较分析来识别不一致性，标签不在数据包遵循控制平面的预期路径时更新，而在数据包真实移动后更新。检测策略不一致是至关重要的，而主动预防策略不一致则更为重要。不一致可能是由与网络应用程序的可信性和标准化相关的问题产生的。为了缓解这些问题，应该建立更严格的策略管理 API，并严格验证。

6.4.3 软件定义网络应用层安全应用

首先，本节将介绍策略分析工具，详述中间设备策略分析，重点讨论转发策略与监控策略联合分配和基于转发策略的监控策略分配两种策略分配方式。随后，本节将介绍一种 SDN 安全策略自动化管理框架，它能大幅减少网络管理人员手动部署策略时间。最后，本节将介绍一种 SDN 自动化策略验证方案，该方案实现了跨网络、跨设备进行策略验证的功能。

（1）策略分析

在交换设备策略分析领域，近年来，包头空间分析（Header Space Analysis，HSA）工具[46]的研究成果显著。该工具旨在对交换设备配置进行静态调试，运用数学形式化的分析方法挖掘配置中不易察觉的故障，如判断网络拓扑环路、检查网流分片隔离和调试新型网络协议等。HSA 将网络工程领域的研究提升至数学形式化分析层面，是该领域朝着引入科学研究手段方向转变的重要进展。

HSA 将数据包包头中 L 位长的多个域视为一个无差别的比特序列，每个比特序列可被视为一个 L 维正交空间，每个维度的取值范围为[0,1]。单个数据包对应 L 维正交空间中的一个点，而单条规则对应一个超长方体。HSA 抽象出两种数据类型：Wildcard 和 Headerspace，分别代表单个 L 维正交空间和多个 L 维正交空间的集合。同时，设计了 Headerspace 的 4 种集合操作：交、并、差、补，这 4 种操作是在 L 维正交空间上进行分析的基础。此外，HSA 将交换设备的转发功能用转换函数形式进行建模，请求和响应方向上的网流经过交换设备时，等价于转换函数的原函数和反函数对网流对应的 Headerspace 进行了一次在 L 维正交空间上的特定变换。HSA 数学抽象示例如图 6-13 所示，其中 R 代表路由器，T 为网络传输函数，h 为数据包头，p 为端口。

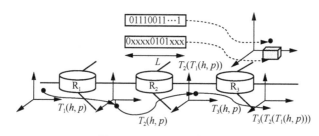

图 6-13 HSA 数学抽象示例

　　然而，安全设备策略的特性通常比交换设备策略更为复杂，尤其在单条规则所对应的空间大小及多条规则的空间交叠程度两方面。导致此类复杂性差异的主要原因包括策略部署应用场景的本质需求、物理对象的复杂性以及运维人员编写策略的思考方式。

　　由于防火墙设备在传统网络中部署广泛，中间设备策略分析领域的研究工作大多集中在防火墙策略。防火墙策略的优化表示与冲突检测分别对应策略部署前后的分析工作。这两类工作普遍采用具备不同特性的树状结构表示防火墙策略，并在此基础上进行相应的后续分析处理。防火墙决策图（Firewall Decision Diagram，FDD）[47]和 PolicyTree[48]分别为这两类工作的代表。

　　（2）策略部署

　　部署在网络交换设备上的策略包括两类：转发策略和监控策略。根据功能需求的不同，交换设备的策略分配方式可分为转发策略与监控策略联合分配和基于转发策略的监控策略分配两类。DIFANE[49]、vCRIB[50]和 Palette[51]、One Big Switch[52]分别为这两类策略分配方式的代表。

- 转发策略与监控策略联合分配：在这种分配方式下，交换设备上需要部署的策略不仅包括转发策略，还包括访问控制、策略路由和网络测量等多种监控策略。由于面向的终端节点数量较大，最终部署的策略规模对交换设备有限的转发表项构成严峻挑战，使控制器无法采用主动部署方式预先配置最终规则。被动部署方式则会增大控制器处理压力，并导致首包转发延迟。在部署策略时，这种方式会综合考虑上述因素，调整设备原有转发行为。

- 基于转发策略的监控策略分配：在众多应用场景下，转发策略和监控策略由不同的运维人员制定，两类策略具有不同设计目标，难以实现联合分配。此类分配方式在给定转发策略的前提下，寻求全网范围内监控策略的优化解。设备原有转发行为在策略分配过程中保持不变，从而避免流量绕行带来的带宽开销。

　　随着 SDN 技术兴起，OpenFlow 规范了交换设备的转发模型，使得全网范围内交换设备的策略可以根据应用场景需求，由逻辑上集中的控制器进行灵活分配。

　　（3）转发策略与监控策略联合分配

　　由于主动部署和被动部署两种部署方式各有利弊，因此 DIFANE 结合两者优点，采用一种新的解决方案。首先，在数据平面引入多个授权交换设备，将控制平面上控制器为交换设备配置规则的功能迁移至数据平面上的多个授权交换设备上；其次，根据网络拓扑确定授权交换设备位置，在多维正交空间对全局策略进行划分，得到与授权交换设备数量相同的多个不交叠策略子集（子集间互不重叠）；最后，控制器将全局策略的划分逻辑转换成"分区规则"并预配置至所有交换设备，将各策略子集转化成"授权规则"并预配置至对应的授权交换设备。当数据包经过交换设备未命中有效规则时，"分区规则"将数据包重定向至所属授权交换设备，后者根据"授权规则"处理数据包，并将生成的"缓存规则"的配置至数据包来源交换设备。由于"缓存规则"的优先级高于"分区规则"，后续数据包依据最新配置的"缓存规则"进行处理。为适应硬件交换机 TCAM 查找特性，DIFANE 采用等分空间划分方法并根据划分后的子空间裁剪原始策略。总体而言，DIFANE 综合全局策略分区和数据平面规则进行被动部署，解决硬件交换机上大规模规则集高效部署的问题。

基于 DIFANE，vCRIB 将问题背景扩展至支持规则在软件交换设备上部署，并对 DIFANE 的全局策略划分方式进行优化，解决云数据中心大规模策略管理问题。首先，vCRIB 采用"面向源端"及"基于复制"全局策略划分思路。前者确保每个策略子集仅检测特定终端节点的发送流量，且各策略子集在有效空间上无交叠，降低后续调整及虚拟机迁移过程的复杂度；后者基于观察到的相邻源对应策略子集相似度较高的现象，避免裁剪导致的规则数目膨胀，便于多个策略子集合并。其次，vCRIB 提出基于背包问题建模及资源感知的策略子集分配算法，实现在有限网络节点资源的前提下，将相似策略子集集中部署在相同网络节点。最后，vCRIB 根据流量变化对策略子集部署结果进行微调，通过贪婪地选择当前负载最大网络节点，将其上部分策略子集分散至相邻网络节点，提升全网资源利用率和实现负载均衡。

（4）基于转发策略的监控策略分配

针对大规模访问控制策略在网络接入交换设备上部署导致表项负载过高、核心交换设备表项空闲的问题，Palette 提出将访问控制策略分散至全网所有交换设备，并确保每条路径上的节点全集或子集保存一份完整的全局访问控制策略。Palette 首先根据比特取值或规则间依赖关系，将全局访问控制策略迭代划分为规则数目相近的不交叠策略子集；然后贪婪地选择网络节点，依次部署策略子集，直至每条网络路径上均部署了所有策略子集。

然而，Palette 在全局策略划分时未考虑网络流量空间因素，可能导致无关规则的查询，从而浪费处理资源。此外，Palette 策略分配算法性能与全网最短路径长度密切相关，导致在短路径网络中难以充分利用所有交换设备资源。One Big Switch 方式针对 Palette 算法设计中的这两点不足进行改进。首先，分离出网络中的所有路径，基于线性规划算法为每条路径分配可用硬件资源；其次，根据路径上各交换设备分配的硬件资源，利用多维正交空间中的单个超长方体贪婪地划分与路径相关的策略，并按顺序部署在对应交换设备上；最后，根据规则操作域取值，在交换设备部署顺序上对需要丢弃的网络流量进行优化，以降低网络带宽消耗。

（5）网络安全策略的自动化管理

实现自适应网络防御的最终愿景是达成无须人工干预的全自动化网络防护，使网络能够自主应对安全事件。接下来将介绍全自动网络防御系统的理论框架，其中网络安全策略管理的全过程无须管理员参与，策略调整均由系统自动执行。然而，受当前技术条件的制约，全面实现全自动网络防御尚不可行，管理员在网络安全策略管理中仍需适度参与。因此介绍半自动自适应网络防御系统的理论框架，并介绍基于此设计的一套实际可用的面向自适应防御需求的策略自动化管理系统架构。

① 全自动网络防御方案

人工的网络安全策略管理方式很难做到及时的策略动态调整，因此灵敏性的基本要求决定了自适应防御必须采用自动化网络安全策略管理模式。全自动化网络防御系统抽象方案如图 6-14 所示。

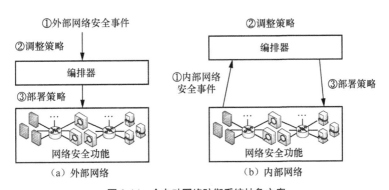

图 6-14　全自动网络防御系统抽象方案

该系统的核心为自动响应内外部网络安全事件的编排器。外部网络安全事件源于网络外部环境，如新型漏洞的发现与报道，导致需要部署新网络安全策略。内部网络安全事件则源自网络本身，如确保网络内部安全策略一致性，以及网络内部安全策略迁移。编排器的工作流程如下：首先，接收外部网络安全事件（如

图 6-14（a）所示）或内部网络安全事件（如图 6-14（b）所示）；其次，自动生成网络安全策略调整方案；最后，将策略部署至网络并执行。因此，全自动网络防御意味着网络安全策略管理全过程无须人工干预。

然而，在现有技术条件下，实现该系统颇具挑战，原因至少有两方面：首先，外部网络安全事件通常采用自然语言编写（如漏洞发现与报道），编排器作为软件模块可能难以理解事件含义；其次，针对系统中出现的新型攻击或未知问题等安全事件，目前尚无足够完备的人工智能解决方案能对其进行深度分析、定位根本原因并设计防御方案，必须依赖人工参与。

② 半自动网络防御方案

基于现有技术条件的限制，提出半自动自适应网络防御（Semi-automatic Adaptive Network Defense，SAND）系统抽象方案，如图 6-15 所示。该方案从图 6-14 所示的全自动网络防御系统抽象方案扩展而来，加入了管理员人工参与的部分，以弥补在当前技术条件下的不足之处。

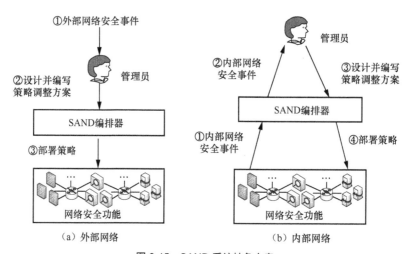

（a）外部网络　　　　　　　（b）内部网络

图 6-15　SAND 系统抽象方案

如图 6-15 所示，在面对未曾处理的内外部网络安全事件时，SAND 编排器会在网络管理员的指导下，执行网络安全策略的调整与部署；对于已知的网络安全事件，则可自动实施已部署的网络安全策略。

③ 基于 SDN 的 SAND 系统架构

基于 SDN 的 SAND 系统架构如图 6-16 所示。它扩展了 SDN 架构并继承了其应用层、控制层和数据层。下面对该架构进行详细介绍。

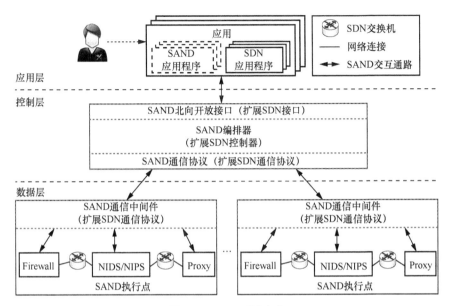

图 6-16 SAND 系统架构

在应用层，网络管理员可利用从 SDN 平台衍生出的、SAND 针对网络安全策略所扩展的北向开放接口，编写 SAND 应用程序，以收集网络状态信息并制定与部署网络安全策略。此过程不会影响原有 SDN 应用程序的正常运行。在控制层，SAND 编排器为 SAND 应用程序提供可编程的北向开放接口，将来自 SAND 应用程序的网络安全策略下发至相应的网络安全功能，以规则形式进行安装，并接收来自网络安全功能的消息，上报至 SAND 应用程序。数据层主要包括 SAND 执行点，每个执行点均具有多个网络安全功能，运行一个 SAND 通信中间件，用于网络安全功能与 SAND 编排器之间的通信。

6.5 软件定义网络的网络安全实践

6.5.1 Mininet 网络实验平台

Mininet 是一款单机全网络模拟工具，能够运行真实的内核、交换机及应用程序代码，适用于 SDN 及其他网络技术的快速原型设计、测试与演示。该工具为 SDN

仿真系统，由终端节点、OpenFlow 交换机及控制器构成，采用 Python 语言开发。在架构方面，Mininet 基于 Linux Container 内核虚拟化技术，由斯坦福大学 Nick McKeown 教授领导的研究团队开发，可模拟真实网络，并支持将代码迁移至实际环境。Mininet 基于 namespace 机制，分为 kernel datapath 和 userspace datapath 两个部分。前者将分组转发逻辑编译并整合至 Linux 内核，后者将分组转发逻辑实现在应用程序中，更具灵活性且易于重编译。

Mininet 的灵活性、可扩展性、实用性和兼容性较强，且具有便捷性、经济性和可重复性等特点。Mininet 为 SDN 研究与测试提供了便捷、优秀的平台，不需要昂贵、专业的硬件实验平台，减少了传统虚拟机搭建复杂网络环境的开销。实验采用 Python 脚本及 Linux 命令行操作，编写拓扑、添加控制器、交换机及主机等，连接相应链路，设置控制器参数，执行实验。

6.5.2　BGP 路径挟持攻击

互联网数据由众多相互连接的自治系统（Autonomous System，AS）构成，这些 AS 通过边界网关协议（Border Gateway Protocol，BGP）进行路由信息交互[53]。BGP 基于信任原则，将邻居视为完全可信实体，并认为从邻居获取的路由信息反映了当前网络的真实拓扑。然而，BGP 的所有路由通告报文均为明文，缺乏加密机制或安全验证，易受恶意黑客攻击。

若攻击者向其他 AS 通告一个不属于自己的 IP 地址前缀，接收通告的 AS 在无法验证信息真实性时，只能依据自身策略判断到达该 IP 地址前缀的路径。当攻击者 AS 被选为下一跳地址时，所有前往该 IP 地址前缀的数据将被成功劫持至攻击者 AS，并被恶意使用。受感染的 AS 会将此攻击信息继续传播至其他 AS，导致更多 AS 被感染，逐步形成 BGP 路径挟持攻击。攻击者通常通过广播伪造更短路由，改变数据传输路径，从而拦截或修改数据。

在 Mininet 环境下，用户借助 Python 脚本完成实验配置。在导入功能和辅助模块后，BGP 攻击实验拓扑如图 6-17 所示。其中包括 4 个自治系统 AS1～AS4 及其各自的 BGP 边界路由器 R1～R4。路由器路由连接情况如下：R1 与 R2、R4 相连，R2 与 R1、R3 相连，R3 与 R2 相连，R4 与 R1 相连。AS3 和 AS4 中分别设有一台 Web 服务器，控制器可控制各边界路由器。

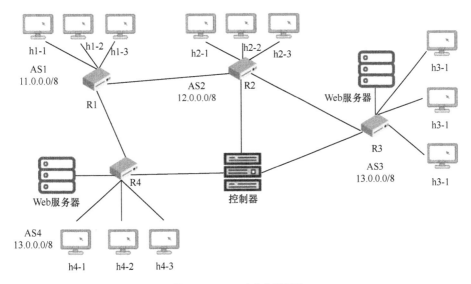

图 6-17　BGP 攻击实验拓扑

　　攻击开始之前，可以登录 AS1 的边界路由器 R1 查看路由信息，BGP 攻击前 AS1 的路由表信息 1 如图 6-18 所示。可以看出，到达 AS3 的路由是 "23"（即通过 AS2 和 AS3）。同时，在 AS1 的客户端主机上，用 curl 命令可以正常访问 AS3 中 Web 服务器的主页，这说明 AS1 的路由信息是正确的。

```
 Network          Next Hop          Metric LocPrf Weight Path
*> 11.0.0.0        0.0.0.0                0            32768 i
*> 12.0.0.0        9.0.0.2                0                0 2 i
*> 13.0.0.0        9.0.0.2                             0 2 3 i
```

图 6-18　BGP 攻击前 AS1 的路由表信息 1

　　在攻击启动后，首先激活攻击系统 AS4，并向 AS1 通知 AS4 存在一条通往 "13.0.0.0/8" 的更短路径，以误导 AS1 选择该 "短路径" 向 AS3 传输数据。此时，IP 地址为 13.0.0.0/8 的合法路由器 R3 通过 R2 向 R1 通告的路由路径为 "23"，而攻击者路由器 R4 构建的虚假 AS_PATH 路径信息为 "15"。路由器 R1 接收到这两条抵达 IP 地址 13.0.0.0/8 的路由通告报文，根据路径最短原则，R1 会选择攻击者路由器 R4 作为下一跳路由器，从而导致路径劫持攻击。

　　登录 AS1 的边界路由器并查看路由信息，发现 R1 确实已选择 AS4 作为其向 AS3 发送数据的下一跳路由。BGP 攻击前 AS1 的路由表信息 2 如图 6-19 所示。同时，AS1 中客户端主机访问的 Web 服务器已变为位于 AS4 中的服务器。通过 curl

命令，AS1 客户端主机打开了 AS4 中 Web 服务器的主页，这表明 BGP 路径劫持攻击成功。

```
Network          Next Hop          Metric LocPrf Weight Path
*> 11.0.0.0       0.0.0.0                0             32768 i
*> 12.0.0.0       9.0.0.2                0                 0 2 i
*> 13.0.0.0       9.0.4.2                0                 0 4 i
*                 9.0.0.2                                  0 2 3 i

Total number of prefixes 3
```

图 6-19　BGP 攻击前 AS1 的路由表信息 2

6.5.3　ARP 攻击和防御

地址解析协议（ARP）是一种根据 IP 地址获取物理地址的网络协议。ARP 攻击主要通过伪造 IP 地址和 MAC 地址，在网络中制造大量 ARP 通信，从而导致网络拥堵。攻击者发送伪造的 ARP 响应包，篡改目标主机 ARP 缓存中的 IP-MAC 地址映射，以实现网络中断或中间人攻击的目的。

若局域网内有一台计算机感染了 ARP 欺骗木马病毒，该计算机便会通过 ARP 欺骗手段不断扩大感染范围，直至欺骗整个局域网的主机和交换机，截获上网流量，导致局域网通信故障。ARP 欺骗攻击可分为两种：一种是对路由器 ARP 表的欺骗，另一种是对内网主机的网关欺骗。本实验仅实现第二种欺骗，其原理是建立虚假网关，使被欺骗的主机向虚假网关发送数据，而非通过正常路由器途径连接网络。

实验步骤如下：启动 Mininet，通过 Python 脚本构建 ARP 攻防实验拓扑，如图 6-20 所示。拓扑包括两台主机、一台充当网关的 3 层交换机和一台控制器。网关 IP 地址为 192.168.0.1，主机 PC1 的 IP 地址为 192.168.0.120，主机 PC2 的 IP 地址为 192.168.0.200。执行 ping all 命令检查网络配置情况，结果显示网络正常。

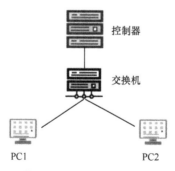

图 6-20　ARP 攻防实验拓扑

　　本节选择用 PC1 对 PC2 进行 ARP 攻击。利用 ARP 断网攻击工具 arpspoof 攻击后，攻击方不断地发出伪造的 ARP 响应包，通过伪造 IP 地址和 MAC 地址实现 ARP 欺骗，在网络中产生大量的 ARP 通信量使网络阻塞。登录 PC2 的终端，利用 "arp –a" 命令查看 PC2 的 IP-MAC 地址映射表，显示其 ARP 缓存中对应网关的 IP-MAC 条目被更改。此时，PC2 无法 ping 通网关，说明 ARP 攻击造成 PC2 的网络中断。

　　接下来，防御 ARP 攻击。目前对于 ARP 攻击常用的防护方法主要有绑定 IP 地址和 MAC 地址、安装 ARP 防护软件和使用具有 ARP 防护功能的路由器。在本实验中通过静态绑定网关的 IP 地址和 MAC 地址来实施 ARP 攻击的防御措施，即在 PC2 上执行 "arp -s 网关 IP 地址网关 MAC 地址" 命令，使 PC2 达到防御 ARP 攻击的效果。绑定之后，查看 PC2 的 IP-MAC 地址映射表，确定网关对应的 IP-MAC 地址绑定成功。再次开启 PC1 对 PC2 的 ARP 攻击，此时发现 PC2 能够 ping 通网关，成功防御 ARP 攻击。

参考文献

[1]　ETSI. NFV white paper[EB]. 2012.

[2]　KREUTZ D, RAMOS F M V, VERÍSSIMO P E, et al. Software-defined networking: a comprehensive survey[J]. Proceedings of the IEEE, 2015, 103(1): 14-76.

[3]　Juniper. Contrail virtual router[EB]. 2020.

[4]　YIAKOUMIS Y, SCHULZ-ZANDER J, ZHU J. Pantou: OpenFlow 1.0 for OpenWRT[EB]. 2011.

[5]　SHANG A, LIAO J, DU L. Pica8 Xorplus[EB]. 2010.

[6]　PFAFF B, PETTIT J, KOPONEN T, et al. The design and implementation of open vswitch[C]//Proceedings of the 12th USENIX Symposium on Networked Systems Design and Implementation. Berkeley: USENIX Association, 2015: 117-130.

[7]　Mininet: an instant virtual network on your laptop (or other PC) [EB]. 2022.

[8]　JAFARIAN J H, AL-SHAER E, DUAN Q. OpenFlow random host mutation: transparent moving target defense using software defined networking[C]//Proceedings of the First Workshop on Hot Topics in Software Defined Networks. New York: ACM Press, 2012: 127-132.

[9]　FERRAZANI MATTOS D M, DUARTE O C M B. AuthFlow: authentication and access control mechanism for software defined networking[J]. Annals of Telecommunications,

2016, 71(11): 607-615.

[10] SHIN S, YEGNESWARAN V, PORRAS P, et al. AVANT-GUARD: scalable and vigilant switch flow management in software-defined networks[C]//Proceedings of the 2013 ACM SIGSAC Conference on Computer & Communications Security – CCS'13. New York: ACM Press, 2013: 413-424.

[11] PORRAS P, SHIN S, YEGNESWARAN V, et al. A security enforcement kernel for Open-Flow networks[C]//Proceedings of the First Workshop on Hot Topics in Software Defined Networks. New York: ACM Press, 2012: 121-126.

[12] PORRAS P, CHEUNG S, FONG M, et al. Securing the software defined network control layer[C]//Proceedings of the 2015 Network and Distributed System Security Symposium. Reston: Internet Society, 2015: 1-15.

[13] SHIN S, SONG Y, LEE T, et al. Rosemary: a robust, secure, and high-performance network operating system[C]//Proceedings of the 2014 ACM SIGSAC Conference on Computer and Communications Security. New York: ACM Press, 2014: 78-89.

[14] HONG S, XU L, WANG H P, et al. Poisoning network visibility in software-defined networks: new attacks and countermeasures[C]//Proceedings of the 2015 Network and Distributed System Security Symposium. Reston: Internet Society, 2015: 8-11.

[15] MAI H H, KHURSHID A, AGARWAL R, et al. Debugging the data plane with anteater[C]//Proceedings of the ACM SIGCOMM 2011 Conference. New York: ACM Press, 2011: 290-301.

[16] KAZEMIAN P, VARGHESE G , MCKEOWN N. Header space analysis: static checking for networks[C]//Proceedings of the USENIX Conference on Networked Systems Design and Implementation. Berkeley: USENIX Association, 2012: 113-126.

[17] NATARAJAN S, HUANG X, WOLF T. Efficient conflict detection in flow-based virtualized networks[C]//Proceedings of the 2012 International Conference on Computing, Networking and Communications (ICNC). Piscataway: IEEE Press, 2012: 690-696.

[18] KHURSHID A, ZHOU W X, CAESAR M, et al. Veriflow[J]. ACM SIGCOMM Computer Communication Review, 2012, 42(4): 467-472.

[19] DHAWAN M, PODDAR R, MAHAJAN K, et al. SPHINX: detecting security attacks in software-defined networks[C]//Proceedings of the 2015 Network and Distributed System Security Symposium. Reston: Internet Society, 2015: 8-11.

[20] PADEKAR H, PARK Y, HU H X, et al. Enabling dynamic access control for controller applications in software-defined networks[C]//Proceedings of the 21st ACM on Symposium on Access Control Models and Technologies. New York: ACM Press, 2016: 51-61.

[21] KREUTZ D, RAMOS F M V, VERISSIMO P. Towards secure and dependable software-defined networks[C]//Proceedings of the Second ACM SIGCOMM Workshop on Hot Topics in Software Defined Networking. New York: ACM Press, 2013: 55-60.

[22] SCOTT-HAYWARD S, O'CALLAGHAN G, SEZER S. SDN security: a survey[C]//Proceedings of the 2013 IEEE SDN for Future Networks and Services (SDN4FNS). Piscataway: IEEE Press, 2013: 1-7.

[23] KLÖTI R, KOTRONIS V, SMITH P. OpenFlow: a security analysis[C]//Proceedings of the 2013 21st IEEE International Conference on Network Protocols (ICNP). Piscataway: IEEE Press, 2013: 1-6.

[24] BENTON K, CAMP L J, SMALL C. OpenFlow vulnerability assessment[C]//Proceedings of the Second ACM SIGCOMM Workshop on Hot Topics in Software Defined Networking. New York: ACM Press, 2013: 151-152.

[25] KUŹNIAR M, PEREŠÍNI P, VASIĆ N, et al. Automatic failure recovery for software-defined networks[C]//Proceedings of the Second ACM SIGCOMM Workshop on Hot Topics in Software Defined Networking. New York: ACM Press, 2013: 159-160.

[26] MATSUMOTO S, HITZ S, PERRIG A. Fleet: defending SDNs from malicious administrators[C]//Proceedings of the Third Workshop on Hot Topics in Software Defined Networking. New York: ACM Press, 2014: 103-108.

[27] MOUSAVI S M, ST-HILAIRE M. Early detection of DDoS attacks against SDN controllers[C]//Proceedings of the 2015 International Conference on Computing, Networking and Communications (ICNC). Piscataway: IEEE Press, 2015: 77-81.

[28] BRAGA R, MOTA E, PASSITO A. Lightweight DDoS flooding attack detection using NOX/OpenFlow[C]//Proceedings of the IEEE Local Computer Network Conference. Piscataway: IEEE Press, 2010: 408-415.

[29] JAGADEESAN N A, PAL R, NADIKUDITI K, et al. A secure computation framework for SDNs[C]//Proceedings of the Third Workshop on Hot Topics in Software Defined Networking. New York: ACM Press, 2014: 209-210.

[30] DIXIT A, HAO F, MUKHERJEE S, et al. Towards an elastic distributed SDN controller[C]//Proceedings of the Second ACM SIGCOMM Workshop on Hot Topics in Software Defined Networking. New York: ACM Press, 2013: 7-12.

[31] SHERWOOD R, GIBB G, YAP K K, et al. Can the production network be the testbed? [C]//Proceedings of the 9th USENIX Conference on Operating Systems Design and Implementation. Berkeley: USENIX Association, 2010: 365-378.

[32] WEN X T, CHEN Y, HU C C, et al. Towards a secure controller platform for OpenFlow applications[C]//Proceedings of the Second ACM SIGCOMM Workshop on Hot Topics in Software Defined Networking. New York: ACM Press, 2013: 171-172.

[33] SCOTT-HAYWARD S, KANE C, SEZER S. OperationCheckpoint: SDN application control[C]//Proceedings of the 2014 IEEE 22nd International Conference on Network Protocols. Piscataway: IEEE Press, 2014: 618-623.

[34] YOON C, LEE S, KANG H, et al. Flow wars: systemizing the attack surface and defenses in

software-defined networks[J]. ACM Transactions on Networking, 2017, 25(6): 3514-3530.

[35] DIXIT V H, DOUPÉ A, SHOSHITAISHVILI Y, et al. AIM-SDN: attacking information mismanagement in SDN-datastores[C]//Proceedings of the 2018 ACM SIGSAC Conference on Computer and Communications Security. New York: ACM Press, 2018: 664-676.

[36] Aether Project. ONOS reactive forwarding application[EB]. 2023.

[37] LEE S, YOON C, SHIN S. The smaller, the shrewder: a simple malicious application can kill an entire SDN environment[C]//Proceedings of the 2016 ACM International Workshop on Security in Software Defined Networks & Network Function Virtualization. New York: ACM Press, 2016.

[38] LEE S, YOON C, LEE C, et al. DELTA: a security assessment framework for software-defined networks[C]//Proceedings of the 2017 Network and Distributed System Security Symposium. Reston: Internet Society, 2017: 1-15.

[39] LEE S, WOO S, KIM J, et al. AudiSDN: automated detection of network policy inconsistencies in software-defined networks[C]//Proceedings of the IEEE INFOCOM 2020 - IEEE Conference on Computer Communications. Piscataway: IEEE Press, 2020: 1788-1797.

[40] RÖPKE C, HOLZ T. SDN rootkits: subverting network operating systems of software-defined networks[C]//Proceedings of the International Symposium on Recent Advances in Intrusion Detection. Cham: Springer, 2015: 339-356.

[41] UJCICH B E, JERO S, EDMUNDSON A, et al. Cross-app poisoning in software-defined networking[C]//Proceedings of the 2018 ACM SIGSAC Conference on Computer and Communications Security (CCS'18). New York: ACM Press, 2018: 648-663.

[42] CAO J H, XIE R J, SUN K, et al. When match fields do not need to match: buffered packets hijacking in SDN[C]//Proceedings of the 2020 Network and Distributed System Security Symposium. Reston: Internet Society, 2020: 1-15.

[43] NAM J, JO H, KIM Y, et al. Barista: an event-centric NOS composition framework for software-defined networks[C]//Proceedings of the IEEE INFOCOM 2018 - IEEE Conference on Computer Communications. Piscataway: IEEE Press, 2018: 980-988.

[44] LEE C, YOON C, SHIN S, et al. INDAGO: a new framework for detecting malicious SDN applications[C]//Proceedings of the 2018 IEEE 26th International Conference on Network Protocols (ICNP). Piscataway: IEEE Press, 2018: 220-230.

[45] UJCICH B E, JERO S, SKOWYRA R, et al. Automated discovery of cross-plane event-based vulnerabilities in software-defined networking[C]//Proceedings of the 2020 Network and Distributed System Security Symposium. Reston: Internet Society, 2020: 1-18.

[46] KAZEMIAN P, CHAN M, ZENG H, et al. Real time network policy checking using header space analysis[C]//Proceedings of the 10th USENIX Conference on Networked Systems Design and Implementation. Berkeley: USENIX Association. 2013: 99-111.

[47] GOUDA M G, LIU X Y A. Firewall design: consistency, completeness, and compact-

ness[C]//Proceedings of the 24th International Conference on Distributed Computing Systems. Piscataway: IEEE Press, 2004: 320-327.

[48] AL-SHAER E S, HAMED H H. Modeling and management of firewall policies[J]. IEEE Transactions on Network and Service Management, 2004, 1(1): 2-10.

[49] YU M L, REXFORD J, FREEDMAN M J, et al. Scalable flow-based networking with DIFANE[C]//Proceedings of the ACM SIGCOMM 2010 Conference. New York: ACM Press, 2010: 351-362.

[50] MOSHREF M, YU M L, SHARMA A, et al. Scalable rule management for data centers[C]//Proceedings of the 10th USENIX Conference on Networked Systems Design and Implementation. Berkeley: USENIX Association, 2013: 157-170.

[51] KANIZO Y, HAY D, KESLASSY I. Palette: distributing tables in software-defined networks[C]//Proceedings of the IEEE INFOCOM. Piscataway: IEEE Press, 2013: 545-549.

[52] KANG N X, LIU Z M, REXFORD J, et al. Optimizing the "One Big Switch" abstraction in software-defined networks[C]//Proceedings of the Ninth ACM Conference on Emerging Networking Experiments and Technologies. New York: ACM Press, 2013: 13-24.

[53] HARES S, REKHTER Y, LI T. A border gateway protocol 4 (BGP-4): RFC4271[S]. 2006.

第 7 章

云环境故障检测和修复

　　云计算在当今社会中已融入人们生活的方方面面，众多企业纷纷将其业务迁移至云端。但是从我国云计算的应用现状来看，其可靠性仍存在许多不足，这无疑成为云计算技术进一步发展的重大阻碍。鉴于云环境中运行的数据与服务规模庞大，其与传统信息环境有着本质的区别，一旦云计算出现故障或数据错误，将可能带来不可估量的后果。因此研究和实施云环境的故障检测与修复机制具有极其重要的现实意义。

　　本章将围绕云环境的故障分析与检测，以及故障修复两大核心议题展开，深入探讨云环境的故障检测与修复机制。在故障分析与检测方面，本章介绍云环境故障检测机制和故障诊断机制，旨在快速准确地识别和解决云环境的潜在问题，如 crash 故障、超时故障、逻辑故障等。在故障修复方面，本章将具体探讨云环境故障容忍机制，以确保在遭遇故障时，能够迅速有效地恢复云服务，保障云业务的连续性。

7.1　故障检测和修复概述

　　传统的服务可靠性保障机制在面对云环境的挑战时显得捉襟见肘，无法有效应对其多样性和海量数据处理的需求，基于云环境的故障检测与修复机制具有至关重要的意义。构建故障检测与修复机制可以确保云计算在面临各种故障和异常时，能够快速恢复、保持服务的连续性和稳定性，从而为用户提供更加可靠、高效的云计算服务环境。本节将对云环境故障检测、云环境故障诊断、云环境故障容忍 3 个方面的相关技术进行概述。

7.1.1　云环境故障检测技术

当前云计算通常规模庞大，这种情况下云环境中细小的故障可能会传导到整个云计算服务，进而波及众多企业[1]。以 2015 年 Xen 漏洞修补为例，多家云计算商的主机受到影响，其中亚马逊 AWS 有近 10%的云主机租户业务暂停。云故障中，硬件故障[2]是最基本的挑战，尤其在系统规模庞大时，单机故障变得频繁且难以避免。接下来将介绍云环境故障检测中的两种常见技术。

（1）ZooKeeper 集群技术

ZooKeeper[3]是 Apache 软件基金会的一个开源项目，为分布式系统提供了多种关键服务，包括配置服务、同步服务以及命名服务等。尽管最初 ZooKeeper 是 Hadoop 生态系统中的一个子项目，但它如今已经发展成一个独立的顶级项目，这足以证明其在分布式计算领域的重要性。

ZooKeeper 的核心特性之一是其集群结构，这种结构通过冗余节点确保了服务本身的高可用性。在 ZooKeeper 集群中，所有节点都维护着一个统一的系统视图，这意味着客户端可以通过集群中的任意一个节点来访问 ZooKeeper 服务。这种设计不仅提供了负载均衡的能力，还增强了系统的容错性。当集群中的某个节点出现故障时，客户端可以透明地与其他正常节点重新建立连接，从而保证了服务的连续性。ZooKeeper 提供的简洁而强大的 API 使用户能够在此基础上构建更为复杂的功能，如分布式锁、组管理以及领导选举等。上述功能在构建大规模分布式系统时非常有用，它们可以帮助协调不同节点之间的行为，确保系统的整体一致性和稳定性。

但 ZooKeeper 在故障检测方面的一个潜在问题是其采用的端到端超时机制可能会导致较长的故障检测时间，影响系统的响应速度和可用性。目前国内外已有相关技术通过改进算法和机制，使新的故障检测系统能够在更短的时间内准确检测故障，从而提高 ZooKeeper 的整体性能和可靠性。

（2）FDKeeper 检测器

Failure Detection Keeper（FDKeeper）是由 Wang 等[4]精心研发的云计算系统故障检测器，其凭借卓越的性能在业界崭露头角。它具备检测迅速、准确度高、干扰小以及可扩展性强等诸多优点。作为一种创新的协议，FDKeeper 为多个云计算系统间的故障检测提供了统一而高效的解决方案。

FDKeeper 的核心机制在于其独特的基于层的故障检测以及基于集群的架构。结合云故障检测协议，FDKeeper 实现了对云计算系统全方位的故障监控。根据评估结果，应用/内核层的检测时间在 600ms 内，而虚拟机监视器/硬件层的检测时间也仅为 2s。在准确度方面，FDKeeper 的表现尤为出色，所有层的准确度均达到了100%，且干扰频率极低，每年仅发生 0.27 次。

FDKeeper 在可扩展性方面同样展现出了强大的实力。理论分析和实验验证表明，用于完成故障检测的节点数量与计算系统中的节点数量之间呈线性关系，并且增长因子低于 0.001。这一特性使得 FDKeeper 在面对不同规模的云计算系统时，都能保持高效的故障检测能力。

7.1.2　云环境故障诊断技术

随着大型集群和云计算的广泛应用，基于日志的故障诊断技术在工业界和学术界受到了广泛关注。

日志综合管理分析系统 UiLog 是基于日志故障分析及诊断的系统。UiLog 系统收集系统中各个组件的日志信息，并对日志进行统一的存储和管理。UiLog 会对系统中的日志进行跟踪统计，并结合之后的故障分析，对系统进行准确的整体概要分析，辅助管理员掌握系统的运行情况。UiLog 采用机器学习的方法，通过人工给出的故障分类训练集，对日志的故障类型进行学习，产生日志规则库。对于系统中收集的日志，UiLog 会根据规则库，实时地判断日志所属的故障类型，以供管理员查询。当管理员需要对系统中的故障进行分析诊断时，UiLog 可以进行故障关联性分析，即对于需要分析的故障，考虑故障的传播性，挖掘出与该故障相关联的故障日志，并把有相同故障起因的日志汇聚到一起，然后按照故障发生的因果关系对集合中的日志进行排序，从而找到引发该故障的根本原因。

7.1.3　云环境故障容忍技术

云环境故障容忍技术以 Xen 虚拟机管理器和 OpenNebula 平台管理器作为基础展开研究。Xen 虚拟机管理器已在前文介绍，这里不赘述，下面对 OpenNebula 平台管理器进行简单描述。

OpenNebula 平台是一款广泛使用的开源云平台，它支持与 Xen、KVM 或

VMware ESX 一起建立和管理私有云，同时也支持与 Amazon EC2 配合来管理混合云。由于本节所使用的虚拟机管理器是 Xen 虚拟机管理器，这里将介绍以 Xen 虚拟机管理器为基础的云平台架构。

　　OpenNebula 架构如图 7-1 所示，OpenNebula 使用共享存储设备来提供虚拟机镜像服务，可以使每个计算节点都能访问相同的虚拟机镜像。其中 ONED 是 OpenNebula 的管理模块，当用户需要启动或关闭某个虚拟机时，管理节点通过 SSH 登录到对应的节点的管理域中，然后执行 Xen 的相关指令来进行操作。这种方式的优势在于无须在客户虚拟机中额外安装软件或服务即可对其进行管理。

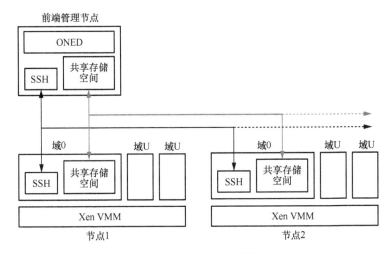

图 7-1　OpenNebula 架构

（1）多软件实例应用场景

　　云计算以资源租用、应用托管、服务外包的核心理念使得 IT 领域的按需服务真正得到体现。因为云计算的租用成本低，越来越多的企业和用户将自己的应用部署在云环境中。这样就会在多虚拟机之间出现多个相同的软件实例的情况，如图 7-2 所示。

　　图 7-2 中，客户虚拟机 A 的系统 Ubuntu 中部署了 Web 服务器 Apache HTTPd 和数据库软件 MySQL，客户虚拟机 B 的 Fedora 中部署了 Web 服务器 Apache HTTPd 和数据库软件 Oracle，客户虚拟机 C 的 SUSE 中部署了 FTP 服务器 ProFTPd，客户虚拟机 D 的 RedHat Linux 中部署了 FTP 服务器 vsftpd 和数据库软件 MySQL。因此，客户虚拟机 A 中 Web 服务器和客户虚拟机 B 中 Web 服务器是相同的软件实例，它们之间可以进行故障容忍信息共享。与此类似的是客户虚拟机 A 中

的数据库软件和客户虚拟机 D 中数据库软件，它们之间同样可以进行故障容忍信息共享。这里相同的软件实例指的是它们的软件版本相同，并不考虑软件的不同配置。

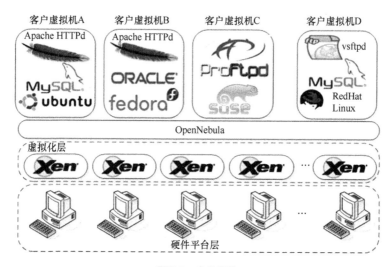

图 7-2　应用场景

（2）ASSURE 系统简介

ASSURE 系统提出营救点概念，其是指原程序中处理故障的位置。通过结合错误虚拟化和营救点机制，ASSURE 系统强制让"危险"函数返回一个观察值来绕过导致故障发生的故障路径。采用故障诊断系统和应用部署系统来实现营救点和错误虚拟化机制。通过动态插桩工具 Dyninst，ASSURE 系统可以在程序的每个函数的入口处动态地插入监控指令，并且在软件部署之前通过压力测试来发掘营救点，以构造营救路径图。当应用软件部署后，ASSURE 应用部署系统使用操作系统标准的错误处理机制来检测软件故障，并且采用软件级别检查点机制对软件状态进行周期性保存。一旦检测到故障，ASSURE 系统就将最近的检查点文件和日志文件发给诊断系统进行故障诊断。

在故障诊断系统中部署一个相同的软件实例后，ASSURE 诊断系统则可以根据检查点文件和日志文件来重现故障。检测到故障后，ASSURE 诊断系统查看软件的函数调用栈，并根据营救路径图找出匹配的候选营救点，而后以寻找离故障函数路径最短的方式选择候选营救点并进行测试。一旦某个候选营救点可以容忍该故障，ASSURE 诊断系统就使用测试集验证该候选营救点的可用性、正确性以及性能。如果该候选营救点满足条件，则选择该候选营救点为最佳营救点，并以此来创建一个补丁，然后将该补丁应用到应用部署系统的软件中。应用补丁后的软件将会在软件执行流程到达最佳营救点时触发检查点操作，这样可以在后续故障发生时快速恢复到最佳营救点所对应的检查点状态，从而能够快速应用错误虚拟化机制来快速修复故障。

7.2　云环境故障检测

本节首先阐述云环境故障检测系统的主要设计目标，然后详细介绍系统的体系结构和各个模块及 FDKeeper 集群结构，最后对云环境故障检测系统的相应关键技术和实现细节进行展开，包括云到虚拟机（C2V）故障检测子系统、云检测服务守护进程（CDSD）云检测服务子系统、云服务故障检测协议（CDP）。

7.2.1　云环境故障检测系统概述

软件故障[5-6]在云计算环境中十分常见，其种类繁多，触发机制复杂，症状各异。云计算中的软件分为 VMM 层、OS 层和 App 层。VMM 故障影响所有虚拟机，OS 故障影响单个虚拟机，而 App 故障仅影响应用本身。不同层次的软件故障容错代价不同，VMM 最高，OS 次之，App 最低。

为了降低云故障损失，云容错技术至关重要。云容错包括故障检测和修复，其中检测是修复的前提，其性能直接影响云容错效果。但是传统故障检测系统采用端到端超时机制，导致检测时间超过修复时间，成为性能瓶颈。云数据中心规模庞大，要求故障检测系统具备可扩展性，而传统技术仅适用于小规模一对一模型；高可用系统采用跨云部署，要求故障检测系统支持不同云之间的检测，即开放性。综上所述，云容错系统急需一个快速、可扩展且开放的云故障检测系统。本节将介绍云环境故障检测系统使用的相关技术，以及当前云环境对此类系统的特性要求。

（1）云环境故障检测相关研究

在云环境故障检测领域，Chandra 等[7]首次为故障检测系统建立了正式的理论框架，并明确定义了其类别。他们强调了可靠故障检测（RFD）系统在简化一致性和原子性消息广播方案设计中的重要作用。尽管后续的理论研究突出了快速RFD 的优势[8]，但在实际应用中，如何构建高效能的故障检测系统仍然是一个待解决的问题。特别是在云环境中，一个高效的故障检测系统需要兼具高可靠性、快速响应、低误报率和高扩展性四大特点。

Chen 等[9]提出了一种基于"新鲜点"和端到端超时机制的非可靠故障检测（UFD）系统，该系统在确定超时时间时考虑了网络时延和丢包率。Bertier 等[10]也对此进行了相关研究，提出了超时时间选择的相关算法。UFD 的输出结果通常为二值，即"正常"或"故障"。此外，还有基于权值的故障检测系统[11]，其输出是一个数值，该数值反映了进程出现故障的概率。当该数值超过预设的阈值时，系统会判定被检测对象出现故障。同时，多进程支持的 UFD 也得到了广泛研究，其主要通过 Gossip 协议[12]实现，并采用端到端超时机制。值得注意的是，UFD 需要在检测时间和准确性之间进行权衡，缩短超时时间可能导致准确率降低，而延长超时时间则可能延长故障检测时间。

为了实现可用的 RFD 系统，可以在 UFD 的基础上加入 STONIH（Shoot The Other Node In The Head）模块。当故障检测（FD）系统怀疑被检测对象出现故障时，会先将其"杀死"，然后报告故障。这种方法可能会因误报而导致不必要的"杀死"操作，因此需要在检测时间和误报率之间进行权衡。另一种实现 RFD 的方法是使用"看门狗"机制[13]，当端到端超时机制被触发时，"看门狗"会重启机器。与基于端到端超时机制的故障检测方式不同，Falcon[14]提出了一种基于手术查杀技术的故障检测机制。这种机制能有效提高故障检测系统的效率，但可能无法满足云环境的高扩展性需求，且通常只关注单一层次的监控，并将本地程序的状态报告给远程进程。

作为一种分布式协调服务，ZooKeeper[3]也能提供故障信息。它提供配置管理、名字服务和组服务，并支持一种名为"临时对象"的特性。当创建临时对象的节点出现故障时，该临时对象会在 ZooKeeper 的目录树中消失，其他程序可以通过监视上述临时对象来检测故障。为了实现临时对象功能，ZooKeeper 内部也需要一个高效的故障检测系统。ZooKeeper 采用了 UFD，为临时对象提供了一种不可靠的故障检测服务。

（2）理想故障检测系统的特性

适合云环境的故障检测系统要具备以下特性：较短的故障检测时间、较高的准确性、较低的误报噪声、详细的故障描述信息、高扩展性和开放性。

① 较短的故障检测时间。对于故障检测时间的设计目标是：应用层、OS 层的故障检测时间要小于 3s；VMM 层、物理层（包括物理节点、物理链路）的故障检测时间要小于 10s。

② 较高的准确性。对于故障检测准确性的设计目标是 100%，因此国内外大多采用的故障检测系统是 RFD。为了保证 100%的准确性，采用了类似于 STONIH 的技术，即把误报的副作用转嫁到误报噪声的指标上。

③ 较低的误报噪声。对于故障检测误报噪声的设计指标是不高于 1 次/年，但是 100%的故障检测准确性会主动"杀死"可疑的被监控对象，所以故障检测系统的误报即误报噪声的来源。

④ 详细的故障描述信息。对于故障检测描述信息的设计目标是：提供故障发生的层次和故障的类型。故障类型包括 crash 故障、超时故障、逻辑故障。

⑤ 高扩展性。对于故障检测扩展性的设计目标是：在包含 N 个被监控节点的环境中，监控节点的数目为 kN，其中 $0 < k \leqslant 0.001$，即监控节点数呈线性增长；用于故障检测的心跳数的上限为 $O(N)$，即监控心跳数呈线性增长。

⑥ 开放性。对于故障检测开放性的设计目标是：不同的云（可以是公有云，也可以是私有云）能够相互监控对方的计算资源，从而为云间设备提供基础设施级的支持。

7.2.2　云环境故障检测系统体系

本节首先阐述云环境故障检测系统采用的分层结构设计，并简要介绍体系结构中的各个模块，然后将 FDKeeper 应用到系统的扩展性增强当中。

（1）故障检测体系结构介绍

鉴于当前的云环境普遍采用虚拟化技术，云环境故障检测系统在架构设计之初便充分融入了虚拟化环境的特性，确保虚拟化组件与系统结构无缝集成。为简化系统开发与维护流程，系统采纳了分层的架构原则，力求明确划分各层次的功能，最大限度降低层与层之间的耦合度。在接口设计方面，云环境故障检测系统遵循两大原则：对外部接口（如本地云故障检测接口和外部云故障检测接口）力求简洁易用，因为外部接口通常面向第三方使用，简洁的功能更易于被用户所接受；对内部接口（如 C2V 故障检测子系统与 CDSD 云检测服务子系统之间的接口）则强调丰富性，因为内部接口主要为系统开发者使用，过于简单的接口可能增加软件层内部逻辑的复杂度，而丰富的接口有助于降低层与层之间的耦合性，从而便于系统的开发、维护与扩展。

云环境故障检测系统的系统结构如图 7-3 所示，C2V 故障检测子系统贯穿了物理硬件资源池、虚拟机管理器、虚拟机实例、应用 4 个软硬件层次。每个层次的组件都有不同的特性，如物理硬件故障的检测时间要比应用程序故障的检测时间长得多。C2V 故障检测子系统的故障检测软件栈涉及应用层、虚拟机（或操作系统）实例层、虚拟机管理器层，而物理硬件资源池层是通过间接的故障检测技术实现故障检测的。

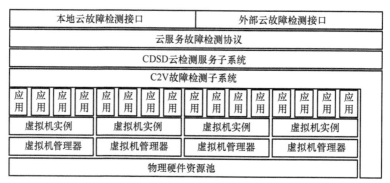

本地云故障检测接口		外部云故障检测接口	

图 7-3 云环境故障检测系统的系统结构

C2V 故障检测子系统是整个云环境故障检测系统的控制中心，实现了对各个层次的故障监控及特定指令执行。C2V 故障检测子系统会把检测结果递交给 Cloud Detecting Service Daemon，CDSD 云检测服务子系统，CDSD 云检测服务子系统负责对故障信息的处理与分发。同时，CDSD 云检测服务子系统负责整个系统的配置管理与处理逻辑的生成，根据配置规则或者客户端的请求向 C2V 发送对相应层次执行指令的请求。

云环境故障检测系统为用户提供了两种接口：本地云故障检测接口和外部云故障检测接口。用户可以通过这两种接口和 CDSD 云检测服务子系统进行交互，除此之外，用户必须实现云服务故障检测协议。为此，该系统提供了两个程序库来满足上述要求，分别对应客户端和服务器。

（2）系统的扩展性增强

FDKeeper 主要用来解决云环境故障检测系统的可扩展性问题，由于云环境中物理节点的个数少则几百台，多则成千上万台，除此之外，每个物理节点还可以运行几十台虚拟机，每个虚拟机上也可能运行多个服务，因此在云环境中要监控其上所有的服务状态非常困难。

为了解决云环境故障检测系统的可扩展性问题，系统采用了类似于 ZooKeeper 的集群架构——FDKeeper，但与 ZooKeeper 不同，FDKeeper 采用了基于分层结构的 RFD，因此 FDKeeper 的故障检测效率比 ZooKeeper 更高。FDKeeper 的结构如图 7-4 所示。

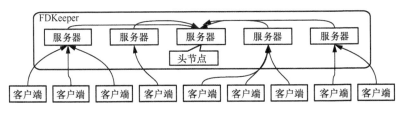

图 7-4　FDKeeper 的结构

FDKeeper 采用了集群结构，由很多物理节点组成，这些物理节点被称为服务器，在其中选择一个头节点，各个服务器的状态会通过头节点进行同步。通常 FDKeeper 包含奇数个服务器，这样方便"投票选举"，例如，若 FDKeeper 包含 11 个服务器，那么可以容忍最多 5 个服务器出现故障。容错功能是很必要的，因为在云环境中每时每刻都会出现"故障"。客户端包括两种节点：运行 HA-HUB 模块的监控节点与运行内部检测协议的监控节点。根据负载均衡的原则，每个客户端会与特定的服务器建立连接，当某个服务器出现故障后，客户端会自动切换并尝试连接其他的服务器。通常一个具有 11 个服务器节点的集群能够支持 1000 个客户端节点。最后，在云环境故障检测系统中，FDKeeper 结构主要被应用于 CDSD 云检测服务子系统中。

7.2.3　云环境故障检测系统技术

云环境故障检测系统包含两个子系统和一个协议。两个子系统指的是 C2V 故障检测子系统和 CDSD 云检测服务子系统，一个协议指的是云服务故障检测协议。每个子系统和协议又被划分成若干个模块，如图 7-5 所示。

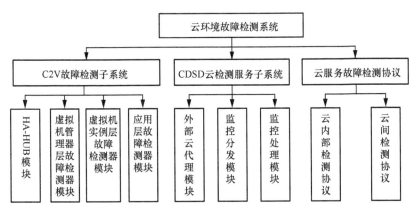

图 7-5　云环境故障检测系统的模块划分

（1）C2V 故障检测子系统

C2V 故障检测子系统负责对各个层次的故障进行监控，同时在相应的软件层执行来自 CDSD 云检测服务子系统的指令。为了缩短故障检测时间，提高故障检测的准确性，C2V 采用了基于层次的故障检测模型，这样 C2V 能够充分利用各个层次的内部信息，并构建基于层次的故障检测链，从而实现性能更好的故障检测系统。C2V 故障检测子系统主要涉及 4 个层次：应用层、虚拟机实例层、虚拟机管理器层、物理硬件资源池层。这是根据系统的部署环境划分的层次，人们可以根据实际情况对以上层次进行扩展或者裁剪。

C2V 故障检测子系统主要由运行在域 0 中的 HA-HUB 模块以及部署在各个层次的故障检测系统组成，体系结构如图 7-6 所示。

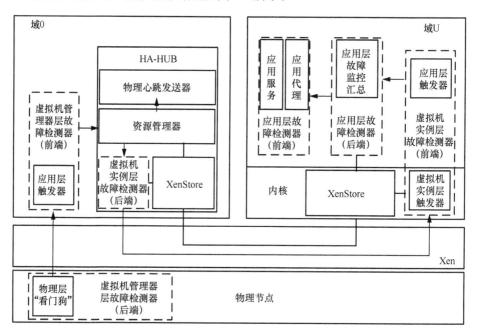

图 7-6　C2V 故障检测子系统的体系结构

C2V 包含 4 个子模块：HA-HUB 模块、虚拟机管理器层故障检测器模块、虚拟机实例层故障检测器模块、应用层故障检测器模块。各层的模块负责监控各层的对象，同时底层模块也负责监控上层模块。

（2）CDSD 云检测服务子系统

CDSD 云检测服务子系统是整个云环境故障检测系统的"大脑"，主要包括 3 个模块：外部云代理模块、监控分发模块、监控处理模块。为了提高故障检测系统的可扩展性，系统采用了 FDKeeper 集群架构，如图 7-7 所示，圆圈中的 FDK 代表相应的 FDKeeper 集群，整个拓扑由根集群 FDK_{1-1} 开始，根集群采用了一致性哈希算法建立相应的层次。由于一致性哈希具有平衡性、单调性、分散性、负载均衡性等特点，因此该系统非常适用于大规模的分布式环境。除根集群以外的其他层次的集群都处在集群池中，由根集群统一管理。FDKeeper 集群本身由若干个物理节点组成，然后以集群的方式统一向客户端提供服务。CDSD 就运行在每个 FDKeeper 中，因此 CDSD 具有较高的扩展性和容错性。

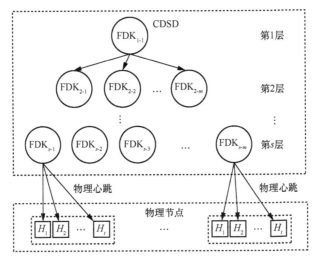

图 7-7　CDSD 的 FDKeeper 集群架构

（3）云服务故障检测协议

云服务故障检测协议规范了云环境故障检测系统的标准检测流程，定义了故障检测信息的表示方法以及交互流程。云服务故障检测协议包括两个子协议：云内部检测协议和云间检测协议。云内部检测协议是推荐协议，云间检测协议是强制协议。要支持不同云环境间的故障检测，云服务提供商必须实现云间检测协议，但云内部检测协议是可选的。

云内部检测协议定义了位于云内的虚拟机监控云内服务的规范，基本流程如图 7-8 所示。本地用户（Local User）位于虚拟机中的应用进程，HA-HUB 为前面提到的位于域 0 中的本地故障处理中心，叶子 FDK 集群（Leaf FDK）是故障检测拓扑中与被检测节点直接相连的 FDK 集群，根 FDK 集群（Root FDK）为故障检测拓扑中最高层次的 FDK 集群。

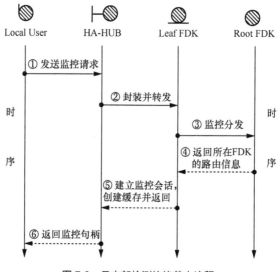

图 7-8　云内部检测协议基本流程

云内部故障检测信息的表示方法如图 7-9 所示。与 XenStore 类似，云内部信息的表示方法也采用了基于目录的层次模式。不同的是云内部故障检测协议多了<cloud id>和<node id>目录，其中<cloud id>用于表示整个云的配置和状态，<node id>用于表示物理节点的配置和状态。每个根 FDK 都会维护一个数据库，用于记录被其监控的所有对象的状态。HA-HUB 或者 FDK 检测到某个资源出现了故障时，就会更新数据库中相应的目录或者节点，然后根据目录或者节点的配置选项自动回调所有回调函数。

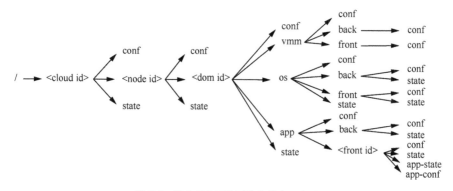

图 7-9　云内部故障检测信息的表示方法

云间检测协议定义了云与云之间的故障检测规范，包括本地云和外部云的交互流程，以及云间故障信息的表示方法。云间检测协议的主要作用是屏蔽云间的差异，帮助云间的用户建立虚拟监控通道，当外部云的被监控对象出现故障以后，能够方便通知用户，屏蔽不同云间的差异。云间故障检测协议示意图如图 7-10 所示，假设云 A 中虚拟机 VM_{a_1} 的应用想检测位于云 B 中虚拟机 VM_{b_1} 上的应用 appx，云间检测协议会在云 A 和云 B 间建立一个虚拟监控通道，当位于云 B 中虚拟机 VM_{b_1} 上的 appx 出现故障后，云 B 的 CDSD 会自动通知云 A 的 CDSD，然后云 A 中的 CDSD 再通知 VM_{a_1} 中的相应应用，因此对于 VM_{a_1} 中的应用来说，云间检测与云内检测并无差异。

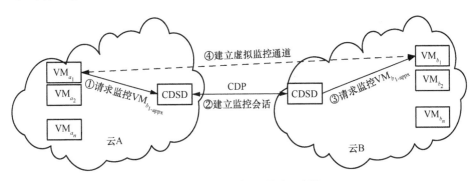

图 7-10 云间故障检测协议示意图

为了使云间交换信息具有简单性、灵活性、通用性等特点，云间交换信息的表示方法采用 XML 格式。监控请求报文包括一个 geckoha 元素、一个 request 元素、多个 object 元素、多个 callback 元素、多个 function 元素。外部云代理模块接收到监控请求报文后会分配相应的监控资源，并根据本地云内部被监控对象的状态及时构造监控响应报文，然后通过外部云代理模块把监控响应报文发送给请求者。监控响应报文也从 geckoha 根元素开始，不同的是 geckoha 根元素下面有一个 response 元素；response 元素下面可以有多个 object 元素，object 元素除了具有 id 属性，还具有 status 属性，status 属性用来标识被监控对象的当前状态；object 元素可以包含一个 description 元素，description 元素用来描述故障节点的信息。

7.3　云环境故障诊断

在金融、国防等关键领域，由于云计算交互的复杂性，云环境故障可能导致巨大的经济损失等，实时监视系统、及时发现并处理问题变得至关重要。云环境故障分析研究可辅助管理员全面实时分析系统，预测和定位故障，提高系统性能，保障系统安全。

本节将介绍一个基于日志的故障诊断系统。该系统建立统一的故障管理平台，综合管理各种故障，提供故障统计信息，并且提出一种故障日志挖掘方法，从大量日志中提取关键信息，全面考虑故障关联性，挖掘根本原因。

7.3.1　云环境故障诊断系统概述

目前，工业界已经拥有众多成熟的日志分析系统，但其中大多数仅限于收集和初步分析。与此同时，学术界在故障诊断和日志分析方面取得了显著成果，但上述研究往往局限于特定环境[15]，缺乏广泛的适用性。

在日志分析中，首要的任务是对数据信息进行聚类。聚类是指将具有相似属性的信息归为一类，确保每个簇内的数据相似，而簇与簇之间的数据则有所区别。聚类分析可以有效地将日志按照故障类型进行划分，从而减轻人工分析日志的负担。

在日志聚类算法中，虽然 CLIQUE、CURE 和 MAFIA 等流行的数据挖掘算法已得到了广泛应用，但上述算法主要适用于高维数据，并不适合处理文本信息（如日志）。为了提高聚类算法对文本数据的适用性，不仅需要使其具备识别高维数据的能力，还需要让它能够处理不同属性类型、忽略输入顺序，并发现子空间中的高维属性聚类。日志聚类还需要特别考虑单词的位置和排列顺序等关键因素。

针对日志信息的自动聚类分类算法和技术应运而生。有研究者尝试对原始控制台日志进行自动分类，还有使用隐马尔可夫链模型和朴素贝叶斯模型对基于 IBM 的普通基本事件（Common Base Event，CBE）进行日志分类研究。目前较为流行的日志分类工具有 SLCT[16]和 Loghound[17]，它们能够提取日志中的模板信息并进行自动聚类，自动发现日志中的格式信息。上述工具采用与 Aprior 类似的算法，需要用户提供阈值作为输入以控制聚类大小。阈值的选择对于确保同一簇内数据的高相似度至关重要，因此需要根据具体系统进行调整。

随着技术的不断发展，如何在保证准确性的同时提高日志分析的效率和自动化程度将是未来研究的重点。不断优化算法和引入新技术，有望在未来实现更加高效和智能的日志分析系统。

7.3.2　云环境故障诊断系统体系

日志综合管理分析系统适用于大型的复杂云环境和集群环境，它把所有目标节点中的系统、系统中的软件以及其他相关组件中产生的日志统一收集到分析节点，然后在分析节点对日志进行过滤、存储、分析和故障诊断。根据上述设计目标，为了提高可靠性，将分析节点作为专门的日志服务器使用，并且将日志也存储于专门的日志数据库当中。

日志综合管理分析系统的整体结构如图 7-11 所示，分为目标节点和分析节点两个部分。其中，目标节点中的子系统存在于所有需要监视的主机当中，用来获取系统和软件的日志。对于硬件设备，如交换机、路由器等，由于不能插入自定义模块，故采用修改配置文件的方式获取日志。此外，分析节点还对收集到的日志进行简单的预处理，主要的作用是减轻分析节点和网络的压力。目标节点的日志通过预处理之后，会通过网络传输到分析节点。

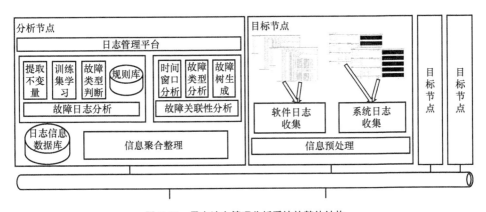

图 7-11　日志综合管理分析系统的整体结构

分析节点对日志进行整理、存储和分析。首先，日志会被存到日志信息数据库当中。然后，故障日志分析模块会对日志进行故障类型判断，判断的结果也会保存在日志信息数据库中。故障关联性分析模块用来对故障进行诊断，并按照管理员的要求生成故障诊断报告。日志管理平台作为用户与日志综合管理分析系统的交互接口，负责统一管理各个部分，并给出直观的界面显示，包括日志的列表、搜索、统计以及系统概况等各个分析单元得到的处理结果。用户也会通过日志管理平台获取自己所需要的分析结果。

日志综合管理分析系统的功能模块如图 7-12 所示，日志综合管理分析系统由 4 个部分组成。日志管理平台统一管理整个系统，并负责结果显示和用户交互，分为结果分析界面、故障分析与诊断和系统管理 3 个子模块；日志收集模块主要负责收集各个系统的硬件及软件产生的日志，并把所有的日志汇集到分析节点进行存储，还会对日志进行统计，帮助管理员实时了解系统的运行情况，该模块分为目标节点日志收集、分析节点日志存储和日志监控与统计 3 个子模块；故障日志分析模块主要用来对故障进行分类，按照不同的阶段分为日志故障类型学习和日志故障分类两个子模块；故障关联性分析模块主要利用时间窗口技术和故障类型，对日志进行诊断分析，辅助管理员的故障诊断过程。

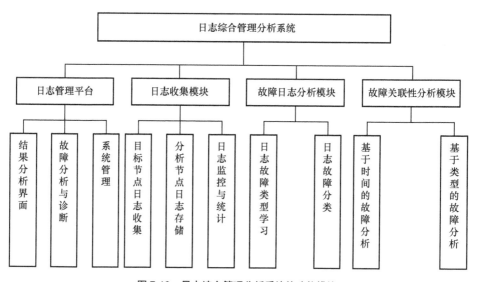

图 7-12　日志综合管理分析系统的功能模块

7.3.3　云环境故障诊断系统技术

云环境故障诊断系统是确保云服务高可用性和稳定性的重要组成部分，它通过一系列自动化和智能化技术，快速识别、定位和解决云平台中出现的问题。其中技术架构与关键步骤包含监控与日志收集、数据处理与分析、调用链跟踪、根因分析、故障预测与预防以及智能决策与自动化修复等。采用相关技术是为了保证系统的实时性、准确性、可扩展性、兼容性与标准化、交互性与可视化。

尽管云环境故障诊断技术取得了显著进步，但仍面临一些挑战，如海量数据处理的复杂性、异构系统间的兼容问题、实时性与准确性的平衡，以及在特定场景下（如华为云 Stack 场景中对纳管的 IaaS OpenStack 资源池的支持限制）的功能局限性等。因此，持续的技术创新和优化是提升云平台故障诊断效能的关键。

（1）故障日志收集

故障日志收集指的是从不同节点中收集日志，并将其存入分析节点的服务器，然后日志管理平台调用日志收集模块获得的信息，展示给管理员，具体流程如图 7-13 所示。

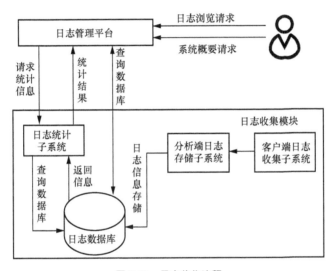

图 7-13　日志收集流程

日志收集分为客户端的收集和分析端的存储。客户端主要负责日志收集，通过日志的轮询监视获取系统软件的日志，通过日志的插件和脚本等方法监视系统特殊软件和服务的日志。客户端受分析端控制，分析端的功能包括接收客户端的故障日志信息并对信息进行存储，还负责与其他部分通信、日志信息的交互以及对日志的统计。

（2）故障日志归类

故障日志归类指的是对日志收集模块获得的故障日志，按照事先规定的故障类型，划分每一条日志所属的故障类型，具体流程如图 7-14 所示。由于故障类型是人为规定的，因此在对故障进行自动分类前，首先要让程序学习分类规则。故障日志归类由两个阶段组成，故障类型学习阶段和故障判断阶段。

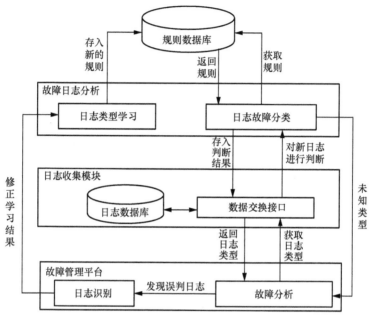

图 7-14　日志归类流程

当有新日志产生时，日志收集模块会把新产生的日志交由故障日志分析模块进行分类，故障日志分析模块会把日志和规则数据库进行匹配。如果确定了故障规则，则把结果存入日志数据库；如果出现未知类型的日志，则通知故障管理平台进行人工分析，其处理过程与发现误判日志的过程一样。

（3）故障日志分析

传统的故障分析主要基于管理员的知识和经验。系统故障分析开始于检测到一个异常，如图 7-15 所示。系统管理员尝试通过跟踪导致异常的事件来找到原因。但是由于系统日志文件太过庞大，管理员不会以顺序的方式读取日志、分析故障。因此，一个常用的方法是直接跳转到与观察到的故障相关的日志来分析。

例如，当一个系统瘫痪时，最明显的开始点在系统瘫痪的最后一个条目的日志中，或者导致故障的瘫痪设备所产生的日志中。另外，如果管理员知道异常发生的特定时间，可以通过时间来推断需要分析的日志。一旦发现了需要分析的相关日志，就要从两个方面来寻找故障日志。第一，按照时间的倒序跟踪该设备产生的日志，用来判断该设备出现故障的原因；第二，收集其他相关联的日志条目，考虑故障之间的关联性，故障的根源有可能不是该设备，而是其他设备，因此必须收集其他设备的日志。

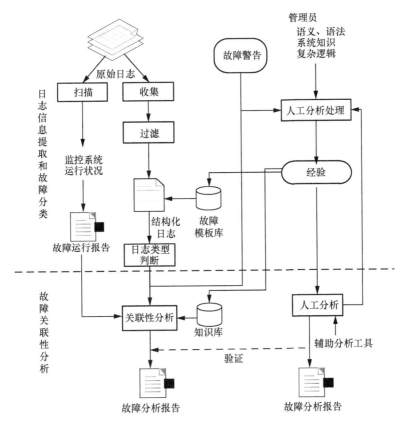

图 7-15　日志综合管理分析系统的日志分析和故障诊断流程

（4）故障关联性分析

在集群环境中，组件之间往往有很高的耦合性，当某个组件产生故障之后，会产生大量的日志，同时，依赖该组件的相关组件也会产生故障日志。上述日志的产生基本在同一时间，大量的故障日志信息给管理员判断故障的根本原因带来了极大的困难。于是，在日志综合管理分析系统中，利用故障关联性分析，把由同一个故障引起的所有故障日志都聚到一起，形成一棵故障传播树，并按照故障发生的时间先后顺序排序，为管理员判断故障的根本原因提供很大的帮助。

目前故障关联性分析中比较有效的方法是时间关联性分析。这种方法基于同源的故障都会发生在相近的时间段内的想法。具体的方法是设立一个时间窗口，当故障发生时，按照时间先后顺序扫描每一条日志，如果日志落在同一个时间窗口之内，那么就认为上述日志是由同一个故障源产生的故障日志，归为一类（这里称为"元组")。但是,这种方式也存在一定的误报,如截断错误、冲突错误。

7.4 云环境故障容忍

云环境中的软件漏洞可用于攻击服务器应用,进而导致云计算中断,可造成每小时高达 84000～108000 美元的商业损失。但是通常需要 28 天才能诊断漏洞并生成补丁。保护云计算器软件和云计算环境的可用性也是云环境安全保障的重要一环。云平台中常存在大量相同软件实例,如果能在这些实例间共享故障处理信息,那么一个实例的故障信息便可助力其他实例快速修复,通常采用故障容忍的方法来实现这个需求。

传统架构下的故障容忍方案存在不足,例如,不能防御确定性故障、适用范围有限、高开销和不兼容已发布软件等问题。针对上述问题,本节介绍一种云环境中的软件故障容忍机制,通过带权值的营救点思想改进普适性软件故障容忍机制,并采用 3 级存储架构实现营救点信息共享,以实现多软件实例间的故障快速修复。

云环境中的软件故障容忍机制在软件遇到故障时能自动容忍并修复该故障,其在早期也被称为软件自愈机制,软件自愈机制在不断的发展与完善当中逐渐演变为软件故障容忍机制,并被广泛运用到云环境的服务与应用中。

Keromytis 教授在 2007 年提出了软件自愈系统的概念[18],这是一个旨在自动检测和修复软件故障的创新性框架。该框架由 4 个核心部分组成:自检测模块用于监控软件的不正常行为,自诊断模块用于确定故障的类型和原因,自适应模块负责寻找可能的修复措施,自测试模块则评估上述措施并选择最佳的修复方式。

软件自愈技术是一个不断发展和完善的技术,各种新技术和方法的不断涌现为提高软件系统的可靠性和稳定性提供了有力支持。针对栈溢出故障,软件自愈通过源码转换将不安全的栈缓冲区分配到堆中。如何在实际应用中有效结合上述技术,以及如何处理复杂和不确定性的故障场景,仍然是未来研究的重要方向。

7.4.1 云环境故障容忍架构

基于第 7.1.3 节国内外的相关研究,本节详细介绍了通过带权值的营救点思想实现云环境故障容忍的 SHelp 系统。该系统对现有的故障容忍系统进行改进,采用 3 级存储架构对营救点信息进行存储来达到故障容忍信息的共享,以实现多软件实例之间的故障快速修复。

（1）SHelp 架构

SHelp 系统是一个面向云平台的软件故障容忍系统，采用带权值的营救点策略，将 ASSURE 系统扩展到由 OpenNebula 系统搭建的云计算环境中。SHelp 系统采用 3 级存储架构来管理营救点，这种架构可充分利用营救点权值，并且权值的变化更加集中，从而能够加速故障的定位。为了节省资源并且简化整个故障修复过程，SHelp 系统在 ASSURE 的应用部署系统中测试营救点。

SHelp 架构如图 7-16 所示，SHelp 系统将 ASSURE 系统部署在每个客户虚拟机（域 U）中。在每个节点上，ASSURE 系统包含以下组件：检测器，在软件运行时用来检测和鉴别软件故障；检查点及回滚，用来保存软件状态并在检测到故障后将软件状态回滚到之前的检查点处；修复和测试，用来选择候选营救点，通过测试营救点来寻找容忍故障的最佳营救点并增加最佳营救点的权值。SHelp 系统在域 0 中部署一个报告模块，用来收集故障相关信息并将此信息发送给云平台中的前端节点，方便程序员查看故障相关信息并对故障进行分析。

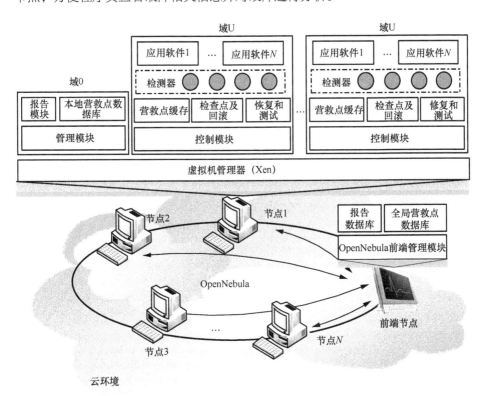

图 7-16 SHelp 架构

（2）SHelp 流程

SHelp 系统采用带权值的营救点以及 3 级存储架构来对营救点信息进行集中管理，这与 ASSURE 系统在故障容忍流程上存在诸多不同。图 7-17 给出了 SHelp 系统的故障容忍流程。

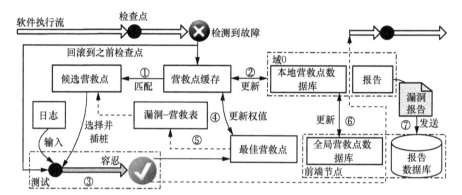

图 7-17 SHelp 系统的故障容忍流程

7.4.2 基于故障营救点的故障快速修复

下面介绍营救点数据结构、营救点缓存的更新策略、营救点权值的更新机制、检查点/回滚机制以及漏洞-营救表。

（1）营救点数据结构

SHelp 系统将全部软件的营救点信息存放在前端节点的全局营救点数据库中，将部分软件的营救点信息存放在域 0 或域 U 的本地营救点数据库中。图 7-18 给出了全局营救点数据库中营救点的数据结构，其与本地营救点数据库中营救点的数据结构相同。

如图 7-18 所示，SHelp 系统需要 3 个表来存储软件的营救点信息。首先，为了区分软件，SHelp 系统使用 App_trace_table 存放软件的基本信息。其中路径指的是函数调用序列，可以在检测到故障后用来匹配函数调用栈。该表中使用一个标志位 AppFlag 来表示该软件营救点的权值信息是否已修改。其次，SHelp 系统使用 App_rp_table 来存放每条路径信息，即函数调用序列信息，其中只存放该函数调用序列中营救点入口信息。该表中使用一个标志位 TraceFlag 来表示该路径中营救点的权值信息是否已修改。最后，SHelp 系统使用 App_wrp_table 来存放错误虚拟化机制所需的营救点的基本信息，包括营救点返回值、返回类型、权值，以及在全局和本地营救点数据库进行更新时使用的前权值。

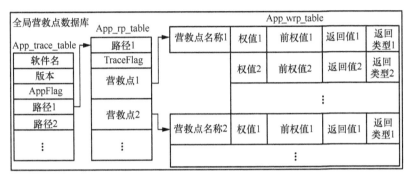

图 7-18　全局营救点数据库中营救点的数据结构

（2）营救点缓存的更新策略

当营救点缓存的存储空间已满时，SHelp 系统需要删除一些营救点信息才能存放新的营救点信息。理想情况下，SHelp 系统存放的是下次故障时被用来容忍故障的概率最大的营救点。SHelp 系统采用两种层次更新策略，而且由于 SHelp 系统在域 0 和域 U 之间采用域间通信来传输更新信息，因此可以假设这种通信方式是不存在故障的。

针对软件层次上的更新策略，SHelp 系统采用的更新算法是最近最少使用（LRU）算法，即营救点缓存替换软件的策略是替换掉营救点信息最近最少使用的。App_trace_table 中的元素 AppFlag 存放的是软件的权值最近修改时间。当需要更新时，App_trace_table 中的元素 AppFlag 会首先被检查。虽然删除整个软件营救点信息表会导致该软件再次出现故障时需要更长时间来重建该信息表，但这种方式可以释放营救点缓存较大的存储空间。

（3）营救点权值的更新机制

当最佳营救点成功容忍一个故障时，SHelp 系统将在营救点缓存中增加该最佳营救点所使用的返回值的权值，并且虚拟机中的控制模块将会发送权值更新请求给域 0 的管理模块。管理模块接收到更新请求后，将在本地营救点数据库中更新该营救点的权值。

除了这种实时更新机制，在营救点缓存、本地营救点数据库和全局营救点数据库之间，SHelp 系统还有两种周期性的更新机制。一种周期性的更新机制是管理模块周期性地给该节点上每个虚拟机的控制模块发送更新请求。当控制模块收到更新请求时，将 App_rp_table 发送给域 0，然后管理模块在本地营救点数据库中检查表中路径所对应的元素 TraceFlag。如果路径中存在修改，管理模块将发送该路径中营救点的权值信息给虚拟机中的控制模块进行更新。另一种周期性的更新机制是云平台的前端节点周期性地收集变动的营救点权值信息，更新在全局营救点数据中对应的营救点信息，以及发送更新后的信息给每个节点。当管理模块收到更新请求后，首先检查在给前端节点发送更新信息到管理模块接收到该更新请求之间相关营救点的权值信息是否修改过。如果修改过，则将增量添加到相关营救点的权值中，并将前权值更新为前端节点发送的营救点权值信息；如果未修改过，则将营救点权值和前权值都更新为前端节点发送的营救点权值信息。

（4）检查点/回滚机制

检查点/回滚机制周期性地保存软件状态，并在检测到软件故障时自动地将软件状态回滚到之前的检查点状态。该模块采用一个日志来记录服务器收到的用户请求，用来在软件状态回滚后重新回放上述请求。SHelp 系统的检查点/回滚机制以开源工具 BLCR 为基础。由于工具 BLCR 并不支持网络套接字的状态保存，SHelp 系统会将修改后的套接字保存工具 TCPCP 集成到工具 BLCR 中。工具 TCPCP 能够保存连接建立时的 TCP 状态，使用函数 tcpcp_getici 来填充修复时需要使用的数据结构内部连接信息（Internal Connection Information，ICI），包含服务器和客户端的 IPv4 地址及端口、TCP 标志位、发送窗口大小、接收窗口大小、服务器软件和客户端的最大分节大小、TCP 连接状态（如 ESTABLISHED）、即将发送的序列号和即将接收到的预期序列号、从节点上接收到的窗口和发送的窗口、时间戳等。函数 tcpcp_setici 根据 ICI 对 TCP 连接进行修复，然而当 TCP 连接并未建立时，该函数是无效的，其无法处理服务器软件不是满载状态时的情况，因为存在空闲进程或线程等待用户来连接（即 TCP 连接状态不是 ESTABLISHED）。为了支持 Xen 3.2.0 版本，将工具 TCPCP 从 Linux 内核 2.6.11 扩展至 2.6.18.8，同时为了兼容工具 BLCR，修改函数 tcpcp_getici 和 tcpcp_setici 及相关函数。

（5）漏洞-营救表

为了能从栈溢出故障中快速修复，SHelp 采用一个漏洞-营救表来保存与故障相关的最佳营救点信息。当再次检测到栈溢出故障时，SHelp 系统可以根据漏洞-营救表优先使用表中的最佳营救点。虽然当软件的栈溢出漏洞不止一个时，表中的营救点可能无法容忍该故障，SHelp 系统需要插入检测代码来获取函数调用栈信息，但是借助漏洞−营救表，SHelp 系统依然具有极大的概率来容忍相同的栈溢出故障。

外部云代理模块接收到监控请求报文后会分配相应的监控资源，并根据本地云内部被监控对象状态及时构造监控响应报文，然后把监控响应报文发送给请求者。

参考文献

[1] 吴吉义, 沈千里, 章剑林, 等. 云计算: 从云安全到可信云[J]. 计算机研究与发展, 2011, 48(S1): 229-233.

[2] LI G, ZHANG Q P, LI W, et al. The design and verification of disaster recovery strategies in cloud disaster recovery center[J]. TELKOMNIKA Indonesian Journal of Electrical Engineering, 2013, 11(10): 233-238.

[3] HUNT P, KONAR M, JUNQUEIRA F, et al. ZooKeeper: wait-free coordination for Internet-scale systems[C]//Proceedings of the 2010 USENIX Annual Technical Conference. Berkeley: USENIX Association, 2010: 11-20.

[4] WANG F W, JIN H, ZOU D Q, et al. FDKeeper: a quick and open failure detector for cloud computing system[C]//Proceedings of the 2014 International Conference on Computer Science & Software Engineering - C3S2E'14. New York: ACM Press, 2008: 1-8.

[5] VISHWANATH K V, NAGAPPAN N. Characterizing cloud computing hardware reliability[C]//Proceedings of the 1st ACM Symposium on Cloud computing. New York: ACM Press, 2010: 193-204.

[6] NADGOWDA S, JAYACHANDRAN P, VERMA A. 12MAP: cloud disaster recovery based on image-instance mapping[C]//ACM/IFIP/USENIX International Conference on Distributed Systems Platforms and Open Distributed Processing. Heidelberg: Springer, 2013: 204-225.

[7] CHANDRA T D, TOUEG S. Unreliable failure detectors for reliable distributed systems[J]. Journal of the ACM, 1996, 43(2): 225-267.

[8] AGUILERA M K, LANN G L, TOUEG S. On the impact of fast failure detectors on real-time fault-tolerant systems[C]//Proceedings of the 16th International Conference on Distributed Computing. New York: ACM Press, 2002: 354-370.

[9] CHEN W, TOUEG S, AGUILERA M K. On the quality of service of failure detectors[J]. IEEE Transactions on Computers, 2002, 51(5): 561-580.

[10] BERTIER M, MARIN O, SENS P. Implementation and performance evaluation of an

adaptable failure detector[C]//Proceedings of the International Conference on Dependable Systems and Networks. Piscataway: IEEE Press, 2002: 354-363.

[11] HAYASHIBARA N, DEFAGO X, YARED R, et al. The φ accrual failure detector[C]//Proceedings of the 23rd IEEE International Symposium on Reliable Distributed Systems. Piscataway: IEEE Press, 2004: 66-78.

[12] VAN RENESSE R, MINSKY Y, HAYDEN M. A Gossip-style failure detection service[C]//Proceedings of the IFIP International Conference on Distributed Systems Platforms and Open Distributed Processing. London: Springer, 1998: 55-70.

[13] FETZER C. Perfect failure detection in timed asynchronous systems[J]. IEEE Transactions on Computers, 2003, 52(2): 99-112.

[14] LENERS J B, WU H, HUNG W L, et al. Detecting failures in distributed systems with the Falcon spy network[C]//Proceedings of the Twenty-Third ACM Symposium on Operating Systems Principles. New York: ACM Press, 2011: 279-294.

[15] RAO X, WANG H M, SHI D X, et al. Identifying faults in large-scale distributed systems by filtering noisy error logs[C]//Proceedings of the 2011 IEEE/IFIP 41st International Conference on Dependable Systems and Networks Workshops (DSN-W). Piscataway: IEEE Press, 2011: 140-145.

[16] VAARANDI R. A data clustering algorithm for mining patterns from event logs[C]//Proceedings of the 3rd IEEE Workshop on IP Operations & Management (IPOM 2003). Piscataway: IEEE Press, 2003: 119-126.

[17] VAARANDI R. A breadth-first algorithm for mining frequent patterns from event logs[C]//Proceedings of the International Conference on Intelligence in Communication Systems. Heidelberg: Springer, 2004: 293-308.

[18] KEROMYTIS A D. Characterizing software self-healing systems[C]//Proceedings of the International Conference on Mathematical Methods, Models, and Architectures for Computer Network Security. Heidelberg: Springer, 2007: 22-33.

云平台运维管理安全

随着云计算技术的广泛应用，云平台已经成为企业和组织信息化的重要基础设施。云平台运维管理作为确保云平台稳定运行和数据安全的关键环节，越来越受到业界的关注和重视。在云平台上，运维管理涉及敏感数据和核心资源，如用户数据、系统配置、网络拓扑等，一旦安全出现问题，将可能导致数据泄露、业务中断、恶意攻击等严重后果。加强云平台运维管理安全，提高运维人员的安全意识和技能水平，对于保障云平台的安全性和稳定性至关重要。

8.1　云平台安全运维管理概述

安全运维在组织业务迁移至云端的过程中，成为一项至关重要的工作。云环境的复杂性使得运维管理、审计监控以及应急响应的职责和流程都面临着新的挑战。为了确保云上业务系统的安全稳定运行，人们需要构建一个适应云环境的网络安全运维模型，并形成一套完善的云安全运维体系。

云安全运维体系的核心目标是保障业务系统的安全稳定运行。这意味着，人们需要对运维管理、审计监控以及应急响应等环节进行深入研究和分析，以找出可能存在的潜在风险。例如，运维流程不清晰、运维职权不明确，以及虚拟资源运维审计困难等问题，都可能成为云安全运维的隐患。针对这些问题，需要制定一套明确的运维流程并进行职责划分。通过制定详细的运维手册，明确各个运维人员的职责范围，确保运维工作的有序进行。同时，要加强运维审计，利用现代技术手段，对虚拟资源运维过程进行实时监控，确保审计工作的准确性。

云安全运维体系是保障云上业务系统安全稳定运行的关键。因此，需要从运维流程、网络安全、人员培训和应急响应等多个方面，构建一个全面、高效的云安全运维体系，以应对云环境带来的各种挑战。通过不断优化和完善运维体系，确保业务系统在云环境下的安全运维，为组织的数字化转型提供坚实保障。

在全球范围内，各大企业均推出了自家的云计算平台。在国外，以 OpenStack 社区、AWS、Azure 为例，这些云平台所实现的 IaaS 或提供的 PaaS 均离不开运维系统的应用。OpenStack 作为一种开源的 IaaS 平台，已被许多企业用于开发各自的公有云或私有云平台。OpenStack 初期并未提供计量和监控服务，为了满足需求并避免重复劳动，Ceilometer 作为其监控子项目应运而生，对 OpenStack 内部信息进行数据收集，以支持计费和监控等计量服务。AWS 是亚马逊推出的云计算服务，自 2006 年推出以来，已在全球云计算市场中占据较大份额。AWS 中的云监控服务能够监控各种云资源及应用程序，如监控性能数据、记录相关监控日志、设置告警机制及自动处理相关资源的更改。微软推出的 Azure 公有云平台采用了 Zabbix 和 ELK 两种解决方案进行运维监控。Zabbix 可对大型环境进行数据采集，包括服务器和虚拟机等设备，是一种非常优秀的监控解决方案。ELK 是 Elasticsearch、Logstash、Kiban 这 3 个开源软件的组合，能够满足数据检索和分析等相关功能的需求。

在国内，阿里云在云计算市场中占据较大份额，此外还有华为云、百度云、腾讯云、金山云等。虽然国内云计算行业起步稍晚，但发展迅速。阿里云中的云监控服务能够对相关云资源及应用程序实施监控措施。例如，对阿里云资源的性能指标进行监控收集，获取资源可用性及实时状态，并配备相关告警机制；支持多种监控项性能采集及监控告警，并对进程、可用性及弹性计算服务（Elastic Compute Service，ECS）实例等进行自定义监控。相关告警机制可自定义告警规则，支持多种告警通知方式。华为云中的云监控服务提供多方面的监控功能，能够及时了解华为云中的 ECS 实例、各性能指标的运行情况，掌握相关业务的运行情况，自定义报警规则并及时做出处理，保障系统的稳定运行。华为云针对多种监控项采集性能数据，能够及时有效地监控系统资源状况，快速地响应报警规则，支持短消息和邮件等多种通知方式，让用户随时了解业务运行状况。百度云中的云监控服务能够实时监控系统各项资源的使用情况，及时发送相关告警信息，随时处理各项异常情况。例如，对包括 ECS、关系型数据库服务（Relational Database Service，RDS）和内容分发网络（Content Delivery Network，CDN）在内的各项云产品进行监控和告警，提供相关 API 和运维工具，满足各种自定义需求，也可对包括 HTTP 在内的各种协议进行网络监控，能够对不同区域进行可用性和访问速度的监控，并详细记录每一个报警事件。腾讯云中的云监控服务支持多种性能项的监控，可以看到详细的监控数据，对包括服务器、数据库和 CDN 等在内的云产品进行实时监控，获取关键性能项的数据，通过多样的图表形式展示详细的监控数据，且支持各监控项自定义报警规则，全面及时地了解各云产品性能数据，采取智能化的分析方式，及时准确地掌握系统的整体健康情况。金山云中的云监控服务是一项针对金山云资源进行监控的服务，用于采集云资源的监控指标，针对监控指标设置告警策略。云监控服务可实时监控金山云云产品资源，提供计算、网络、数据库等云产品监控指标。借助云监控服务，用户可以实时地洞察到金山云的资源使用情况、性能和运行状况。告警服务可以将用户关心的资源的异常情况实时告知他们，帮助他们快速发现云资源异常并做出反应。

云安全运维管理可以对云环境进行全面监控和管理，及时发现和解决安全问题，有效防范网络攻击和数据泄露等风险，提高云环境的安全性。同时随着数据安全和隐私保护法规的不断加强，云安全运维管理可以确保组织符合相关法律法规和行业标准的要求，避免合规风险。在开展云安全运维管理时，可以尝试实现自动化、智能化的管理和监控，提高运维效率和管理水平，减少人工操作和干预，降低运维成本。可见，进行云安全运维管理对于组织的长期发展和竞争力提升具有重要意义。通过建立有效的云安全运维管理体系，组织可以更好地应对数字化时代的挑战和机遇，保护自身信息安全，提高业务运营效率，实现可持续发展。

8.1.1　运维管理标准

1. 云安全运维管理的定义

云安全运维管理是指在云计算环境中，对云平台、云服务和云应用进行的安全性、可用性和机密性的管理、监控以及维护，包括在云计算系统和服务的整个生命周期内管理、监控和维护其安全性、可用性和机密性的相关活动和流程。其目的是防止数据泄露、保障应用性能、抵御网络攻击，确保云环境的安全性和可靠性。云安全运维管理是确保公司云端业务体系顺利运营的关键环节，对于保护企业数据、降低成本、提高效率、满足合规要求以及促进技术创新等都具有重要意义。

当前主流的云安全运维管理体系在运行方面主要关注以下内容。

① 部署和配置管理：确保云资源的安全部署和正确配置。

② 补丁管理：定期更新应用和补丁，以修复底层基础架构及其上运行的应用程序中的漏洞。

③ 事件响应：制订并实施安全事件应对计划，如针对漏洞或未经授权的访问的应对计划。

从维护方面考量云安全的整体保证，主要关注以下内容。

① 定期审核和评估：进行安全审计和评估，以发现并解决漏洞或合规性问题。

② 安全政策更新：不断更新安全政策，以适应云环境中不断发展的威胁和变化。

③ 访问控制管理：管理用户访问权限和角色，确保最低权限原则。

从管理方面来看，主要关注以下内容。

① 安全监控[1]：持续监控云环境中可能显示潜在安全威胁的安全事件和异常情况。

② 日志记录和分析：收集并分析日志和其他相关数据，以确定入侵模式或迹象。

③ 警报和通知：设置警报和通知，及时应对安全事件或漏洞。

云安全运维管理采用多层的安全防护体系、实施严格的访问控制策略、定期进行安全审计和风险评估等，以及使用各种自动化工具和技术手段，对云平台、云服务和云应用进行管理和监控，确保其高效、安全、稳定地运行。有效的运行和维护实践对于维护安全、弹性的云环境至关重要。它将主动措施、持续监控和响应行动相结合，以解决云基础设施和应用程序中的安全威胁和漏洞。

2. 云安全运维管理标准

目前虽然没有专门针对云安全运维管理的特定通用模型，但存在各种框架、标准和最佳实践可指导企业管理其云环境的安全运营。这些标准和框架通常广泛地考虑众多安全方面的问题，包括操作、维护、监控和合规性等。一些基于相关标准建立的小型云安全管理模型包括安全运维管理体系、安全运维管理过程、安全运维管理支撑体系 3 个部分。安全运维管理体系是指建立安全运维管理的组织架构、制定安全运维管理制度和规范、确定安全运维管理流程和操作规程等。安全运维管理过程包括安全风险评估、安全漏洞检测与修复、安全审计与监控、安全事件应急响应等。安全运维管理支撑体系包括人员能力培养、技术支持和保障、外部协作等。

在制定企业云安全运维管理标准时，通常着重关注以下 7 个关键方面。

① 治理和风险管理：涉及制定云安全策略、建立组织架构、分配职责以及管理云安全风险。

② 访问控制和身份管理：确保只有经过授权的用户才能访问云资源，并且每

个用户的访问权限都是基于其角色和需求的。

③ 数据保护：包括数据加密、数据备份、数据恢复以及数据销毁等策略和实践，以确保数据的机密性、完整性和可用性。

④ 基础设施和网络安全：涉及云基础设施的物理和网络安全，包括网络隔离、防火墙配置、入侵检测和预防等。

⑤ 日志和监控：收集和分析云环境中的日志和监控数据，以实时检测潜在的安全威胁和异常行为。

⑥ 事件响应和恢复：制订事件响应计划，定义在发生安全事件时应采取的步骤，包括事件识别、响应、恢复和事后分析。

⑦ 合规性和法律要求：确保云安全运维管理符合相关的法律法规和行业标准，如 CCM、NIST SP 800-53、ISO/IEC 27001 等。

上述方面通常会被整合到一个全面的安全运维管理模型中，该模型可以根据组织的特定需求和云环境的特性进行定制。模型包括的关键组件有：风险识别，识别组织面临的潜在安全风险，包括技术风险、操作风险、合规风险等；风险评估，对识别出的风险进行量化和定性分析，确定风险的严重程度和发生概率；风险处置，根据风险评估结果，制定风险处置策略，包括风险规避、风险降低、风险转移和风险接受等；安全运维实践，实施针对已识别和已处置风险的安全运维措施，包括访问控制、日志和监控、事件响应和恢复等；持续改进，定期回顾和更新风险管理策略和实践，以适应不断变化的威胁环境和业务需求。

在实践中，组织可能会采用现有的安全框架（如 CCM、NIST SP 800-53、ISO/IEC 27001 系列等）作为指导，并根据其云安全运维的具体需求进行调整和扩展。

（1）云安全联盟发布的云控制矩阵

云安全联盟（Cloud Security Alliance，CSA）作为全球云安全领域的引领者和重要标准、理念、架构及思想的贡献者，于 2021 年 1 月发布了云控制矩阵 4.0（CCM4.0）。

云控制矩阵是一个针对云服务提供商的整体安全风险评估框架，旨在提供基本的安全原则，为云服务提供商提供指导，并帮助潜在的云客户评估云服务提供商的整体安全风险。它通过对其他行业标准和监管要求的定制，在 17 个安全域内构建了统一的控制框架，以减少云中的安全威胁和弱点，并加强现有的信息安全控制环境。这 17 个安全域包括审计与保障，应用程序和接口安全，业务连续性管理和运营弹性，变更控制和配置管理，密码学、加密与密钥管理，数据中心安全，数据安全和隐私，治理、风险管理和合规，人力资源，身份与访问管理，互操作性与可移植性，基础设施与虚拟化安全，日志记录与监控，安全事件管理、电子发现及云取证，供应链管理、透明度和问责制，威胁与漏洞管理，统一终端管理。

（2）美国国家信息安全框架

NIST SP 800-53 是由美国国家标准与技术研究院发布的一份文件。该文件的全称是"联邦信息系统和组织的安全与隐私控制"，文件提出的信息安全框架旨在为联邦政府机构提供一套全面的、通用的信息安全管理和技术隐私控制措施。该框架包括 5 个类别和 20 个控制目标，涵盖了安全策略、组织结构、人员管理、业务流程等多个方面。虽然它不是云的专属，但它提供了一套广泛的控制措施，企业可根据自身的具体需求进行调整，包括与云安全操作相关的控制措施。

（3）信息安全管理模型

ISO/IEC 27001 是信息安全管理系统（Information Security Management System，ISMS）的国际标准，由国际标准化组织（International Organization for Standardization, ISO）和国际电工委员会（International Electrotechnical Commission, IEC）发布，提供了一种在组织内部管理信息安全的系统而全面的方法。

该标准的全称是《信息技术–安全技术–信息安全管理系统的要求》。它概述了建立、实施、维护和持续改进 ISMS 的要求。ISMS 是一个政策和程序框架，其中包括管理组织信息安全风险的法律、物理和技术控制措施。ISO/IEC 27001 是一个提供了一套完整的信息安全管理框架的国际标准模型。该模型包括信息安全策略，信息安全组织，资产分类与控制，人员安全，物理和环境安全，通信和操作管理，访问控制，信息系统的购置、开发和使用，信息安全事故管理等关键控制措施。虽然该标准并非专门针对云计算，但它提供了管理公司敏感信息的系统方法，并包含安全操作的注意事项。企业可以使用 ISO/IEC 27001 建立、实施、维护和持续改进信息安全管理系统。

Straub[2]根据犯罪学[3]中的威慑理论提出了一种云计算安全模型。该安全模型分为 3 层，如图 8-1 所示，第一层是威慑层，根据相关政策和法规来定义云环境中可接受和不可接受的行为；第二层是预防层，用来防止违反规则和政策以及云滥用；第三层是检测层，通过持续监控和系统审计来检测任何偏离这些规则的行为和云滥用，总体目标是阻止系统滥用。云滥用是指个人和/或流程未经授权故意滥用云基础设施。

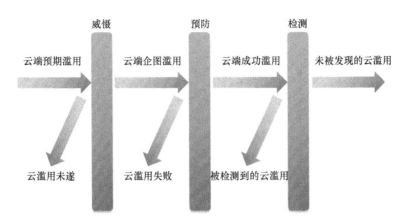

图 8-1　Straub 提出的云计算安全模型

8.1.2　运维管理体系

云安全运维管理体系是一个针对云环境的安全运维管理框架[4]，它采用集中化的方式对开源云资源池中的所有云资源进行统一管理，包括规划、监控、调拨、维护和优化等方面。这个体系具有规范性和统一性，可以降低整体的维护成本，并提高云环境的安全性、稳定性和可靠性[5]。

一个通用的云安全运维管理体系包括以下 5 个关键部分。① 安全策略和规划，建立云安全运维管理的整体策略和规划，明确安全管理目标、任务、策略、指南和计划等。② 安全责任和角色，明确云安全运维管理的责任和角色，包括安全管理组织和职责、人员分工等，确保每个角色都清楚自己的职责和权限。③ 安全技术和措施，采用各种安全技术和措施（包括身份认证、访问控制、数据加密、审计监控等）来保障云计算环境的安全。④ 安全培训和意识，加强安全培训和意识提升，提高云计算用户和管理员的安全意识，减少安全漏洞和人为疏忽。⑤ 安全评估和风险管理，实施安全评估和风险管理，定期检查和评估云环境的安全性，发现和解决潜在的安全问题。

云安全运维管理体系与传统的运维管理体系之间存在明显的区别，主要体现在工作场景、工作内容、工作方法和成本考虑等方面。

对于企业来说，建立并实施有效的云安全运维管理体系是必要的。企业可以构建一个相对完善的云安全运维管理体系，提高云环境的安全性和稳定性，降低潜在的安全风险。其意义具体体现在以下 5 个方面。① 保障信息安全，通过统一的管理平台，对企业和组织的网络设备、服务器、存储设备等进行集中管理和监控，及时发现和解决潜在的安全隐患，有效预防安全事故的发生。② 提高系统可用性和稳定性，通过对系统运行状态、资源利用率、异常行为等指标的实时监测，及时发现和处理问题，提高系统的可用性和稳定性。③ 优化运维流程，通过对运维工作的全面监控和自动化管理，减少人为错误和操作失误带来的风险，提高运维的响应速度和处理效率。④ 提升组织竞争力，在信息化时代，信息系统已经成为企业和组织的核心竞争力之一，云安全运维作为保障信息系统安全的重要手段，能够提高组织对信息资产的保护能力，增强组织的竞争力。⑤ 促进信息化进程，加强安全运维工作，提高安全运维水平，对于保障信息系统的安全和稳定、促进信息化进程具有重要意义。

8.2　云平台安全管理

云平台安全管理是指为保护云计算环境中数据和资源的安全性、隐私性和完整性而实施的一系列实践、流程和技术，其目标是确保云计算环境中的数据、应用和相关结构的安全。为了实现这一目标，需要采取一系列管理措施，包括风险评估、安全策略制定、安全性能测试、安全操作规程制定、安全日志记录和溯源等[3]。本节主要考虑对于资产、变更以及信息的安全管理。

8.2.1　资产安全管理

资产安全管理是确保云计算环境安全稳定运行的基础。云计算环境中的资产类型非常多，数量可能非常庞大，包括硬件设备、软件许可、数据资产等，如果不进行有效的管理，很容易出现混乱和安全漏洞。云计算环境中的资产价值可能很高，一旦发生安全事件或数据泄露，可能会造成重大的经济损失和声誉损失。因此，资产安全管理也是保护企业资产价值的重要手段。

随着虚拟化技术的广泛应用，虚拟化资产的安全管理也成为一个重要的方面。虚拟化环境中的资产可能存在许多安全风险，如虚拟机逃逸、数据泄露等。所以，建立虚拟化安全防护体系也是资产安全管理的一个重要方面。

顾名思义，资产管理（Asset Management，AM）是指跟踪和管理任何可以或确实有助于云服务交付资源的做法。资产的示例包括虚拟或物理存储、虚拟或物理服务器、软件许可证以及可能尚未记录在案的员工知识等。

资产管理是云服务交付的一个非技术方面，它源于传统的资产管理，并与流行的 IT 管理框架（如信息技术基础架构库（ITIL）服务生命周期）保持一致。资产管理是任意有效的业务管理计划的一个重要方面，旨在系统地了解如何经济高效地采购、维护、升级和处置资产。对于原生云公司来说，跟踪云资产是必需的，因为许多资产都是无形的。

虽然跟踪资产的基本原则可以通过电子表格来完成，但这种方法只对较小的公司有用，因为它容易出错并且很快就会变得烦琐，增加出错的风险，演变成一项艰巨的任务。拥有庞大设备网络和对有效生命周期管理的内在需求的企业需要专门的资产跟踪软件。在企业层面，由于连接到其网络的设备数量庞大，使用专门的资产跟踪软件对于管理资产生命周期至关重要。

资产管理不再可有可无，而是业务管理不可或缺的一部分，尤其是在不断发展的以云为中心的环境中。目前有多种软件可用于资产管理。

① 资产绩效管理软件，用于跟踪绩效并延长固定资产的使用寿命，有时作为大型软件包的一部分提供，如企业资产管理（EAM）或 BI 软件。

② EAM 软件，用于在大规模案例中跟踪实物资产，通常包括绩效和成本核算功能。

③ IT 资产管理（ITAM）软件，用于记录 IT 软件和硬件清单。

④ SaaS 运营管理软件，用于跟踪和管理 SaaS 产品。

⑤ 软件资产管理（SAM）软件，用于跟踪软件许可证。

通过有效地管理云资产，组织可以提高效率、降低成本并改善其基于云的运营的整体性能和安全性。在云资产管理（CAM）中，实施最佳实践对于组织最大限度地发挥其云投资的作用至关重要。

云资产管理和软件资产管理（SAM）属于更广泛的 IT 资产管理领域，然而它们是相关但截然不同的学科，主要区别见表 8-1。

表 8-1　云资产管理和软件资产管理的主要区别

比较项	云资产管理	软件资产管理
重点和范围	CAM 专注于管理基于云的资源和服务，包括虚拟机、存储、基于云的应用程序和服务。它处理的资源通常是动态的、可扩展的，并以订阅方式提供	SAM 主要关注管理和优化组织内软件应用程序和许可证的购买、部署、使用、维护和报废。它涵盖了本地和云中的软件资产
资源特征	云资产通常具有可扩展性和弹性，其定价模型基于使用情况。CAM 必须有效地管理这些波动的资源和成本	软件资产通常是固定的，并且具有更多的静态许可模型。SAM 专注于合规性，确保软件使用符合许可协议的条款

续表

比较项	云资产管理	软件资产管理
成本管理	在 CAM 中，由于云服务的可变和基于使用情况的成本模型，一个关键点是成本优化。组织需要持续跟踪和优化其云支出	虽然成本优化也是 SAM 关注的一个问题，但它通常围绕着协商许可证、避免不合规费用以及确保有效使用购买的软件
合规性和安全性	CAM 中的合规性涉及确保在云中存储和处理的数据符合 GDPR、HIPAA 等法规。安全管理包括保护云存储的数据和管理访问	合规性涉及遵守软件许可协议以避免法律问题。安全方面可能包括管理与软件相关的漏洞
生命周期管理	涉及在动态云资源的整个生命周期内对其进行管理，包括预配、扩展和取消预配	重点关注软件资产的整个生命周期，从购买到报废
供应商关系	需要管理与多个云服务提供商的关系，并了解他们的各种定价模型和 SLA	需要管理与软件供应商的关系，并了解许可协议和续订条款

　　资产管理对云环境具有很强的适应性。主要的云服务提供商还为其平台提供原生框架和工具，如 Google 的 CloudAssetInventory 旨在提供从 Google Cloud 资源和政策中提取的有关整个组织内云资产当前状态的实时信息。然后，集成的自动化工具可以使用此信息或快照来监视任何安全或策略违规行为，并在指示时采取纠正措施。为了进一步分析，可以导出资产清单的元数据历史记录。Google 还与其他公司合作得很好，通过与其他安全信息和事件管理（SIEM）工具集成，组织可以在所有环境中创建其所有资源的统一、全面的视图。

　　资产管理归结为跟踪和记录公司资产，如清点货架上的库存。但在云中，由于在云配置中创建和利用的物理和虚拟资产的数量很大，资产管理变得很复杂。合理有效的云资产管理可以带来的优势主要有以下 4 个方面。① 集中式云清单，跟踪云资产的主要好处是全面了解提供云服务的所有资产，这样可以进行准确的生命周期管理，对于具有服务级别期望的组织来说，确保关键服务交付资产不会使系统崩溃是提高服务级别的关键。② 云计算与流程自动化，自动化对于云计算至关重要，因此将这些属性扩展到云资产管理中是有意义的。自动化也是现代云库存如此高效的原因，通过自动化可以在添加新资产时发现它们，并且可以实时跟踪资产成本。③ 安全保证与合规性，库存可见性是安全保证的关键，但是，云资产管理软件可能需要与云资产管理软件一起集成，或作为第三方集成。软件不仅可以清点资产，还可以确保云合规性。④ 降低资本和维护成本，将集中式云库存、自动化和对资产生命周期的更高层次洞察与预防性维护策略相结合，有助于组织降低资本和维护成本。

8.2.2　变更安全管理

随着技术的进步，努力保护自身数字资产的组织所面临的复杂性和挑战也在不断增加。在这种动态环境中，有效管理变更的能力不仅成为必需品，而且是战略上的当务之急。云迁移是一项复杂的变更管理工作，因此需要专门的云变更管理策略来确保将安全事件发生率降至最低。变更管理提供了一种结构化的方法来实施安全协议、技术和流程的变更，确保对变更进行系统评估、计划、沟通和监控，从而降低产生中断和漏洞的风险。同时变更管理有助于新技术的无缝集成，无论是采用高级威胁检测系统还是迁移到基于云的基础架构，管理良好的变更流程都能确保过渡顺利进行，并且在变更期间不会损害安全性。

在云时代，管理这些服务产品变更需要新的思维和打破传统的变更管理。ITIL4将"变更"定义为"添加、修改或删除可能对服务产生直接或间接影响的任何内容"，因此变更管理是负责控制所有变更生命周期的过程。在云环境中，对系统、网络、应用等组件进行变更时，确保变更过程的安全性、稳定性和可控性，从而在对 IT 服务干扰最小的情况下进行有益的变更。

（1）变更安全管理概述

变更管理通过遵循变更管理策略、审计与风险控制策略，有效降低 IT 系统变更时生产环境的风险。变更管理是一个持续的过程，只有在敏捷处理的情况下才能为组织带来价值。变更管理使变更领导者能够预测和适应即将到来的变更，从而更好地做好准备并缩短停机时间。以下是考虑云环境中变更管理的主要好处。

① 促进更快的变更实施。云技术允许企业采用敏捷的变更管理方法。自动化和高速是云变更管理的特征，通过集中式存储库路由变更，以便确定优先级和批准。例如，在云环境搭建完成后，企业不需要依赖季度发布，就可以不断推出新的更新。

② 减少审批过程冗长而导致的时间滞后。由于云中的更改是自我管理的，因此需要的审批较少，从而减少了时间滞后。该方法从变更控制转变为变更支持，从而降低了与规划和执行相关的复杂性。

③ 允许 IT 和业务同步工作。云管理计划使企业能够利用基础架构即代码来有效地规划业务和 IT 活动，并实现相互一致的目标。

④ 领导风格的转变。云变更管理需要通过鼓励同行评审来采用更加自主的领导风格，这与传统变更管理的变更咨询委员会（CAB）遵循的冗长审批流程不同。

⑤ 风险评估。IBM 的一份报告表明，变更是服务中断的最大原因。随着越来越多的企业转向云部署，变更的速度和数量显著增加。对数量如此庞大的变更进行手动风险评估并不是一个准确的方法。云中的变更管理可自动执行风险评估，从而提高便利性和准确性。

（2）ITIL 与云环境下的变更安全管理

ITIL 变更安全管理提供了一套最佳实践，用于确保变更项目期间 IT 服务的稳定性。通过系统化的风险管理，它能帮助企业建立具有成本效益的实践，提升客户信任，加强客户关系，同时构建一个稳定的 IT 环境，从而支持业务增长并实现高效的变更管理。

变更推动者的主要目标是使 IT 目标与组织目标保持一致。但是，云变更管理采用整体方法进行变更，重点关注以下 5 个领域。

① 业务：IT 战略并非独立于业务战略，而是被视为业务不可或缺的一部分，并与公司内的所有数字化转型计划密切相关。

② 人员：变更领导者鼓励其团队成员采用云技能。

③ 部署类型：云变更管理过程取决于部署类型。对于私有环境，该过程很简单，但是对于共享环境，客户的影响很大，因此很复杂。

④ 平台：根据业务目标可以战略性地构建相应的原则、策略和工具，从而推动公司使用云技术以及实施变更。

⑤ 安全性：IT 治理对于突出显示不合规区域和制定控制措施以提高安全性至关重要。

（3）云环境下的变更安全管理面临的挑战

云环境下的变更安全管理不仅关乎技术的实施与执行，更涉及企业的核心竞争力和市场地位。在这个快速变化的时代，高效、安全地管理云环境中的变更，已成为企业和组织不可或缺的能力。随着技术的不断演进和市场的不断变化，变更安全管理也需要持续创新和优化。企业需要关注新兴技术趋势，如人工智能、大数据等，并将这些先进技术应用于变更安全管理中，以提高管理效率和准确性。云环境下的变更安全管理主要面临着以下 4 种常见但又复杂严峻的挑战。

① 确保进行合规变更。为了符合法规要求并避免处罚，确保变更活动的合法性和合规性，团队必须及时了解并遵守相关的合规性要求。每个行业都有一套不同的合规性要求。例如，医疗保健行业受 HIPAA 监管，该法规对某些类型的患者健康数据强制执行严格的准则和安全协议。

② 变更频率高、影响广、过程复杂。云环境下，资源的动态分配和快速部署

使得变更较为频繁，变更安全管理流程示例如图 8-2 所示。这要求变更管理团队具备高效处理变更的能力，以确保每次变更都能在安全可控的范围内进行。云环境中的组件和服务往往相互关联，一个小的变更可能影响整个系统的稳定性和安全性，因此变更管理团队需要对系统的整体架构有深入的了解，以准确评估变更的影响范围。同时云环境下的变更涉及多个组件和服务，需要多个团队协同工作，这要求变更管理团队具备良好的沟通和协调能力，以确保变更过程的顺利进行。

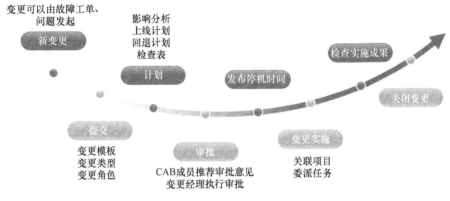

图 8-2　变更安全管理流程示例

③ 团队须高度复合。每一项变更计划都需要跨职能的专业知识。为了提高灵活性并加快流程，可以为特定任务和方案（如 DNS 更新）建立预批准。变更领导者还可以考虑使用 RACI 矩阵来明确角色和职责，见表 8-2。云环境中的变更可能导致数据泄露、服务中断等安全风险，因此变更管理团队还需要具备专业的安全知识和技能，以确保每次变更都能在安全可控的范围内进行。

表 8-2　RACI 矩阵

角色	职责
RESPONSIELE	负责的团队成员是任务的实际执行者。一个或多个团队成员负责交付分配的任务，如开发人员或设计人员
ACCOUNTABLE	责任人负责授权、批准或否决决策。此责任人通常处于领导地位，负责制定切实可行的预期和时间表
CONSULTED	咨询成员受到变更结果的影响，并提供意见和反馈，以改进业务流程。咨询成员可以是来自同一团队或相关部门的个人
INFORMED	外部利益相关者或不同团队需要了解项目变更、进展和可交付成果。这些成员不是决策者，因此他们不了解细节，但可以根据需要了解情况

④ 云资源管理。一些公司转向云以增加其数据存储容量，但如果公司员工使用云来存储他们的个人信息，则会出现滥用云资源的情况。可以考虑建立清晰的流程和策略，以透明的方式管理云。

（4）变更安全管理中的角色和职责

当组织的运营和技术中实施新的变更时，仔细的变更管理有助于主动减少风险暴露和中断。ITIL 为开展变更支持和管理活动提供了有效的框架指南，明晰变更管理中涉及的关键角色和职责将有助于阐明变更管理流程。

① 变更经理。变更经理是领导变更管理计划的领导者。这些领导者具有在组织中进行结构化变更工作的背景。

② CAB。CAB 负责执行变更评估和计划，如根据活动具体分类为标准变更、常规变更、紧急变更等，变更分类及定义如图 8-3 所示。所有相关人员和部门都应在该委员会中发挥作用以便有效地实施整个变更评估与计划。该团队控制 ITIL 服务转换功能中指定的所有流程的变更生命周期。变更咨询委员会由来自不同领域的成员组成，包括信息安全、运营、开发、网络、服务平台和业务关系等领域的成员。

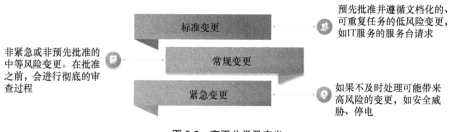

图 8-3　变更分类及定义

③ 紧急变更咨询委员会（ECAB）。ECAB 是 CAB 内一个较小的机构，专门处理紧急变更。当提出紧急变更请求时，变更经理必须进行彻底的分析和评估，然后才能与 CAB 一起最终确定决策。一个专门的 ECAB 机构需要确保在 CAB 内提供必要的资源和专业知识，以便在正确的时间做出正确的决定。ECAB 负责执行与 CAB 类似的活动，但主要侧重于紧急变更。

④ 变更流程所有者。变更流程所有者可以与 ITIL 流程所有者承担重叠的职责，特别是在变更管理职能中，因此中小型企业组织可能不需要单独设立此角色。变更流程所有者负责设计和维护整个变更管理流程的标准化框架，包括流程的制定、优化及合规性审核，并确保流程符合云环境的安全要求（如多地点、多云环

境的一致性），通过数据统计持续改进流程效率。

⑤ 变更管理团队。变更管理团队通常由跨职能角色构成，通过明确的职责分工与协作机制，确保系统或业务变更的规范性、安全性和效率。尤其在云环境下，团队需结合自动化工具与标准化流程，实现风险可控的敏捷调整。具体的变更管理团队可能包含以下 3 个角色。

- 变更申请人：负责提出变更需求，通常是部门负责人或信息系统负责人。需明确变更目标、变更范围及对业务的影响，并提交完整的申请材料（如风险评估报告）。
- 变更执行人：具体实施变更操作（如更新系统配置或部署补丁）的技术人员。需严格按照审批通过的方案执行，确保操作合规性，并在异常时触发回滚机制。
- 变更验证人：验证变更后的系统功能、性能及安全性是否达到预期目标。制定验证计划并执行测试，如云环境中的权限配置检查或服务可用性测试。这个角色可以由变更管理框架中不同层次结构的不同个人担任。

（5）变更安全管理流程

变更安全管理流程是指在云环境下，对系统、网络、应用等组件进行变更时，为确保变更过程的安全性、稳定性和可控性而制定的一系列操作步骤和监控机制。一个有效的变更安全管理流程可以帮助企业或组织降低变更带来的风险，减少系统故障，保障业务连续性。鉴于云部署的复杂性，企业或组织可以参考的云更改管理流程包括云端配置、启动变更管理、自动化部署、使用变更管理工具推动变革、审查和记录等步骤。

8.2.3　信息安全管理

信息安全管理（Information Security Management，ISM）是确保国家、组织及个体信息安全的重要手段。这些数据的价值[6]意味着它一直面临被攻击者窃取或被勒索软件加密的威胁[7]。有效的安全管理架构至关重要，因为组织需要采取措施保护这些数据，以保护自己和客户。信息安全管理不仅涵盖技术层面的防御，更涉及对非技术要素的系统化管理。为了保障信息的完整性、可用性与机密性，国家、组织及个体必须对涉及信息安全的各个环节采取严格的管理措施。这意味着人们不仅要关注技术手段的运用，更要强调人员操作规程的制定、安全培训的开展以及相关法律法规的遵循。增强信息安全管理意识，意味着每个人都应明确自己在信息安全体系中的角色与责任。

（1）云信息安全管理概述

云信息安全管理（Cloud Information Security Management，CISM）定义和管理组织需要实施的控制措施，以确保资产的机密性、可用性和完整性免受威胁和漏洞的影响。CISM 的核心包括信息风险管理，该过程涉及评估组织在管理和保护资产时必须处理的风险，以及将风险传播给所有适当的利益相关者。这需要适当的资产识别和估值步骤，包括评估资产的机密性、完整性、可用性和替换的价值。作为信息安全管理的一部分，组织可以实施信息安全管理系统及 ISO/IEC 27001、ISO/IEC 27002 和 ISO/IEC 27035 信息安全标准中的其他最佳实践。

几乎所有组织都有不希望共享或公开的信息。无论这些数据以数字格式还是物理格式保存，信息安全管理规则对于保护数据免受未经授权的访问或盗窃至关重要。信息资产的一些主要类型如下。

① 战略文档：企业和 IT 组织制定长期战略和短期战术目标，以建立其未来目标和愿景。这些有价值的内部文件包含竞争对手可能想要访问的秘密和见解。

② 产品/服务信息：有关产品和服务的关键信息，包括业务和 IT 部门提供的信息，应通过信息安全管理进行保护。这包括内部开发的应用程序的源代码，以及出售给客户的任何数据或信息产品。如果企业销售数字产品，需要尽可能保证信息安全，以确保黑客无法在未经公司同意或公司不知情的情况下窃取产品并以此获利。

③ 知识产权/专利：如果公司产出知识产权，包括开发软件等，可能需要信息安全控制策略来保护它。竞争对手或许想窃取源代码，并用它来对产品实施逆向工程以开展竞争。有些国家/地区不执行版权或知识产权法，因此如果这种情况发生，没有追索权会导致局面对受害公司非常不利。

④ 专有知识/商业秘密：每个组织在开展业务过程中都会产生专有知识。对于 IT 组织，这些知识可以存储在 IT 操作员和支持人员可以访问的内部知识库中。商业秘密是为企业带来竞争优势的独特见解和理解，应该使用信息安全管理控制来保护商业秘密和专有知识。

⑤ 正在进行的项目文档：正在进行的项目文档包括正在发布的产品或服务的文档详细信息。如果竞争对手发现了你在做什么，他们可能会尝试以比预期更快的速度发布竞争产品或功能，甚至可能将其与你的新产品进行基准测试。

⑥ 员工数据：人力资源部门收集并保留有关员工的数据，包括绩效评估、工作经历、工资和其他信息。这些记录可能包含网络攻击者用来勒索员工的机密信

息。竞争对手组织可以在试图挖走员工之前使用此数据来识别目标。

（2）云信息安全管理目标

组织层面的信息安全以机密性、完整性和可用性三位一体为中心。

① 机密性：在信息安全方面，机密性和隐私本质上是一回事。保护信息的机密性意味着确保只有授权人员才能访问或修改数据。信息安全管理团队可以根据感知到的风险和数据泄露可能导致的预期影响对数据进行分类，并对高风险数据实施额外的隐私控制。

② 完整性：信息安全管理通过实施控制措施来确保存储数据在整个生命周期中的一致性和准确性，从而保障数据完整性。为了使数据被视为安全的，IT 组织必须确保数据被正确存储，并且在没有适当权限的情况下无法修改或删除。可以实施版本控制、用户访问控制和校验等措施，以帮助维护数据完整性。

③ 可用性：信息安全管理通过实施流程和程序来保障数据可用性，这些流程和程序可确保在需要时向授权用户提供重要信息。典型的活动包括硬件维护和维修、安装补丁和升级，以及实施事件响应和灾难恢复流程，以防止在发生网络攻击时丢失数据。

组织数据的机密性、完整性和可用性可能会以各种方式受到威胁。信息安全管理涉及识别组织的潜在风险，评估其可能性和潜在影响，以及制定和实施旨在利用可用资源尽可能降低风险的补救策略。

（3）云信息安全管理系统

常规的信息安全管理系统（Information Security Management System，ISMS）是一个结构化框架，旨在保护组织的宝贵信息资产，确保其机密性、完整性和可用性。它涉及协调流程、技术和资源，以有效应对与信息安全相关的风险。

ISMS 的核心是保护敏感信息免受未经授权的访问、披露、更改或破坏。随着信息技术的普及及其在企业中的重要作用，强大的安全措施至关重要。ISO/IEC 27001 是一项国际标准，概述了建立、实施、操作、监控、审查、维护和改进 ISMS 的要求。

ISMS 的基础是风险评估，即对组织信息资产的潜在漏洞和威胁进行全面分析。该风险评估指导安全措施的选择和实施。鉴于发生数据泄露和网络攻击的频率越来越高，组织认识到主动风险管理对于避免代价高昂的安全漏洞的重要性。

实施 ISMS 涉及采用符合 ISO/IEC 27001 安全要求的系统方法。这需要制定策略、定义流程和部署技术以有效降低风险。该过程旨在在组织内建立具有安全意识的文化，并确保遵守《通用数据保护条例》等相关法规。

（4）云信息安全管理系统工作原理

ISMS 通过一系列系统的步骤来保护组织的宝贵信息资产。这种有条不紊的方法可确保敏感信息的安全并有效管理风险。以下是 ISMS 工作原理的分步说明。

① 启动：ISMS 的实施始于领导层的承诺和必要资源的分配。通常会成立一个指导委员会来监督实施过程。

② 范围定义：组织定义 ISMS 的边界，包括将要涵盖的信息资产、流程和部门。这种范围界定确保了 ISMS 工作的重点突出和有效实施。

③ 风险评估：全面的风险评估包括资产识别、威胁分析、漏洞评估和潜在影响的确定。此步骤确定最关键的风险。

④ 风险处理：组织选择风险处理选项，包括风险规避、缓解、转移或接受。这涉及根据既定标准和准则选择和实施安全控制。

⑤ 安全控制实施：实施详细的安全控制以解决已识别的漏洞。这些控制包括技术解决方案、政策、程序和物理措施。

⑥ 文档开发：创建详细的文档，包括信息安全策略、程序、指南和控制实施计划。该文档构成了 ISMS 框架的主干。

⑦ 培训和意识：培训计划对员工进行安全协议、程序及其在维护信息安全方面的作用的教育。这使员工能够遵循最佳实践并识别安全威胁。

⑧ 事件响应计划：制订了强大的事件响应计划，概述了在发生安全事件或漏洞时应采取的预定义步骤。该计划可确保快速有效地响应以减轻损失。

⑨ 监视和日志记录：建立对系统、网络和应用程序的持续监控。安全信息和事件管理（SIEM）系统通常用于收集和分析安全日志。

⑩ 入侵检测和防御：入侵检测和防御系统（IDPS）用于实时检测和阻止未经授权的访问或恶意活动。

⑪ 漏洞管理：定期进行漏洞评估和渗透测试，以识别和解决组织 IT 基础设施中的潜在弱点。

⑫ 补丁管理：实施系统化流程来识别、测试和部署安全补丁和更新，以修补已知漏洞。

⑬ 绩效指标和报告：定义关键绩效指标（KPI）以衡量安全控制的有效性。定期生成报告供管理层使用，以证明合规性和改进情况。

⑭ 内部审计：进行内部审计以验证安全控制的实施和有效性。审核员评估政策和程序的遵守情况。

⑮ 管理评审：管理层审查 ISMS 的绩效、充分性以及与组织目标的一致性，

决定分配资源进行改进。

⑯ 持续改进：根据审计结果、事件和不断变化的威胁形势不断完善 ISMS。更新流程，调整安全控制以增强保护。

⑰ 认证（可选）：如果需要，组织可以寻求 ISO/IEC 27001 认证。外部审核员评估 ISMS 是否符合标准要求，如果符合，则可获得认证。

因此，ISMS 作为一个结构化框架运行，利用技术工具、流程和控制来保护信息资产。

8.3　云平台漏洞扫描

8.3.1　云平台漏洞分析

漏洞是云环境中的缺陷或弱点，可被用于未经授权的访问，从而危及数据和业务应用程序的安全。网络运营商在管理网络时会部署基本的安全措施，但一些隐藏的漏洞可能难以被检测出来。数据丢失、被盗或泄露可以说是与使用云服务相关的最大风险。攻击者手中的敏感数据可能会损害云服务，并导致业务、声誉等受影响。云平台面临各种漏洞，如果忽视它们，云平台就会面临网络安全风险。因此，出现了对自动云安全扫描的需求。

云漏洞扫描程序是一种工具，用于识别使云环境面临网络安全风险的缺陷，并提供修复这些安全缺陷的可能措施。扫描程序可以识别并解决和管理的常见漏洞包括如下几种。

① 易受攻击的 API：网络犯罪分子越来越多地将过时的 API 作为目标，以获取有价值的业务信息。在大多数情况下，易受攻击的 API 缺乏适当的身份验证或授权协议，无法向网络上的任何人授予访问权限。并非每个云服务提供商都能正确保护 API，这些不安全的 API 会给攻击者提供访问云平台的途径。攻击者总是寻找缺乏适当授权和身份验证的 API，并利用它们进行非法行为。

② 访问控制薄弱：访问控制薄弱意味着未经授权的用户可以毫不费力地访问云数据。如果未能禁用非活动用户（休假或重新分配角色的员工等）的访问，也会使云平台面临安全风险。

③ 配置错误：一个经常导致大数据泄露的云漏洞示例就是配置错误。从技术上讲，当为保护云而实施的一项或多项安全措施出现故障时，就会发生配置错

误。配置错误可能是内部的，也可能是外部的，尤其是在有第三方集成的情况下。因此必须正确配置云网络，否则将危及数据安全。安全团队在提供对专用网络的端口访问时应小心，因为如果它默认保持打开状态，那么任何人都可以访问敏感数据。

④ 数据丢失或被盗：数据丢失可能会危及存储的数据和连接到云服务器的其他应用程序。数据被盗还可能泄露敏感信息，如访问凭据，这些信息可能被利用来使云中的操作失效。云平台包含许多特定的应用程序，可以帮助任何人访问许多敏感数据，因此切勿为所有应用程序创建组凭据或 ID，这一点至关重要。相反，最好为特定应用程序创建特定凭据，并且只有授权人员才能访问它们。

⑤ 分布式拒绝服务（DDoS）攻击和中断：分布式拒绝服务攻击是指关闭网站等 Web 服务的恶意行为。它的工作原理是利用不同来源（因此是分布式的）的请求淹没服务器并过度收费。目标是使服务器对合法用户的请求无响应。该攻击主要发生在云服务提供商没有适当的 DDoS 保护或 DDoS 安全处于关闭状态时，攻击者向基础设施发送大量请求，并使服务器无法响应，从而无法处理授权请求。

⑥ 账户劫持：也称为会话骑乘，当用户计算机等设备中的账户凭据被盗时，该攻击就会发生。网络钓鱼是账户劫持成功的最常见原因之一。单击在线链接和电子邮件链接并收到更改密码的请求时，请谨慎行事。

⑦ 不合规和数据隐私：在云数据安全方面，在线驱动的企业需要遵守特定的行业或标准法规。不遵守这些标准（ISO/IEC 27001、HIPAA、SOC 2、GDPR、PCI-DSS、BSI 等）可能会对网络安全造成漏洞。当云服务提供商和客户对安全设置管理不当时，会导致故障，攻击者会利用它们来访问服务器。

8.3.2 云平台漏洞检测技术

使用合适的漏洞检测技术来实现云安全至关重要，通常使用的有主机扫描、端口扫描、OS 识别技术、漏洞检测数据采集技术以及插件（功能模块）技术等。这些技术通常会结合使用，以全面、深入地检测云平台的安全漏洞。同时，随着云计算技术的不断发展，云平台漏洞检测技术也在不断更新和完善，以应对新的安全威胁。

降低云平台漏洞检测技术的安全风险需要综合考虑多个方面，包括工具选择、更新升级、扫描范围、授权管理、结果保护、安全防护和合规性考虑。目前互联网上已有许多漏洞扫描工具，但并非所有工具都能在自动漏洞扫描器中为云安全测试人员提供寻找的功能。选择可靠的云平台漏洞检测工具是确保云环境安全的关键步骤，以下是选择漏洞扫描工具时需要注意的一些因素。

① 了解工具的功能和特性：在选择云平台漏洞检测工具之前，先了解其功能、特性和扫描范围。确保工具能够覆盖云平台的关键组件和应用程序，并能够检测已知和潜在的漏洞。

② 考虑工具的可靠性和准确性：选择经过广泛认可、有良好声誉且持续更新的云平台漏洞检测工具。参考其他用户的评价和推荐，以及工具的漏洞检测准确率和误报率等指标。

③ 考虑工具的易用性和可扩展性：选择易于使用且具备良好用户界面的工具，以降低使用门槛和培训成本。同时，确保工具能够随着云平台的扩展而灵活扩展，满足不断变化的安全需求。

④ 检查工具的技术支持和更新频率：了解工具的技术支持政策和更新频率。选择那些提供及时技术支持、定期更新漏洞库和修复安全漏洞的工具，以确保其持续有效性和适应性。

⑤ 考虑工具的成本和性价比：评估工具的定价策略和性价比。确保选择的工具在预算范围内，并能够提供与成本相匹配的价值和安全保护。

⑥ 参考专业机构和安全社区的推荐：参考专业机构、安全社区和行业协会的推荐和评估。这些机构通常会提供关于云平台漏洞检测工具的独立评估和比较，且经验丰富，能帮助做出更明智的选择。

比较和审查用于扫描和测试云漏洞的工具至关重要。市场上涌现出众多专业的云漏洞扫描和测试工具，它们以高效、精准的特性，助力企业及时发现并修复潜在的安全隐患。接下来将详细介绍部分常用的云漏洞扫描与测试工具的工作原理、功能特点以及应用场景，旨在帮助读者深入了解这些工具的使用方法和优势。

（1）InsightVM

如图 8-4 所示，InsightVM 扫描程序提供全面的可见性，以暴露虚拟机（如 E2C 实例、容器和远程端点）中的缺陷，这些缺陷可能被用于未经授权的访问，此漏洞扫描程序旨在确保云服务的安全。除了检测 AWS 中的错误配置，InsightVM 还附带了一个 Rapid7 库，用于对全球攻击者行为进行漏洞研究和分析。Rapid7 库具有一个洞察平台——Rapid7 InsightCloudSec，可提供 Web 应用程序安全保障、漏洞管理、威胁命令、错误检测和响应，包括云安全专家管理和咨询服务。

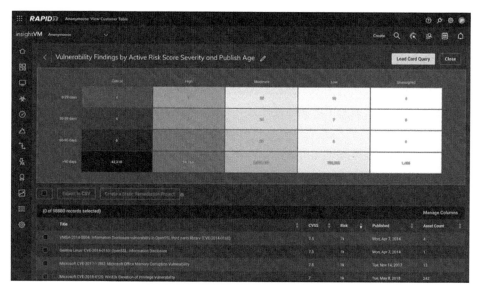

图 8-4 InsightVM 界面

Rapid7 InsightCloudSec 提供的安全云服务有助于以最佳方式推动业务发展，使用户能够通过持续的安全性和合规性来推动创新。该云安全平台具有出色的优势，包括云工作负载保护、安全态势管理以及身份和访问管理。

Rapid7 是一个完全集成的云原生平台，提供的功能包括但不限于：风险评估和审计、统一可见性和监控、自动化和实时修复、云身份和访问管理治理、威胁防护、可扩展平台和基础架构即代码安全、Kubernetes 安全护栏和态势管理。InsightVM 通过其强大的功能，为企业提供了全方位的云漏洞管理和风险分析能力，有助于企业及时发现并修复潜在的安全隐患，保障云环境的安全稳定。

（2）Qualys

如图 8-5 所示，Qualys VMDR 2.0 是适用于云环境的漏洞管理解决方案，允许企业实时发现、检查、优先处理和修补关键缺陷。Qualys Cloud Security 是一款强大的云安全工具，旨在识别、分类和监控云漏洞，同时确保遵守内部和外部规则。该解决方案与配置管理数据库（Configuration Management Database，CMDB）和流行的 ITSM 解决方案（如 ServiceNow）集成，用于端到端云漏洞管理。此漏洞扫描程序通过自动查找和根除 Web 应用程序和系统网站上的恶意软件感染来确定扫描和修复的优先级。Qualys 提供公有云集成，使用户能够全面了解公有云部署；具有中央单面板界面和 CloudView 控制面板，允许用户通过集中式 UI 跨多个账户查看受监控的 Web 应用程序和所有 AWS 资产，是扫描云环境和检测复杂内部网络漏洞的完美漏洞扫描工具。

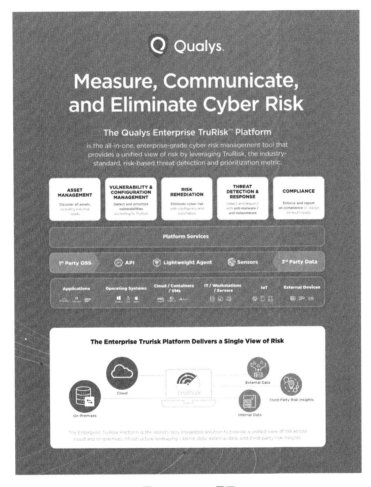

图 8-5　Qualys 界面

　　大多数公有云平台都以"安全责任共担"模式运行，这意味着用户需要保护他们在云中的工作负载。如果手动完成，这可能是一项艰巨的任务，因此大多数用户宁愿使用漏洞扫描程序。Qualys 通过混合 IT 和 AWS 部署提供端到端 IT 安全性和合规性的完整可见性，持续监控和评估 AWS 资产和资源是否存在安全问题、错误配置和非标准部署，并通过提供全方位的云安全解决方案，有效保障了企业在云环境中的数据安全与业务连续性。

（3）Intruder

Intruder 是最受欢迎的、对用户友好的云漏洞工具之一，它允许小型企业享受与大型组织相同的安全级别。如图 8-6 所示，Intruder 是一款专为扫描 AWS、Azure 和 Google Cloud 而设计的高度主动的云漏洞扫描工具，可检测数字基础设施中各种形式的网络安全漏洞，可以扫描基于公有云和私有云的服务器、系统、端点设备和系统。Intruder 披露了错误配置、应用程序错误和缺少补丁等漏洞，且效率很高，因为它可以在暴露的系统中发现网络安全漏洞，以避免代价高昂的数据泄露。

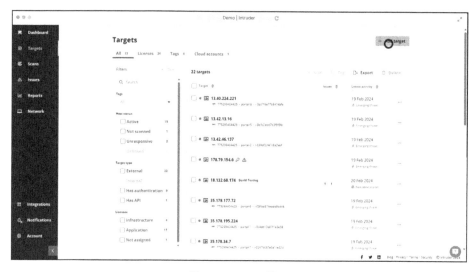

图 8-6　Intruder 界面

这种基于云系统的漏洞扫描程序的优势在于其外围扫描能力，旨在发现新的漏洞，以确保边界不会轻易被破坏或被黑客攻击。它采用了简化的错误和风险检测方法。如果入侵云安全扫描程序，黑客会发现很难破坏网络。Intruder 将检测云网络中的所有弱点，以防止黑客发现这些弱点。Intruder 还提供了一个独特的威胁解释系统，使识别和管理漏洞的过程变得容易破解。

（4）Aqua Cloud Security

Aqua Cloud Security 是一款漏洞扫描程序，旨在根据基于云平台（如 AWS、Azure、Oracle Cloud 和 Google Cloud）的最佳实践和合规性标准扫描、监控和修复公有云账户中的配置问题。如图 8-7 所示，Aqua Cloud Security 提供了一个完整的云原生应用程序保护平台。

Aqua Cloud Security 是保障组织中云原生安全的最佳漏洞扫描程序之一。网络安全运营商使用此漏洞扫描程序进行漏洞扫描、云安全态势管理、动态威胁分析、Kubernetes 安全、无服务器安全、容器安全、虚拟机安全和基于云的平台集成。Aqua Cloud Security Scanner 为用户提供不同的 CSPM 版本，包括 SaaS 和开源安全，有助于使用 CloudSploit 保护单个公有云服务的配置，并为多云安全态势管理执行全面的解决方案。

图 8-7　Aqua Cloud Security 界面

（5）CrowdStrike Cloud Security

CrowdStrike Cloud Security 是专为云安全服务设计的顶级漏洞扫描工具，通过在单一平台中针对多云和混合环境的统一云安全态势管理来预防云漏洞。该平台改变了 Web 应用程序和网络执行云安全自动化的方式。

CrowdStrike Cloud Security 提供全栈云原生安全性，并保护工作负载、主机和容器。它使 DevOps 能够在对系统产生负面影响之前检测和修复漏洞。同时，安全团队可以通过此云安全扫描程序来防御云漏洞。CrowdStrike Cloud Security 还允许 Web 开发人员构建和运行 Web 应用程序，因为他们知道这些程序完全免受数据泄露的影响，因此当威胁被根除时，云应用程序将平稳、快速地运行，同时以最高的效率工作。

8.4　云平台日志管理

8.4.1　云平台日志分类

日志是记录云平台运行过程中重要信息的文件，云平台日志的分类涵盖了系统日志、应用日志、安全日志、审计日志和自定义日志等多个方面。对这些日志的监控和分析，可以实时了解云平台的运行状态，及时发现和解决问题。这些日志在保障云平台稳定运行、提升系统性能、优化用户体验以及满足合规性要求等方面发挥着重要作用。

常用的云平台日志类型会根据具体的应用场景、系统架构和业务需求而有所不同。以下是一些常见的和广泛使用的日志类型。

（1）系统日志

系统日志是云平台基础设施层面的核心记录，它详细记录了服务器的启动和关闭、硬件状态变化、系统服务的启动和停止、内核消息、系统错误以及定时任务的执行情况等。这些日志由操作系统自动生成，是诊断系统级别故障、监控资源使用情况以及确保系统安全稳定运行的重要依据。

在我国，随着信息化建设的不断深入，越来越多的企业和组织开始重视系统日志的分析和管理工作。通过对系统日志进行定期审计和分析，这些企业和组织能够更好地保障业务的稳定运行，提升服务器的性能和安全性，为我国的信息化建设提供有力的支持。

系统日志是管理员维护服务器健康、提升性能及保障安全性的重要工具。通过深入分析和挖掘日志数据，管理员能够及时发现并解决各种问题，确保服务器的稳定运行，为业务发展提供坚实保障。同时，系统日志还为资源优化和扩展提供数据支持，有助于提高服务器的运行效率。应用举例如下：① 服务器启动记录，记录服务器从开机到操作系统完全加载的整个过程，包括启动时间、加载的服务和驱动程序等；② 硬件故障警告，如果服务器的硬盘出现故障，系统日志会记录相关的警告信息，如"硬盘 X 出现读取错误"。

（2）应用日志

应用日志是指在计算机系统中，由应用程序生成的日志记录，即云平台应用程序运行过程中的重要记录，它详细记录了应用程序的启动和停止、用户访问记录、业务处理流程、异常错误信息等，是了解应用程序行为、性能、问题诊断以及系统监控的重要工具。

在应用程序开发领域，应用日志被定义为一种用于记录应用程序在运行过程中发生的各种事件的机制。这些事件可能包括用户交互、数据访问、系统调用、错误和异常等。应用日志通常以文本或二进制格式存储，可以包含时间戳、事件类型、事件级别、事件描述以及相关的上下文信息。这些日志信息对于理解应用程序的行为、诊断问题以及优化性能具有重要意义。

为了有效地利用应用日志，需要进行专业的分析和管理。首先，需要选择合适的日志收集工具，将分散在各个应用程序和服务器上的日志集中管理，以便后续分析和查询；其次，需要掌握日志分析技术，如过滤、排序、统计等，以提取有用的信息；最后，还需要关注日志的安全性和隐私保护，确保数据的安全性和隐私性。应用举例如下：① 用户注册记录，当用户在电商平台上完成注册时，应用日志会记录该用户的注册时间、注册方式（如手机号、邮箱）以及注册时填写的其他信息；② 交易失败错误，如果用户尝试在支付平台上进行支付但失败，应用日志会记录失败的原因，如支付账户余额不足。

（3）安全日志

安全日志是云平台安全相关事件的重要记录，它详细记录了用户登录尝试、权限变更、文件访问控制、网络攻击检测等安全事件。这些日志对于保护云平台免受未授权访问、恶意攻击和数据泄露等安全威胁至关重要。

安全日志是安全审计和取证的基础。当发生安全事件时，安全专业人员可以通过分析安全日志来跟踪事件的来源、过程和结果，为事件的定责和处理提供依据。同时，安全日志有助于及时发现和响应安全威胁。通过对安全日志的实时监控和分析，可以发现异常行为和潜在威胁，从而采取相应的安全措施进行干预和处置。

安全日志结构通常采用标准格式，如 XML、JSON 等，以便进行解析和分析。同时，为了提高日志的可读性和可管理性，还可以对日志进行分类和过滤，将不同级别和类型的事件分别记录在不同的日志文件中。应用举例如下：① 异常登录尝试，如果有人在短时间内多次尝试登录云平台但失败，安全日志会记录这些尝试的 IP 地址、时间以及登录方式；② 防火墙拦截记录，当防火墙检测到恶意访问尝试时，安全日志会记录访问者的 IP 地址、访问时间和被拦截的原因。

（4）审计日志

审计日志是为了满足合规性和监管要求而记录的详细日志信息，它记录了组织内部关键系统、网络和云平台上应用程序的活动（如关键操作、配置更改、敏感数据访问等事件），给审计员、安全专业人员和管理员提供了跟踪、监控和取证的关键信息源。这些日志不仅是合规性验证和风险管理的基础，也是保障组织信息安全的重要手段。

审计日志的结构通常采用标准化的格式，以便于解析、存储和分析。同时，为了保护数据的隐私性和安全性，审计日志通常需要进行加密和访问控制，以确保只有授权人员能够访问和使用这些数据。应用举例如下：① 数据访问记录，当敏感数据（如客户资料、交易记录）被访问时，审计日志会记录访问者的身份、访问时间以及访问的数据内容；② 配置更改记录，当云平台的某个配置（如网络设置、安全策略）被更改时，审计日志会记录更改前后的配置内容、更改时间和执行更改的人员。

（5）自定义日志

自定义日志是根据特定需求而定制的日志记录方式，它可以根据业务场景、应用特性或特定需求进行定制，以收集和分析对业务运营至关重要的信息。这些日志对于深入了解业务流程、优化用户体验以及推动业务创新等方面具有重要价值。

通过自定义日志，企业可以更加精准地了解业务需求和市场变化，为业务决策和创新提供有力支持。同时，自定义日志还可以帮助企业满足特定的合规性要求，如数据隐私保护、交易可追溯等。应用举例如下：① 用户行为分析，为了优化电商平台的商品推荐，可以自定义记录用户的浏览行为、购买历史和点击率等信息，从而分析用户的购物偏好；② 系统性能监控，为了确保云平台的稳定运行，可以自定义记录系统的 CPU 使用率、内存占用率、网络带宽等关键性能指标，以便及时发现性能瓶颈并进行优化。

（6）错误日志

错误日志作为云平台开发和运维过程中的关键组成部分，通常指的是在程序运行过程中由系统或应用程序自动记录的错误和异常信息。这些信息通常包括错误时间戳、错误类型、错误描述、错误来源以及可能的相关上下文数据。错误日志的目的是帮助开发人员和运维工程师快速定位和解决系统中的问题。这类日志对于诊断问题、优化系统性能以及确保软件质量具有至关重要的作用。从学术角度来看，错误日志是评估程序可靠性和可维护性的重要指标，也是云平台开发和运维领域研究的热点之一。

当程序出现瘫痪、性能下降或其他异常情况时，开发人员可以通过分析错误日志来快速找到问题的根源，从而进行针对性的修复和优化。通过分析错误日志中的性能瓶颈和资源消耗情况，开发人员还可以识别出系统中的性能问题，并采取相应的优化措施来提高系统的整体性能。通过持续监控和分析错误日志，开发团队可以及时发现并修复潜在的程序缺陷和漏洞，从而提高程序的稳定性和可靠性。

错误日志的结构通常采用文本或二进制格式，以便于存储、传输和分析。同时，为了方便阅读和解析，错误日志通常会按照一定的格式和规范进行组织，如采用 JSON 或 XML 等格式进行结构化记录。应用举例如下：① 数据库连接错误日志，数据库连接失败，无法执行查询操作，需要检查连接字符串和数据库服务器状态；② Web 应用程序错误日志，页面加载超时，影响用户体验，需优化后端服务性能或增加缓存机制。

为了提高错误日志的利用效率和准确性，还可以采用自动化分析和机器学习技术来辅助日志分析工作。例如，构建错误预测模型，可以预测潜在的问题并提前采取相应的预防措施；自然语言处理技术可以自动提取日志中的关键信息并生成简洁明了的摘要报告。

8.4.2 日志审计系统

手动管理和维护日志是一个耗时且容易出错的过程，目前已经有一些开发较为完善的日志审计工具可以帮助人们更好地进行日志审计。日志集中管理和日志分析可实时了解用户如何使用应用程序和系统，并提供更深入的见解和机会，从而利用这些见解和机会改进代码质量、提高效率、降低风险并提供更好的客户体验。下面介绍一些现在已有的日志审计系统或工具。

（1）Sematext Logs

Sematext Logs 是一个日志管理系统，它公开了 Elasticsearch API，是 Sematext Cloud 全栈监控解决方案的一部分。用户可以使用 syslog 或任何与 Elasticsearch 配合使用的工具（如 Logstash 或 Filebeat）发送数据。可视化可以通过 Kibana 或原生 Sematext Logs UI 完成。如果用户更喜欢自托管解决方案，也可以通过本地服务 Sematext Enterprise 获得 Sematext Logs。

如图 8-8 所示，Sematext Logs 的日志和服务自动发现功能支持自动监控日志，并直接通过用户界面从日志文件和容器中转发日志。

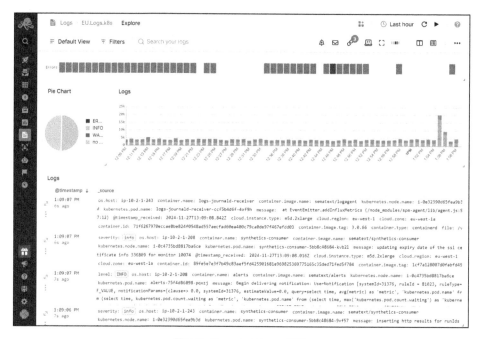

图 8-8　Sematext Logs 界面

Sematext Logs 主要特点如下：① 不需要代理，任何与 syslog 或 Elasticsearch 兼容的日志运输工具或库均可与 Sematext Logs 日志兼容；② 除索引之外的 Elasticsearch 应用程序接口访问，可以搜索、导出数据，创建自定义模板等；③ 提供 ELK 堆栈之上的额外功能，如基于角色的访问控制、警报和异常检测等。

（2）Dynatrace

Dynatrace 以大规模监控工具而闻名，且具有一些相当全面的日志管理功能。也就是说，它的主要重点是 APM。Dynatrace 还提供用于高级威胁防护和安全防护的安全分析，使用户能够识别、分析和防范不可预见的漏洞。

Dynatrace 是大型企业进行日志审计管理的不错选择，非常适用于在各种数字平台上提供基本的业务指标，并结合人工智能来有效地、自动化地进行复杂的工作流程。

如图 8-9 所示，Dynatrace 的主要功能为基础设施监控、应用程序安全、真实用户监控、综合监测、日志管理和分析。

图 8-9　Dynatrace 界面

（3）SolarWinds Security Event Manager 和 SolarWinds Log Analyzer

如图 8-10 所示，SolarWinds Security Event Manager 拥有对用户友好的动态仪表板，能以图形化、易于解释的方式显示数据。安全事件管理器会自动监控应用程序安全审核日志，实时检测问题。如果遇到异常情况，程序会对其进行标记，并提供相关的安全建议。通过分析服务器日志数据并提供颜色编码的结果，帮助用户确定最重要元素的优先级。

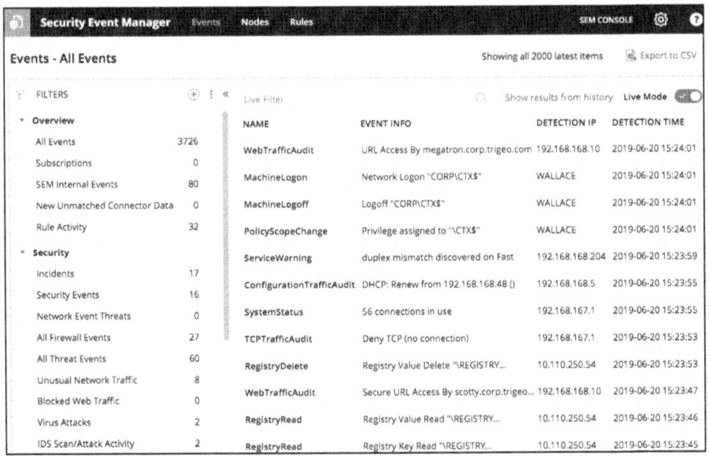

图 8-10　SolarWinds Security Event Manager 界面

SolarWinds Security Event Manager 还有助于简化账户控制和防止权限滥用，随时提醒用户注意异常登录或数据修改。该程序可以停用任何可疑账户，并让用户快速轻松地重新分配安全组；还非常适合展示合规性，因为它可以生成专门设计的安全报告，以展示是否符合 GLBA、SOX、NERC、HIPAA 等标准。

SolarWinds Log Analyzer 是 SolarWinds 推出的一款日志管理和分析程序，在日志审计方面更注重性能而非安全性。该程序允许用户对服务器和网络设备进行日志数据分析，可深入了解一系列信息类型，包括 SNMP 陷阱、系统日志和 Windows 事件日志。有了这些近乎实时的关键日志数据收集、集中和分析功能，故障排除工作就能更准确、更迅速地进行。

如图 8-11 所示，SolarWinds Log Analyzer 的另一个优点是，它可以让用户通过直观的内置搜索引擎过滤日志数据，使用开箱即用的过滤器来完善搜索，如日志类型、节点名称、机器类型、供应商等。

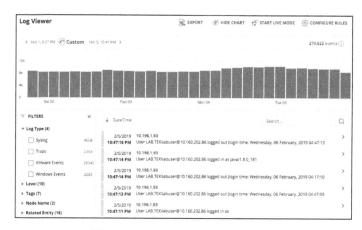

图 8-11　SolarWinds Log Analyzer 界面

8.5　云平台权限划分与访问控制

8.5.1　云平台权限划分

随着云计算技术的普及和深入应用，云平台已成为企业 IT 架构的核心组成部分。云平台运维管理的重要性日益凸显，权限划分作为其中的关键环节，更是确保系统安全、稳定运行的基石。权限划分不仅关乎数据的安全性和系统的稳定性，还是企业合规性要求的重要保障。因此，深入了解云平台权限划分的相关知识，对于云平台运维管理人员来说至关重要。

（1）基本概念

权限划分，也称为访问控制或授权管理，是确定哪些用户或系统可以对云平台中的特定资源进行何种操作的过程，即在云平台上对不同用户或系统赋予不同的访问和操作权限。这些权限可以是读、写、执行等基本操作，也可以是更细粒度的控制，如特定资源的访问、特定功能的使用等。权限划分的目的是确保只有经过授权的用户或系统才能访问和操作云平台上的资源，从而保障数据的安全性和系统的稳定性。

在云平台上，权限划分通常涉及多个层级和维度。从用户角度来看，权限划分可以基于用户身份、角色、组织结构等进行；从资源角度来看，权限划分可以基于资源类型、位置、属性等进行。通过合理的权限划分，可以实现对云平台资源的精细化管理和控制。

（2）重要性

云平台权限划分在维护系统安全、保障数据完整性和促进业务高效运营方面发挥着至关重要的作用。通过细粒度的权限划分，可以确保只有经过授权的用户或系统才能访问和操作云平台上的敏感数据。这大大减少了数据泄露的风险，因为未经授权的用户无法获取或篡改数据。在复杂的云环境中，不同的用户和角色可能负责不同的任务和功能。合理的权限划分，可以确保用户只能执行他们被授权的操作，从而防止误操作导致的系统问题或数据损坏。

（3）云平台权限划分的原则

在进行云平台权限划分时，需要遵循一些基本原则，以确保权限划分的合理性和有效性。首先是最小权限原则，即每个用户或系统只能被授予执行其任务所需的最小权限。这样可以减少潜在的安全风险，防止未经授权的访问和操作；其次是责任分离原则，即将关键任务或敏感操作分散到不同的用户或系统中完成，这样可以避免单一故障点，提高系统的可靠性和安全性；最后是权限审查原则，即定期对用户或系统的权限进行审查和更新，这样可以确保权限始终与任务相匹配，及时发现和纠正潜在的权限问题。

8.5.2 云平台访问控制技术

云平台访问控制技术是指通过一系列策略和机制，对云平台上的资源和操作进行授权和访问控制，确保只有经过授权的用户或系统才能访问和操作特定的资源。在实际应用中，有多种实现云平台权限划分的技术，详细介绍如下。

（1）基于角色的访问控制

基于角色的访问控制是一种流行的访问控制策略，它将权限与用户的角色关联，而不是直接与用户关联。这意味着权限是基于用户在组织或系统中的角色来分配的，而不是基于他们的个人身份。这种方法简化了权限管理，因为管理员只需要将权限分配给角色，然后将用户分配到这些角色中。定义不同的角色（如管理员、操作员、审计员等）并将权限分配给这些角色，然后将用户分配到相应的角色中，可以实现权限的灵活管理和控制。

基于角色的访问控制的核心概念是角色，这些角色代表用户在组织或系统中所承担的职务或职责。例如，在一个企业中，可能有"财务经理""销售代表"和"IT 管理员"等角色。每个角色都与一组权限相关联，这些权限定义了角色可以执行的操作和可以访问的资源。当用户被分配到某个角色时，他们会自动继承该角色的所有权限。

基于角色的访问控制方法优点如下。① 简化权限管理，管理员只需要将权限分配给角色，而不是逐个用户分；② 灵活性，角色可以被重新分配或修改，以适应组织或系统的变化；③ 易于理解，用户和管理员可以更容易地理解权限分配和继承关系。

基于角色的访问控制方法实施步骤如下。① 定义角色，确定组织或系统中需要哪些角色；② 分配权限，为每个角色分配相应的权限；③ 分配用户到角色，将用户分配到适当的角色中；④ 会话管理，在用户登录时，根据他们的角色分配会话级别的权限。

（2）基于属性的访问控制

基于属性的访问控制是一种灵活的访问控制方法，它根据用户、资源或环境的属性来做出访问决策，并允许创建复杂的访问策略，这些策略可以基于用户的身份、位置、时间、设备类型等多种属性。

基于属性的访问控制使用策略引擎来评估访问请求。策略引擎会检查请求者的属性、资源的属性以及环境的属性，并根据预定义的策略规则来决定是否授权访问。这些策略规则可以是简单的条件语句，也可以是复杂的逻辑表达式。

基于属性的访问控制方法优点如下。① 灵活性，允许创建高度定制化的访问策略，以满足各种复杂的需求；② 细粒度控制，可以控制访问的具体方面，如访问时间、访问位置等；③ 适应性，可以适应不断变化的环境和用户需求。

基于属性的访问控制方法实施步骤如下。① 定义属性，确定需要用于访问控制的用户、资源和环境属性；② 创建策略规则，基于这些属性创建访问策略规则；③ 部署策略引擎，将策略引擎集成到系统中，以便在访问请求发生时评估策略规则；④ 监控和审计，定期监控和审计访问请求，以确保策略的有效性和安全性。

（3）基于声明的访问控制

基于声明的访问控制依赖于用户或系统发出的声明来授权访问，通过用户或系统声明其身份和属性来获取权限，可以实现更加灵活和动态的权限管理。这些声明通常由认证服务（如 OAuth、OpenID Connect 等）提供，包含用户的身份、属性、角色等信息。基于声明的访问控制使跨平台、跨应用的统一访问控制成为可能。

在基于声明的访问控制中，用户或系统首先通过认证服务进行身份验证，并获得一组声明。然后这些声明被发送到资源服务器，资源服务器根据这些声明来决定是否授权访问。这种方法的优点在于它允许使用不同的认证服务和资源服务，而无须修改它们之间的通信协议或数据格式。

基于声明的访问控制方法优点如下。① 互操作性，基于声明的访问控制允许不同的认证服务和资源服务之间进行互操作；② 灵活性，声明可以包含各种信息，如用户的身份、角色、属性等，这使得访问控制策略可以非常灵活；③ 简化开发，开发者可以使用标准的协议和格式来处理认证和授权，而无须从头开始构建自己的系统。

基于声明的访问控制方法实施步骤如下。① 配置认证服务，选择一个认证服务并进行配置，以便为用户或系统生成声明；② 配置资源服务器，资源服务器是存储和保护实际资源的系统组件，在实施基于声明的访问控制时，需要配置资源服务器以接收和验证来自认证服务的声明，并根据这些声明来决定是否授权访问；③ 集成认证服务和资源服务器，为了使基于声明的访问控制正常工作，需要确保认证服务和资源服务器能够正确地集成和通信；④ 开发和部署应用程序，一旦认证服务和资源服务器配置完成并集成在一起，就可以开始开发和部署使用基于声明的访问控制技术的应用程序。

（4）强制访问控制

强制访问控制是一种由系统强制实施的访问控制策略，它不允许用户或管理员更改访问控制规则，通常用于需要高度安全性和可靠性的系统。系统强制实施访问控制策略，用户则无法更改。

在强制访问控制中，系统定义了严格的访问控制规则，这些规则通常基于用户的身份和资源的敏感性定义。用户只能访问那些被授权访问的资源，而不能通过修改权限或绕过安全机制来进行未授权的访问。访问决策基于预定义的访问控制列表或策略实现。

强制访问控制方法优点如下。① 高度安全性，访问控制规则由系统强制实施，因此减少了内部欺诈和误操作的风险；② 一致性，所有用户都遵循相同的访问控制规则，确保了一致性；③ 易于审计和监控，由于访问控制规则是固定的，因此更容易进行审计和监控。

强制访问控制方法实施步骤如下。① 定义访问控制规则，根据系统的安全需求，定义详细的访问控制规则；② 集成强制访问控制机制，将强制访问控制机制集成到系统中，确保系统能够强制执行这些规则；③ 用户身份验证，对用户进行身份验证，确保只有合法用户才能访问系统；④ 访问请求评估，当用户尝试访问资源时，系统会根据预定义的访问控制规则来评估该请求，并决定是否授权访问。

参考文献

[1] BRINKMANN A, FIEHE C, LITVINA A, et al. Scalable monitoring system for clouds[C]//Proceedings of the 2013 IEEE/ACM 6th International Conference on Utility and Cloud Computing. Piscataway: IEEE Press, 2013: 351-356.

[2] STRAUB D W. Deterring computer abuse: the effectiveness of deterrent countermeasures in the computer security environment[D]. Bloomington: Indiana University Graduate School of Business, 1986.

[3] HUANG Y, LIANG X J, ZHANG W J, et al. Operation and maintenance system of public cloud service[C]//Proceedings of the 2013 International Conference on Cloud Computing and Big Data. Piscataway: IEEE Press, 2013: 84-91.

[4] BLUMSTEIN A, COHEN J, NAGIN D. Deterrence and incapacitation: estimating the effects of criminal sanctions on crime rates[Z]. 1978.

[5] MAO Q Y. Risk management of project information system operation and maintenance based on cloud computing[J]. International Journal of System Assurance Engineering and Management, 2023, 14(1): 176-187.

[6] OLEKSIUK V P, OLEKSIUK O R, SPIRIN O, et al. Some experience in maintenance of an academic cloud[Z]. 2021.

[7] KUMAR A, KUMAR S A, DUTT V, et al. A hybrid secure cloud platform maintenance based on improved attribute-based encryption strategies[J]. International Journal of Interactive Multimedia and Artificial Intelligence, 2023, 8(2): 150.

安全日志　147, 280, 290, 298, 299

安全审计　6, 15, 19, 34, 41, 45, 46, 70, 90, 136, 138, 276, 299

编排　105～107, 131, 143, 147, 202, 203, 215, 222, 235～237

变更安全　283～287

补丁管理　133, 276, 290

布尔模型　88

侧信道　38～40, 42, 45, 123, 124, 185～190, 192～195, 197

超时故障　246, 253

篡改　7, 8, 37, 73, 90, 95, 113, 136, 138, 170, 171, 180, 183～185, 206, 217, 219, 220, 240, 305

存储架构　266～268

错误虚拟化　250, 251, 269

代理重加密　69, 71

弹性服务　3

动态可搜索对称加密　73

端口扫描　292

对称体制　83, 84

防火墙　46, 52, 54, 117, 133, 137, 167, 202, 206, 229, 233, 277, 299

访问控制　6, 10～12, 14, 17, 19～22, 41, 43, 70, 71, 81, 90, 93, 111, 113, 121, 136, 143, 154, 158～160, 185, 205, 209, 215, 219, 222, 224, 225, 230, 233, 234, 276～279, 289, 291, 299, 300, 302, 304～308

飞地　125, 126

高可用性　2, 11, 127, 247, 262

公钥　71, 72, 83, 93, 94, 96～99, 219

功耗　119, 122, 185, 206

共享责任模型　10

供应链　15, 23, 24, 107, 112, 146, 278

故障传播树　265

故障检测　246～248, 251～259

故障日志　248, 260～265

故障容忍　246～249, 266～268

故障诊断　246～248, 250, 259～263

关键绩效指标　290

规避　107, 145, 225, 227, 277, 290

合规性　7, 9, 10, 11, 14, 15, 23, 90, 143, 144, 146, 276, 277, 281, 282, 284, 286, 287,
　　　290, 292, 294～296, 298, 300, 304, 305

缓存　30, 38, 54, 115, 120, 133, 170～173, 177～179, 186～188, 193, 194, 206, 209,
　　　211～213, 214, 217, 234, 240, 241, 268, 269, 301

回滚　44～51, 142, 193, 267, 268, 270, 287

混淆　93, 118, 186, 187, 192～194

机密性　6, 7, 10, 12, 42, 68～70, 72, 79～82, 90～92, 153, 158, 166, 186, 222, 275,
　　　277, 287～289

基础设施即服务　3, 19

基于属性加密　69, 71

计数器　47, 86, 206, 217, 221

寄存器　30, 37, 42, 45, 52, 56, 58, 59, 60, 170～172, 174, 193

加密技术　12, 69, 71～73, 83, 86, 92, 93, 95, 136, 185

检测协议　248, 251, 254, 255, 257, 258

交换机　12, 13, 200～213, 216, 217, 220～222, 225, 226, 228, 229, 231, 234, 237,
　　　238, 240, 261

结构体　59～61

镜像　7, 19, 106～115, 127, 128, 132, 144, 146, 147, 149, 249

开源　26, 28～30, 32, 87, 113, 115, 124, 127, 138, 140, 142, 146, 147, 149, 152,
　　　156～158, 160, 183, 202, 203, 247, 248, 270, 274, 279, 297

可搜索加密　72, 82

可信　12, 41, 42, 45～47, 69, 70, 76, 82, 90, 95, 106, 107, 123, 125, 126, 130, 132, 153～166, 168, 169, 171, 173, 174, 177～183, 185～188, 192, 197, 205, 220, 224, 230, 231, 238, 271

可信度量根　157, 159, 162

可信容器　116, 123, 125, 126, 158

可用性　2, 6, 7, 9, 10, 13, 14, 38, 51, 53, 70, 81, 90～92, 116, 123, 133, 141, 154, 166, 181, 205, 209, 215, 221, 222, 247, 250, 266, 274, 275, 277, 280, 287～289

控制器　13, 41, 118, 169, 171, 173, 174, 176, 200, 201, 203～217, 219～223, 225～231, 233, 234, 238, 240

冷启动　135, 177

流表　13, 204～207, 209, 210, 211, 212, 216, 217, 220, 221, 228, 229

漏洞分析　291

漏洞管理　20, 24, 278, 290, 293, 294

漏洞检测　185, 188, 189, 276, 292, 293

漏洞扫描　15, 136, 291, 293～297

漏洞–营救表　270

逻辑故障　246, 253

美国国家信息安全框架　278

迷你页　186, 187

密态云数据库　86, 87

密文检索　72, 85, 87, 95

密文去重　68, 70, 71, 79, 80

密钥　38, 46～50, 68～82, 86, 88, 89, 91～96, 98, 99, 113, 138, 154, 159, 163, 167, 169, 177, 180, 185

密钥管理　24, 70, 81, 88, 89, 99, 167, 186, 277

内部审计　290

内存　29～34, 39～43, 51～54, 56, 58～60, 91, 106, 113, 115, 117～120, 125, 126, 135, 144, 155, 157～160, 163, 164, 169～174, 176～180, 182～189, 192, 194, 226, 300

内核　5, 27, 29～31, 34, 38, 40～43, 46, 57～59, 61, 106～108, 116～120, 123, 124, 156～158, 163, 165, 174, 176, 177, 181, 182, 184, 185, 219, 222, 223, 237, 248, 270,

298

偏移量　187

平台即服务　3, 19

迁移　1, 3, 5, 7, 14, 16, 44, 45, 47, 51～54, 56, 106, 116, 126, 127, 137, 152, 153, 167, 200, 209, 224, 229, 234, 235, 238, 246, 273, 283

签名　42, 50, 113, 133, 159, 160, 179～184, 219, 223, 230

驱动　3, 29, 31, 32, 38, 41, 55～59, 62, 69, 110, 127, 157, 164, 174～177, 227, 230, 292, 298

去重　68, 71, 78～81

全文检索技术　87

认证　6, 7, 10, 14, 16, 17, 20, 22, 70, 80, 89, 111, 129, 132, 143, 154, 157, 160, 165, 183, 209, 218, 219, 222, 223, 230, 291, 307

日志分析　14, 70, 115, 260, 264, 265, 299, 301

日志管理　261～263, 298, 301, 302, 304

容器技术　105～108, 119, 123, 131～133, 136, 140, 151

入侵检测　46, 54, 55, 224, 277, 290

软件即服务　3, 19

身份认证　6, 20, 70, 90, 143, 174, 214, 222, 279

审计日志　108, 298, 300

渗透　1, 14, 147, 199, 217, 225, 228, 229, 290

数据加密　15, 20, 68～70, 72～75, 79, 83, 84, 90, 91, 170, 224, 277, 279

索引　2, 59, 73, 75, 86～89, 114, 115, 188, 195, 199, 302, 304

逃逸　5, 35, 36, 38, 39, 107, 108, 116, 120, 123, 280

特权　29, 32, 34, 37, 43, 111, 118, 120, 121, 125, 132, 143, 163, 164, 174, 177

调用　33, 41, 44, 57～59, 61, 62, 78, 106, 108, 111, 117, 119, 122, 124, 125, 128, 131, 134, 135, 137, 156, 157, 159, 160, 163～165, 171, 174～179, 181～184, 190, 203, 218～220, 222, 223, 225, 228, 230, 231, 250, 262, 263, 268, 270, 299

通道　36, 37, 42, 51, 73, 119, 120, 164, 177, 205, 206, 208, 209, 215, 222, 227, 229, 259

同步　46, 52, 70, 126, 173, 193, 221, 226, 247, 255, 283

拓扑　13, 200, 203, 205, 215, 219, 221, 223, 227, 231, 232, 234, 238～240, 257, 273

完整性　2, 6～10, 12, 19, 42, 44, 45, 47, 52, 68, 81, 90～92, 113, 123, 125, 133, 142,

143, 153～155, 157～161, 166, 183, 215, 222, 230, 277, 280, 287～289, 305

微服务　3, 24, 105, 107, 127～133, 136, 137, 139, 140, 150

系统日志　45, 115, 264, 298, 304

细粒度　38, 55, 56, 71, 93, 127, 169, 172, 176, 186, 193, 194, 219, 223, 305, 307

向量空间模型　88, 101

信任　1, 5, 10, 11, 16, 35, 43, 97, 113, 121, 125, 130～132, 134, 136, 149, 153～171, 177, 186, 205, 220, 223, 230, 238, 284

信任链　157～159, 163

信息安全　5, 10, 15～19, 24, 38, 67, 147, 275, 277～279, 286～290, 300

信息安全管理模型　278

宿主　107, 108, 112, 113, 116～120, 123, 124

虚拟化技术　1, 3, 5, 27, 29, 30, 34, 42, 44, 67, 105, 106, 116, 123, 124, 134, 162, 180, 200, 208, 238, 253, 280

虚拟化平台　12, 29, 31, 39

虚拟机管理器　28, 33～44, 56～58, 125, 248, 249, 253, 256

虚拟域　29, 159, 162, 166～169

页表项　184, 187, 188

异构　14, 28, 29, 156, 263

营救点　250, 266～270

应用日志　298, 299

用户态　56, 123, 124

云安全运维管理　275,～277, 279

云服务　2～6, 10～16, 19, 22, 24, 25, 35, 46, 67～69, 71, 72, 76, 79, 82, 91, 99, 105～107, 113, 124, 134, 137, 153, 159, 165, 166, 246, 251, 254, 255, 257, 262, 275～277, 280～282, 291～294, 297

云服务提供商　4～7, 9, 10, 13～7, 19, 20, 22, 24, 25, 42, 69, 91, 92, 134, 136, 137, 140, 166, 180, 200, 257, 277, 282, 291, 292

云环境　2, 5, 7, 9～12, 44, 46, 54～56, 58, 70, 81, 90, 92, 99, 119, 153, 157, 161, 165～168, 179, 199, 209, 246～249, 251～257, 259～263, 266, 273～279, 282～287, 291, 293～295, 305

云计算　1～13, 15～29, 32, 35, 41, 44～46, 54, 63, 67～73, 81, 90～92, 95～97, 105～107, 130, 133～136, 152, 153, 159～162, 167, 185, 199～201, 203,

205, 224, 225, 246～249, 251, 259, 266, 267, 271, 273～275, 278～280, 282, 292, 304

云控制矩阵　22, 23, 277

云平台　3, 5～7, 14, 15, 19, 20, 23, 45, 54～56, 106, 113, 137, 158～162, 208, 248, 262, 263, 266, 267, 270, 273～276, 280, 291～293, 295, 296, 298～300, 304, 305

云数据安全　6, 7, 9, 10, 67, 69, 70, 72, 76, 78, 81, 82, 90, 92, 93, 95, 292

云数据冗余　9

云数据损坏　8

云数据泄露　8

云系统安全　6

运行时　38, 52, 85, 107, 108, 115, 116, 119, 121, 123, 124, 126, 141, 147, 170～173, 186, 188, 190, 192, 193, 220, 223, 225, 267

运维管理标准　275

指令　27～31, 34, 58, 108～110, 125, 144, 157, 162, 163, 165, 170, 174, 186, 187, 189, 194, 205, 217, 229, 249, 250, 254, 256

重放　42, 47, 50, 183

重构　56, 58～60, 62, 145, 200

主机扫描　292

资产安全　280

资源池化　2, 3, 21

自定义日志　298, 300

自动化　3, 11, 19, 105, 106, 112, 127, 131, 134, 137, 139～144, 147, 149, 150, 186, 193, 203, 232, 235, 260, 262, 275, 276, 280, 282, 283, 287, 294, 297, 301, 302

自省　34, 36, 37, 39